面向新工科的电工电子信息基础课程系列教材

教育部高等学校电工电子基础课程教学指导分委员会推荐教材

"十三五"江苏省高等学校重点教材　　　　　　（2021-2-176）

微电子封装技术

周玉刚　张　荣　编著

U0386631

清華大學出版社

北 京

内 容 简 介

本书介绍微电子封装及电子组装制造的基本概念,封装的主要形式、基本工艺、主要材料,兼顾传统封装技术和先进封装技术,并专门介绍产业和研究/开发热点。全书包括绪论以及传统封装技术形式、先进封装技术(FC、BGA、WLP、CSP、SIP、3D)、微电子组装与基板工艺、封装材料与绿色制造、封装热管理与可靠性五部分内容。

本书适合从事微电子和电子专业相关的研发、生产的科技人员,特别是从事集成电路封装和组装的人员系统地了解微电子封装的基础知识和发展趋势,也适合高等学校本科层次教学使用。

图书在版编目(CIP)数据

微电子封装技术/周玉刚,张荣编著. —北京:清华大学出版社,2023.1(2024.8重印)
面向新工科的电工电子信息基础课程系列教材
ISBN 978-7-302-61412-8

I. ①微… Ⅱ. ①周… ②张… Ⅲ. ①微电子技术－封装工艺－高等学校－教材 Ⅳ. ①TN405.94

中国版本图书馆 CIP 数据核字(2022)第 134018 号

责任编辑:文 怡
封面设计:王昭红
责任校对:胡伟民
责任印制:沈 露

出版发行:清华大学出版社
　　　　网　　　址:https://www.tup.com.cn, https://www.wqxuetang.com
　　　　地　　　址:北京清华大学学研大厦 A 座　　　邮　　编:100084
　　　　社 总 机:010-83470000　　　　　　　　邮　　购:010-62786544
　　　　投稿与读者服务:010-62776969,c-service@tup.tsinghua.edu.cn
　　　　质量反馈:010-62772015,zhiliang@tup.tsinghua.edu.cn
　　　　课件下载:https://www.tup.com.cn,010-83470236
印 装 者:三河市君旺印务有限公司
经　　销:全国新华书店
开　　本:185mm×260mm　　印　张:20.25　　　　字　　数:503 千字
版　　次:2023 年 1 月第 1 版　　　　　　　　印　　次:2024 年 8 月第 4 次印刷
印　　数:3501～4700
定　　价:69.00 元

产品编号:091985-01

　　封装测试与芯片设计、晶圆制造是半导体集成电路产业链的三大核心环节。随着芯片设计和制造的摩尔定律的放缓,未来封装技术将起到越来越重要的作用。先进封装技术是后摩尔时代超越摩尔的一条重要且可行的路径。通过发展先进封装制程,可以用传统工艺节点实现更先进工艺节点芯片制程的性能,且具有更低的成本。高密度芯片堆叠和多芯片异质整合的先进封装技术成为封装领域发展的新动向,并进入产业发展快车道。

　　微电子封装技术是整合微电子产品的电气特性、热特性、可靠性、材料与工艺应用和成本价格等因素以获得综合性能最优化为目的的工程技术,涉及电子、物理、化学、材料、机械、自动化、软件、高端装备制造等众多学科和产业领域。因此,发展先进封装技术,需要培养大批学科交叉的复合型人才。

　　本书的编者团队在微电子领域具有丰富的教学经验。2012年,南京大学获批教育部"电子科学与技术"卓越工程师计划;同年,"南京大学—江苏长电科技"获批国家级工程实践教育中心。南京大学电子科学与工程学院随即选拔学生开设卓越工程师班,培养能解决复杂工程问题的新型工科人才。长期以来,周玉刚教授承担卓越工程师班的"微电子封装技术"课程教学与实践工作。

　　本书的编者团队在微电子领域还具有丰富的科研经历和工程经历。周玉刚教授在2004—2013年参与创建和发展了香港微晶先进封装技术有限公司及其子公司,担任高级工程师、研发总监,期间他开发了多项被鉴定为国际领先和国际先进的核心工艺,助力企业获得2012年香港工商业成就奖。张荣教授多年来在微电子领域积累了丰富的科研经历和人才培养经验,带领团队在微电子领域做出了丰富的成果,并得到了转化和应用。

　　周玉刚教授、张荣教授团队基于长期以来积累的教学和实践经验,以及多年来持续调研跟进新技术发展和相关的科研工作积累,围绕微电子封装技术的发展与人才培养需求,编著了这本《微电子封装技术》教材。

　　本书内容丰富,覆盖面宽,系统性强,层次分明。书中系统介绍了微电子封装及电子组装的基础知识,涵盖结构、材料、工艺、理论和仿真。兼顾传统封装技术和先进封装技术,突出介绍微电子封装和电子组装的最新发展动态以及当前产业和研究开发的热点,如晶圆级封装、2.5D与3D封装、系统级封装等新技术。阐述了封装热管理、可靠性等应

序言

用场景相关的理论基础。书中还配套 PPT 课件和每章习题解答。

因此,我认为本书有利于培养学生在更高层次综合运用知识的能力,是一本值得推荐的封装领域本科、卓越工程师和高层次人才培养的教科书,同时也可供从事相关领域研究、开发的产业工程技术人员和科技工作者参考。

中国科学院院士　郑有炓

2022 年 11 月

摩尔定律表明,当价格不变时,集成电路上可容纳的元器件数目每隔 18～24 个月就会增加 1 倍,性能也提升 1 倍。这种趋势已经持续超过半个世纪。随着集成电路芯片工艺进入 10nm 以下,中国台湾积体电路制造股份有限公司(简称台积电)已经突破 3nm 芯片工艺,未来还将挑战 1nm 工艺,但摩尔定律的维持越来越困难。经济方面,更先进的制程投入的成本十分庞大,风险越来越大;技术方面也面临着多方面的限制,如光刻(光刻机、光刻胶)、器件物理中的量子效应、互连的寄生效应、功耗、延时、封装等。摩尔定律仍将继续,但必然面临极限。

集成电路等技术的发展,推动了移动互联网、智能穿戴、物联网、5G、人工智能等新技术的高速发展,反过来又对集成电路技术提出了更高更新的要求,如更高的速度、更低的功耗和更小的体积。

在摩尔定律之外,存在着多种可能路径来解决上述新的要求。后 CMOS 时代,可能有新型晶体管来替代;材料方面,除了硅基的芯片外,可能有碳基二维材料或者其他新材料及其组合的芯片;在部分应用中,量子计算机可能部分代替传统计算机,以提高效率。此外,计算机的效率也依赖于代码,对现有代码的优化也可能大幅提升计算的效率。

除了上述解决方案之外,先进的封装技术是现有技术最成熟和技术演化不确定性较小的解决方案,能够通过渐进的技术提升和迭代,提供高性价比的解决方案,满足未来较长时间的需要。台积电创始人张忠谋在 2014 年就指出,半导体行业的下一个机会是物联网(Internet of Things,IoT),其中关键的技术包括系统级封装、低功耗、传感器三大技术。封装技术可以提高 IC 速度、降低功耗、减少体积,并已经发挥了越来越重要的作用,其技术涉及材料、电子工程、工业软件、高端装备制造等众多学科和产业领域,需要大量多学科的人才和复合型人才。

半导体集成电路,特别是高端芯片已经成为国际竞争的重要领域。随着国家对半导体集成电路的投入加大,我国在半导体集成电路领域快速发展。目前在封装领域与外部对手差距相对较小,更多的创新型、领军型人才更早接触并投入到相关专业领域,对未来引领封装领域创新有重要的意义。

围绕上述人才需求,本书面向信息电子制造产业,介绍微电子封装及电子组装制造的基本概念,封装的主要形式、基本工艺、主要材料,兼顾传统封装技术和先进封装技术,并专门介绍产业和研究/开发热点。希望本书能够成为封装领域卓越工程师和高层次人才培养的入门书,为集成电路的产业发展和教育教学发挥积极的作用。

周玉刚承担了本书编写的资料搜集和具体撰写工作,张荣对本书的修改提出了许多指导意见。

编　者

2022 年 8 月

目录

第1章 绪论 ………………………………………………………………… 1

　1.1 封装概述 …………………………………………………………… 2

　　1.1.1 封装的定义 ……………………………………………………… 2

　　1.1.2 封装的基本功能 ………………………………………………… 2

　　1.1.3 广义封装与封装分级 …………………………………………… 2

　1.2 封装技术的发展趋势 ……………………………………………… 3

　　1.2.1 封装技术的重大革新与产品类型的演变 ……………………… 3

　　1.2.2 封装工艺发展的总体方向 ……………………………………… 4

　　1.2.3 封装形式的发展方向 …………………………………………… 5

　1.3 本书内容导读 ……………………………………………………… 7

　习题 …………………………………………………………………… 9

　参考文献 ……………………………………………………………… 9

第2章 晶圆减薄与切割 …………………………………………………… 10

　2.1 晶圆减薄 …………………………………………………………… 11

　　2.1.1 减薄的作用 ……………………………………………………… 11

　　2.1.2 主要减薄技术 …………………………………………………… 11

　　2.1.3 磨削减薄技术 …………………………………………………… 12

　2.2 晶圆切割 …………………………………………………………… 14

　　2.2.1 晶圆切割工艺步骤 ……………………………………………… 14

　　2.2.2 机械切割 ………………………………………………………… 14

　　2.2.3 激光切割 ………………………………………………………… 15

　2.3 芯片分离技术的发展 ……………………………………………… 16

　　2.3.1 先切割后减薄技术 ……………………………………………… 16

　　2.3.2 隐形切割后背面磨削技术 ……………………………………… 16

　　2.3.3 等离子切割技术 ………………………………………………… 17

　习题 …………………………………………………………………… 17

　参考文献 ……………………………………………………………… 17

第3章 芯片贴装 …………………………………………………………… 18

　3.1 导电胶黏结技术 …………………………………………………… 19

　　3.1.1 导电胶的成分 …………………………………………………… 19

　　3.1.2 导电胶黏结工艺过程 …………………………………………… 19

目录

3.2 共晶焊接技术 ……………………………………………………… 20
　　3.2.1 共晶反应与相图 ……………………………………………… 20
　　3.2.2 共晶焊接的原理与工艺方法 …………………………………… 21
　　3.2.3 共晶焊接的局限 ……………………………………………… 22
3.3 焊料焊接技术 …………………………………………………… 22
3.4 低熔点玻璃黏结技术 …………………………………………… 23
3.5 新型芯片黏结技术 ……………………………………………… 23
　　3.5.1 芯片黏结薄膜工艺 …………………………………………… 24
　　3.5.2 金属焊膏烧结技术 …………………………………………… 24
习题 …………………………………………………………………… 25
参考文献 ……………………………………………………………… 25

第4章 引线键合 ……………………………………………………… 26
4.1 引线键合概述 …………………………………………………… 27
4.2 引线键合的分类 ………………………………………………… 27
　　4.2.1 热压键合 ……………………………………………………… 27
　　4.2.2 热超声键合 …………………………………………………… 28
　　4.2.3 超声键合 ……………………………………………………… 28
4.3 引线键合工艺流程 ……………………………………………… 29
　　4.3.1 样品表面清洁处理 …………………………………………… 29
　　4.3.2 键合过程 ……………………………………………………… 29
　　4.3.3 键合质量的测试 ……………………………………………… 32
4.4 引线键合技术的特点及发展趋势 ……………………………… 34
习题 …………………………………………………………………… 35
参考文献 ……………………………………………………………… 35

第5章 载带自动焊 …………………………………………………… 37
5.1 载带自动焊技术的历史 ………………………………………… 38
5.2 载带自动焊技术的优点 ………………………………………… 38
5.3 载带分类 ………………………………………………………… 38
5.4 载带自动焊封装工艺流程 ……………………………………… 39
　　5.4.1 内引脚焊接 …………………………………………………… 40
　　5.4.2 包封 …………………………………………………………… 41
　　5.4.3 外引线键合 …………………………………………………… 41
习题 …………………………………………………………………… 41

目录

参考文献 ·· 41

第6章 塑封、引脚及封装完成 ···························· 42

6.1 塑封 ·· 43

6.2 塑封后固化 ·· 45

6.3 去溢料 ··· 45

6.4 引线框架电镀 ··· 46

6.5 电镀后退火 ·· 46

6.6 切筋成型 ·· 47

6.7 激光打码 ·· 47

6.8 包装 ··· 47

习题 ··· 48

参考文献 ··· 48

第7章 传统封装的典型形式 ····························· 49

7.1 晶体管外形封装 ······································ 50

7.2 单列直插式封装 ······································ 50

7.3 双列直插式封装 ······································ 51

    7.3.1 陶瓷双列直插式封装 ························· 51

    7.3.2 塑料双列直插式封装 ························· 52

7.4 针栅阵列封装 ··· 53

7.5 小外形晶体管封装 ··································· 53

7.6 小外形封装 ·· 54

7.7 四边扁平封装 ··· 55

7.8 无引脚封装 ·· 56

7.9 载带自动焊封装 ······································ 57

7.10 封装的分类 ·· 58

习题 ··· 59

参考文献 ··· 59

第8章 倒装焊技术 ······································· 60

8.1 倒装工艺背景与历史 ································· 61

8.2 倒装芯片互连的结构 ································· 63

8.3 凸点下金属化 ··· 63

    8.3.1 UBM的功能与结构 ··························· 63

    8.3.2 UBM的制备方法 ······························ 64

目录

8.4　基板与基板金属化层 ································· 66

8.5　凸点材料与制备 ···································· 66

　　8.5.1　凸点的功能 ································ 66

　　8.5.2　凸点的类型 ································ 66

　　8.5.3　焊料凸点及其制备方法 ···················· 67

　　8.5.4　金凸点与铜凸点及制备方法 ················ 69

　　8.5.5　铜柱凸点及制备方法 ······················ 70

　　8.5.6　其他新型凸点 ····························· 70

8.6　倒装键合工艺 ····································· 70

　　8.6.1　焊料焊接 ································· 70

　　8.6.2　金属直接键合 ····························· 71

　　8.6.3　导电胶连接 ································ 72

　　8.6.4　凸点材料、尺寸与倒装工艺发展趋势 ·········· 72

8.7　底部填充工艺 ····································· 73

　　8.7.1　底部填充的作用 ··························· 73

　　8.7.2　底部填充工艺与材料 ······················ 73

习题 ··· 75

参考文献 ··· 75

第9章　BGA封装 ······································ **78**

9.1　BGA的基本概念 ···································· 79

9.2　BGA封装出现的背景与历史 ··························· 79

9.3　BGA封装的分类与结构 ······························ 79

　　9.3.1　塑料BGA封装 ···························· 80

　　9.3.2　陶瓷BGA封装 ···························· 81

　　9.3.3　载带BGA封装 ···························· 82

　　9.3.4　金属BGA封装 ···························· 84

9.4　BGA封装工艺 ····································· 84

　　9.4.1　工艺流程 ································· 84

　　9.4.2　BGA封装基板及制备 ······················ 86

　　9.4.3　主要封装工艺 ····························· 86

9.5　BGA的安装互连技术 ································ 88

　　9.5.1　BGA的安装工艺流程 ······················ 88

　　9.5.2　BGA焊接的质量检测技术 ··················· 88

目录

习题 ……………………………………………………………………… 90

参考文献 ………………………………………………………………… 91

第 10 章　芯片尺寸封装 ………………………………………………… 92

10.1　概述 ………………………………………………………………… 93

　　10.1.1　CSP 的定义 ……………………………………………… 93

　　10.1.2　CSP 的特点 ……………………………………………… 93

10.2　CSP 的分类 ………………………………………………………… 94

　　10.2.1　按照内部互连方式分类 ………………………………… 94

　　10.2.2　按照外引脚类型分类 …………………………………… 94

　　10.2.3　按照基片种类分类 ……………………………………… 94

10.3　基本类型 CSP 的结构与工艺 …………………………………… 95

　　10.3.1　引线框架式 CSP ………………………………………… 95

　　10.3.2　刚性基板式 CSP ………………………………………… 96

　　10.3.3　挠性基板式 CSP ………………………………………… 98

　　10.3.4　晶圆级 CSP ……………………………………………… 102

　　10.3.5　基于 EMC 包封的 CSP ………………………………… 102

10.4　堆叠 CSP 的结构与工艺 ………………………………………… 105

　　10.4.1　芯片堆叠 CSP …………………………………………… 105

　　10.4.2　引线框架堆叠 CSP ……………………………………… 106

　　10.4.3　载带堆叠 CSP …………………………………………… 106

　　10.4.4　焊球堆叠 CSP …………………………………………… 106

　　10.4.5　3D 封装 ………………………………………………… 106

10.5　CSP 的发展趋势 …………………………………………………… 107

习题 ……………………………………………………………………… 107

参考文献 ………………………………………………………………… 108

第 11 章　晶圆级封装 …………………………………………………… 110

11.1　概述 ………………………………………………………………… 111

11.2　WLCSP 技术的分类 ……………………………………………… 111

11.3　WLCSP 工艺流程 ………………………………………………… 112

　　11.3.1　BOP 技术 ……………………………………………… 112

　　11.3.2　RDL 技术 ……………………………………………… 112

　　11.3.3　包封式 WLP 技术 ……………………………………… 114

　　11.3.4　柔性载带 WLP 技术 …………………………………… 115

目录

11.4　扇入型 WLP 与扇出型 WLP ································· 117
11.5　FOWLP 工艺流程与技术特点 ····························· 118
　　11.5.1　FOWLP 的基本工艺流程 ························· 118
　　11.5.2　FOWLP 的优点 ·································· 122
　　11.5.3　FOWLP 面临的挑战 ····························· 122
11.6　WLP 的发展趋势与异构集成 ····························· 123
　　11.6.1　WLP 的应用发展趋势 ··························· 123
　　11.6.2　WLP 的技术发展 ······························· 123
习题 ······································· 126
参考文献 ··· 126

第 12 章　2.5D/3D 封装技术 ································· **128**
12.1　3D 封装的基本概念 ································· 129
　　12.1.1　3D 封装的优势与发展背景 ························· 129
　　12.1.2　3D 封装的结构类型与特点 ························· 129
12.2　封装堆叠 ······································· 131
　　12.2.1　基于引线框架堆叠的 3D 封装技术 ················· 131
　　12.2.2　载带堆叠封装 ································· 132
　　12.2.3　基于焊球互连的封装堆叠 ····················· 132
　　12.2.4　柔性载带折叠封装 ····························· 132
　　12.2.5　基于边缘连接器的堆叠 ························· 133
　　12.2.6　侧面图形互连堆叠 ····························· 133
12.3　芯片堆叠 ······································· 136
　　12.3.1　基于焊线的堆叠 ······························· 136
　　12.3.2　基于倒装 + 焊线的堆叠 ························· 137
　　12.3.3　基于硅通孔的 3D 封装 ························· 137
　　12.3.4　薄芯片集成 3D 封装 ··························· 138
　　12.3.5　芯片堆叠后埋入 ······························· 139
12.4　芯片埋入类型 3D 封装 ······························· 139
　　12.4.1　塑封芯片埋入 ································· 139
　　12.4.2　层压芯片埋入 ································· 140
12.5　2.5D 封装和封装转接板 ······························· 141
　　12.5.1　2.5D 封装结构 ······························· 141
　　12.5.2　转接板的主要类型和作用 ························· 142

12.5.3　TSV 转接板 2.5D 封装 142

12.5.4　TGV 转接板 2.5D 封装 142

12.5.5　无通孔的转接板 2.5D 封装 143

12.5.6　无转接板的 2.5D 封装 144

12.6　TSV 工艺 144

12.6.1　TSV 技术概述 145

12.6.2　TSV 工艺流程 145

12.6.3　TSV 技术的关键工艺 147

12.6.4　TSV 应用发展情况 149

12.6.5　TSV 技术展望 150

12.7　3D 封装的应用、面临挑战与发展趋势 151

习题 153

参考文献 153

第 13 章　系统级封装技术 **157**

13.1　系统级封装的概念 158

13.2　系统级封装发展的背景 158

13.3　SIP 与 SOC、SOB 的比较 161

13.4　SIP 的封装形态分类与对应技术方案 162

13.5　系统级封装的技术解析 162

13.5.1　互连技术 162

13.5.2　SIP 结构 162

13.5.3　无源元器件与集成技术 164

13.5.4　新型异质元器件与集成技术 165

13.5.5　电磁干扰屏蔽技术 166

13.5.6　封装天线技术 167

13.6　SIP 产品的应用 167

13.7　SIP 的发展趋势和面临的挑战 169

13.7.1　SIP 的发展趋势 169

13.7.2　SIP 面临的挑战 170

习题 171

参考文献 171

第 14 章　印制电路板工艺 **175**

14.1　印制电路板的基本概念 176

目录

14.2　印制电路板的功能 ………………………………………………………… 176

14.3　印制电路板的分类 ………………………………………………………… 176

　　14.3.1　按照层数分类 …………………………………………………… 176

　　14.3.2　按照基材分类 …………………………………………………… 177

　　14.3.3　按照硬度分类 …………………………………………………… 177

14.4　PCB 的技术发展进程 ……………………………………………………… 177

14.5　印制电路板的基本工艺概述 ……………………………………………… 178

　　14.5.1　加成法、减除法和半加成法 …………………………………… 178

　　14.5.2　主要原物料介绍 ………………………………………………… 178

　　14.5.3　涉及的主要制作工艺 …………………………………………… 180

14.6　单面、双面刚性 PCB 的典型工艺流程 …………………………………… 180

　　14.6.1　半加成法双面 PCB 制作工艺 ………………………………… 181

　　14.6.2　减除法双面 PCB 制作工艺 …………………………………… 185

　　14.6.3　单面印制电路板制作工艺 ……………………………………… 187

　　14.6.4　加成法双面 PCB 制作工艺 …………………………………… 187

14.7　刚性多层板及其工艺流程 ………………………………………………… 187

14.8　积层多层板 ………………………………………………………………… 189

　　14.8.1　积层多层板的历史 ……………………………………………… 189

　　14.8.2　有芯板和无芯板 ………………………………………………… 190

　　14.8.3　积层多层板关键技术 …………………………………………… 190

　　14.8.4　积层多层板的特点 ……………………………………………… 191

14.9　挠性印制电路 ……………………………………………………………… 192

　　14.9.1　挠性印制电路板基本概念 ……………………………………… 192

　　14.9.2　挠性印制电路板的主要材料 …………………………………… 192

　　14.9.3　单面挠性电路板的制作 ………………………………………… 193

　　14.9.4　双面挠性电路板的制作 ………………………………………… 194

　　14.9.5　多层挠性电路板的制作 ………………………………………… 195

　　14.9.6　刚挠结合板制作工艺 …………………………………………… 195

14.10　印制电路板的发展趋势与市场应用 ……………………………………… 195

习题 ………………………………………………………………………………… 196

参考文献 …………………………………………………………………………… 196

第 15 章　封装基板工艺 ………………………………………………………… **197**

15.1　封装基板的基本概念 ……………………………………………………… 198

目录

15.2 陶瓷基板及制作工艺 ……………………………………… 198
　　15.2.1 厚膜陶瓷基板 ………………………………………… 198
　　15.2.2 薄膜陶瓷基板 ………………………………………… 200
　　15.2.3 共烧多层陶瓷基板 …………………………………… 202
　　15.2.4 高电流陶瓷基板 ……………………………………… 206
15.3 刚性有机基板 ………………………………………………… 206
15.4 挠性有机基板 ………………………………………………… 207
15.5 基板的发展趋势 ……………………………………………… 207
　　15.5.1 陶瓷封装基板的发展趋势 …………………………… 207
　　15.5.2 刚性有机基板的发展趋势 …………………………… 208
　　15.5.3 挠性有机基板的发展趋势 …………………………… 209
习题 ………………………………………………………………… 209
参考文献 …………………………………………………………… 210

第 16 章 电子组装技术 …………………………………………… 212
16.1 电子组装技术的概念与发展历史 …………………………… 213
16.2 通孔插装和表面贴装的特点与比较 ………………………… 213
16.3 波峰焊技术 …………………………………………………… 215
16.4 表面贴装与回流焊技术 ……………………………………… 217
16.5 典型组装方式与流程选择 …………………………………… 218
16.6 选择性焊接技术 ……………………………………………… 220
16.7 封装中的表面贴装 …………………………………………… 221
习题 ………………………………………………………………… 221
参考文献 …………………………………………………………… 222

第 17 章 电子产品的绿色制造 …………………………………… 223
17.1 电子产品中的有害物质 ……………………………………… 224
　　17.1.1 铅 ……………………………………………………… 224
　　17.1.2 其他重金属及其化合物 ……………………………… 224
　　17.1.3 含卤有害有机物 ……………………………………… 225
　　17.1.4 助焊剂及清洗剂中的有害物质 ……………………… 226
17.2 电子产品相关环保标准与法规 ……………………………… 226
　　17.2.1 RoHS …………………………………………………… 226
　　17.2.2 WEEE …………………………………………………… 227
　　17.2.3 REACH ………………………………………………… 228

目录

17.2.4 其他相关环保法规 …………………………………………………… 228

17.3 电子产品的无铅制造 ………………………………………………… 229

17.3.1 无铅焊料 …………………………………………………………… 229

17.3.2 无铅组装焊接技术 ……………………………………………… 230

17.3.3 低污染助焊剂 …………………………………………………… 231

习题 ……………………………………………………………………………… 231

参考文献 ………………………………………………………………………… 231

第 18 章 封装中的材料 …………………………………………………… **233**

18.1 有机基板材料 …………………………………………………………… 234

18.1.1 刚性有机基板材料 ……………………………………………… 234

18.1.2 挠性有机基板材料 ……………………………………………… 236

18.2 无机基板材料 …………………………………………………………… 237

18.2.1 陶瓷基板材料 …………………………………………………… 237

18.2.2 玻璃基板材料 …………………………………………………… 237

18.3 引线框架材料 …………………………………………………………… 238

18.4 黏结材料 ………………………………………………………………… 240

18.5 引线键合材料 …………………………………………………………… 242

18.5.1 引线键合材料的参数选材要求 ………………………………… 243

18.5.2 金丝键合系统 …………………………………………………… 243

18.5.3 铝(硅铝)丝键合系统 ………………………………………… 244

18.5.4 铜丝键合系统 …………………………………………………… 245

18.5.5 银丝键合系统 …………………………………………………… 246

18.6 环氧树脂模塑料材料 …………………………………………………… 246

18.6.1 填充剂 …………………………………………………………… 247

18.6.2 环氧树脂 ………………………………………………………… 248

18.6.3 固化剂 …………………………………………………………… 249

18.6.4 固化促进剂 ……………………………………………………… 249

18.6.5 硅烷偶联剂 ……………………………………………………… 251

18.6.6 阻燃剂 …………………………………………………………… 252

18.6.7 着色剂 …………………………………………………………… 252

18.6.8 其他添加剂 ……………………………………………………… 252

18.7 凸点材料 ………………………………………………………………… 252

18.7.1 金凸点与铜凸点 ………………………………………………… 252

18.7.2　焊料凸点 ……………………………………………………… 253

18.7.3　铜柱凸点 ……………………………………………………… 254

18.8　焊球材料 ………………………………………………………… 254

18.8.1　铅锡焊料和无铅焊料 ………………………………………… 254

18.8.2　BGA 中使用的焊球 …………………………………………… 255

18.8.3　焊料中各成分在合金中的作用 ……………………………… 255

18.8.4　焊球中的金属间化合物 ……………………………………… 256

习题 …………………………………………………………………… 256

参考文献 ……………………………………………………………… 256

第 19 章　封装热管理 ………………………………………………… 258

19.1　热管理的必要性 ………………………………………………… 259

19.2　传热学基础 ……………………………………………………… 260

19.2.1　热传导 ………………………………………………………… 261

19.2.2　热对流 ………………………………………………………… 262

19.2.3　热辐射 ………………………………………………………… 263

19.3　结温与封装热阻 ………………………………………………… 263

19.3.1　热阻的定义 …………………………………………………… 263

19.3.2　传导热阻 ……………………………………………………… 264

19.3.3　接触热阻 ……………………………………………………… 264

19.3.4　对流热阻 ……………………………………………………… 267

19.3.5　扩散热阻 ……………………………………………………… 267

19.3.6　热阻网络 ……………………………………………………… 269

19.4　封装热管理技术 ………………………………………………… 272

19.4.1　被动式散热 …………………………………………………… 272

19.4.2　主动式散热 …………………………………………………… 272

19.5　热设计流程 ……………………………………………………… 273

19.6　稳态与瞬态热分析 ……………………………………………… 274

19.7　热仿真分析 ……………………………………………………… 274

19.7.1　有限元方法 …………………………………………………… 274

19.7.2　有限差分方法 ………………………………………………… 276

19.7.3　计算流体力学 ………………………………………………… 277

19.7.4　流体网络模型 ………………………………………………… 278

习题 …………………………………………………………………… 279

目录

参考文献 ·· 279

第 20 章 封装可靠性与失效分析 ·· 282

20.1 封装可靠性的重要性与可靠性工程 ·· 283

20.2 可靠性基础知识 ·· 284

    20.2.1 可靠性的定义 ·· 284

    20.2.2 失效的三个阶段 ·· 285

    20.2.3 产品的寿命 ·· 285

20.3 可靠性测试方法与种类 ·· 286

    20.3.1 环境试验 ·· 287

    20.3.2 高温工作寿命试验 ·· 289

    20.3.3 机械试验 ·· 289

20.4 加速模型 ·· 289

    20.4.1 温度加速模型 ·· 290

    20.4.2 湿度加速模型 ·· 290

    20.4.3 温度变化加速模型 ·· 291

20.5 失效分析的基本概念 ·· 291

    20.5.1 失效机理分类 ·· 291

    20.5.2 失效原因分类 ·· 291

20.6 失效分析的一般流程 ·· 292

    20.6.1 失效分析的基本内容 ·· 292

    20.6.2 失效分析一般操作流程 ·· 293

20.7 常见的封装失效 ·· 295

习题 ·· 297

参考文献 ·· 298

附录 A 缩略语表 ·· 299

第1章

绪论

1.1 封装概述

1.1.1 封装的定义

芯片制造是指在半导体晶圆上按照预先的设计利用光刻、刻蚀、薄膜沉积、腐蚀等微纳加工技术制作出重复的单元,每个单元内的晶体管或其他器件相互连接,从而具有一定的电路功能。半导体晶圆通常为硅晶圆。晶圆上重复的单元经过减薄切割后成为单颗芯片,也称为晶粒。

裸芯片上的电极容易被空气中的湿气等腐蚀导致性能变差乃至损坏。芯片不能直接使用,芯片上的电极必须与外界连接才能发挥功能。同时,半导体晶体管的特性受温度影响很大,必须使结温保持在一定范围内才能使用。因此,芯片必须进行封装后才能使用。

狭义上的封装,与芯片一起,共同组成微电子器件的两个基本组成部分。封装为管芯(芯片)和印制线路板(Printed Wiring Board,PWB)之间提供电互连、机械支撑、机械和环境保护及导热通道。

1.1.2 封装的基本功能

芯片封装具有以下四种基本功能:
(1)分配电源电能;
(2)传递电信号;
(3)散热,使结温控制在合理的范围内;
(4)对芯片与互连的防护,包括机械、电磁、化学、辐射等方面的防护。

此外,封装还有集成其他无源器件或其他系统功能。如5G通信芯片带动了将天线功能集成在封装中的封装天线(Antennas in Package,AiP)技术的发展。

1.1.3 广义封装与封装分级

芯片、封装、板级组装、设备级组装是既相互关联又相对独立的技术与产业环节。人们通常又把相关工程技术统一为广义上的封装技术,并对其进行了图1.1所示分级。

1. 零级封装

集成电路芯片上的互连称为零级封装。零级封装得到的是芯片。

2. 一级封装

一级封装是指将芯片固定在封装基板或引线框架上,将芯片的焊盘与封装基板或引线框架的内引脚互连从而进一步与外引脚连通,并对芯片与互连进行保护性包封。一级封装得到的是封装好的电子器件。

3. 二级封装

将一级封装和其他电子元件安装在印制线路板表面,得到电子系统的插卡、插板或主板。

4. 三级封装

将印制电路板组装到一个主板上,形成一个子系统。

5. 四级封装

将多个子系统组装成一个完整的电子产品。

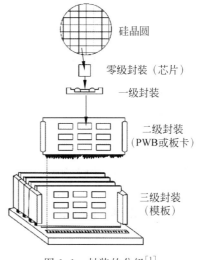

图 1.1　封装的分级[1]

狭义上的封装即一级封装,二级封装即板级组装。本书主要介绍狭义的封装,并简单介绍 PWB 及板级组装的工艺,即二级封装的基础知识。

1.2　封装技术的发展趋势

1.2.1　封装技术的重大革新与产品类型的演变

集成电路封装技术自诞生以来发生了三次重大变革。

1. 封装技术的第一次重大变革

在 20 世纪 80 年代以前,微电子封装器件主要采用通孔插装(Pin Through Hole, PTH)技术,器件带有针脚,PWB 上有通孔,器件针脚穿过通孔安装到 PWB 上。通孔插装封装的主要形式有单列直插式封装(Single in-line Package,SIP)、双列直插式封装(Dual in-line Package,DIP)、针栅阵列封装技术(Pin Grid Array,PGA)。

20 世纪 70 年代中期到 80 年代后期,随着电子设备系统小型化和集成电路薄型化的要求,表面贴装技术逐步取代了通孔插装技术,与表面贴装技术相适应的各种封装形式大量出现。包括小外形封装(Small Out-line Package,SOP)、陶瓷无引线片式载体(Leadless Chip Carrier,LCC)封装、塑料有引线片式载体(Plastic Leaded Chip Carrier, PLCC)封装,以及四边扁平封装(Quad Flat Package,QFP)等。

2. 封装技术的第二次重大变革

20 世纪 90 年代前中期,随着器件 I/O 端的增多,0.4mm 脚间距的 QFP 已经不能满足要求,但0.3mm脚间距的QFP制造极为困难,球栅阵列(BGA)封装形式出现并逐步取代QFP作为高引脚数封装的最佳选择。

3. 封装技术的第三次重大变革

20世纪90年代中期至2000年后,随着封装尺寸的进一步缩小和工作频率的增加,出现了以芯片尺寸封装、晶圆级封装、系统级封装、3D封装为代表的新型封装技术,并得到广泛应用。

1.2.2 封装工艺发展的总体方向

从封装形式和封装制作工艺、组装工艺来看,封装工艺的特点如下所述。

1. 封装内部互连方式上倒装和新的互连方式快速发展

从引线键合到倒装焊的出现和大量应用,以及进一步往引线键合和倒装焊的平面与立体混合、硅通孔(Through Silicon Via,TSV)、叠层封装、埋入式等内部互连方式发展。

2. 密封方式上持续以塑料封装为主

随着低成本模塑工艺代替高成本的陶瓷管壳加封盖的工艺,实封代替空封,塑料封装成为微电子封装主要使用的技术,并且未来将持续占据主导地位。塑料封装的优势是成本低、方法简单且在高密度集成等方面功能显著。据统计,目前微电子封装中90%以上为塑料封装。

塑料封装也有着明显的缺点。塑料封装为非气密性,因此防潮性差,容易受到离子的影响。此外,塑料封装热稳定性相对差,并且需要对电磁波进行屏蔽,容易受到干扰。这些问题影响了塑料封装的可靠性,因此在一些要求高可靠性的应用上,如军事、航天等仍然采用陶瓷封装等形式。

3. 先进封装工艺和形式的快速发展

传统封装工艺采用单颗芯片通过焊线方式封装到基板或者引线框架上。先进封装工艺和形式从不同的维度发展,并灵活地交叉融合,包括:用倒装焊代替了引线焊接,从而提高了互连密度和电性;用焊球阵列代替引线框架外引脚从而提高输入/输出数量、封装密度和电性能;用多芯片和被动元件集成到单一封装形成系统级封装;晶圆级封装快速发展,用芯片工艺代替部分传统封装工艺,实现芯片工艺和封装工艺的融合;芯片尺寸封装带来封装效率的持续提升;3D封装带来封装密度和性能的进一步发展。

4. 封装密度的提升

封装的高度不断降低;引线节距不断缩小;引线布置从封装的两侧发展到封装的四周,再到封装的底面;从单芯片封装到多芯片封装;从平面封装到3D封装;从单纯的IC

封装到 IC 与主动/被动组件的系统集成。

5. 封装与 PCB 的互连方式上

已从插装方式转变为表面贴装为主,并进一步发展到芯片尺寸组装工艺。

6. 考虑环保要求

采用无铅工艺,包括无铅的支架或基板、无铅的组装工艺等。

1.2.3 封装形式的发展方向

集成电路芯片朝着大芯片尺寸、高集成度、小特征尺寸和高输入/输出(I/O)数方向发展,电子整机的发展则要求高性能、多功能、小型化和便携化、低功耗、低成本、高可靠性,市场竞争要求产品性价比要求不断提升、部分电子产品特别是消费类电子产品持续快速更新换代,使得封装形式朝着尺寸变小、引脚和功能变多以及更加系统集成的方向发展。图 1.2 为封装形式的演变趋势,分解来说有如下发展方向。

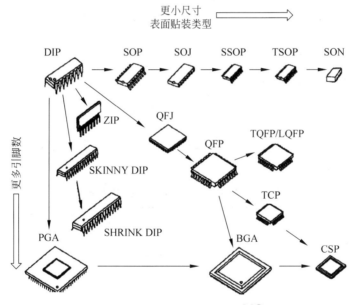

图 1.2 封装形式的演变趋势[2]①

1. 重量轻

同样功能的封装重量越来越轻,电子整机的重量越来越轻。从 20 世纪 70 年代至

---

① SKINNY DIP 是宽度为 7.52mm 的窄体 DIP,SHRINK DIP 是紧缩型 DIP。英文缩写见附录——英文简称索引。

今,同样功能的电子设备,整机的体积可以缩小到原来的万分之一以下。比如,早期电子计算机体积巨大,后来逐步发展出桌面型电脑、笔记本电脑,而现在手持的智能手机或可穿戴的智能手表即可提供更高的性能和更多的功能。

2. 厚度薄

封装体的厚度持续变薄。以 PQFP/PDIP 相关封装形式的演化为例子,其封装厚度变化如图 1.3 所示。

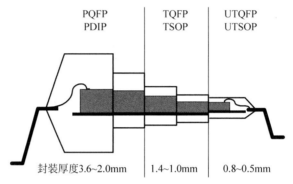

图 1.3　PQFP/PDIP 相关封装形式的封装厚度演化[①]

3. 引线节距短

封装引线节距逐步缩短,如表 1.1 所列。

4. 封装面积占比小

封装效率是指芯片面积与封装面积之比。封装面积与芯片面积比持续降低,封装效率不断提升,如表 1.1 所列。

表 1.1　封装引线节距和封装效率的演化

年份/年	典型封装	典型引线节距/mm	封装效率/%
1980	DIP	2.54	2～7
1985	SDIP,PLCC,BGA	1.27	10～30
1990	QFP	0.63	20～80
1995	QFP,BGA,CSP	0.33,0.8,0.5	50～90
2000	CSP,DCA	0.15～0.05	50～100
2020	CSP,WLP,3D,TSV	0.10～0.04	≥100

5. I/O 多,芯片多

I/O 端口增多。以 Intel 微处理器为例。1971 年的 4004 处理器为 16 引脚的 DIP,

---

① 英文缩写参见附录——英文简称索引。

1972 年的 8008 处理器引脚数为 18,其后的 8080 处理器引脚数为 40,1982 年起发布的 80286 系列共有 LCC、PLCC、PGA 三种封装类型,引脚数为 68,1985 年发布的 80386 采用 BI 引脚的 PQFP,1989 年发布的 80486 采用 196 引脚的 PGA 封装,1993 年发布的 Pentium 采用 273 引脚的 PGA 封装。在 Pentium Ⅲ 后期,采用 370 引脚的 Socket 370 (PGA 370)封装。2004 年,Pentium Ⅳ 修订版的 Socket 封装也升级到 775 引脚的触点阵列(LGA)封装。之后仍有引脚数目更多的 LGA 封装形式的 CPU 推出。

封装从单芯片向多芯片封装、系统级封装演变。在系统级封装中,除可以集成多个不同类型的芯片外,还可以集成大量被动元件。

6. 成本下降

在市场竞争的推动下,封装成本持续下降,性价比提升。

7. 绿色环保

封装材料注重绿色环保。封装与组装工艺中采用无铅、无卤的材料,工艺过程中无或降低臭氧耗竭物质、挥发性有机物的产生,降低对环境的影响。

未来封装材料、封装技术和封装形式还会沿着上述方向不断地发展演化,这需要从材料、工艺、装备、应用等多方面推动发展。

1.3 本书内容导读

本书除绪论外共分为五部分,分别对应一个方面的内容,具体如下:第一部分,传统工艺流程与典型封装形式。

封装概念从早期直插封装形式开始产生,包括金属封装、陶瓷封装和塑料封装。传统封装的典型形式包括 DIP、SOP、TSOP、QFP 等。目前以塑料封装为主。

图 1.4 为引线框架式塑料封装工艺流程。

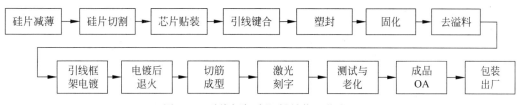

图 1.4 引线框架式塑料封装工艺流程

本部分系统地介绍传统封装,特别是引线框架式的封装工艺,以及介绍载带自动焊(TAB)工艺及 TAB 封装的工艺流程,同时系统介绍传统封装的各种形式。

本部分包括以下几章内容:

第 2 章 晶圆减薄与切割;

第 3 章 芯片贴装;

第 4 章 引线键合;

第 5 章 载带自动焊;

第6章 塑封、引脚及封装完成;

第7章 传统封装的典型形式。

第二部分,先进封装技术。

随着IC芯片朝大芯片尺寸、高集成度、小特征尺寸和高I/O数、高开关速度方向发展,要求封装朝多引脚化、高集成化以及更高封装效率方向发展。从应用的角度来看,随着电子整机的高性能、多功能、小型化和便携化、低成本、高可靠性、高速度的发展要求,促使微电子封装由插装朝贴装发展,并持续朝轻薄、窄节距、更多引脚等方向发展。由此产生了区别于传统封装的先进封装形式。

近年来,随着信息电子、移动通信、物联网等技术需求的快速发展,先进封装的发展朝各个方向高速发展。先进封装技术的诞生通常是由定制化产品驱动,因此在行业中出现了大量不同种类的先进封装技术,在先进封装技术的命名上,各公司都将自己的技术独立命名及注册商标,如台积电公司的InFO、CoWoS,日月光集团的FoCoS,以及美国Amkor公司的SLIM、SWIFT等。各种先进封装技术在细节上有差别,但总体上还是有较多的共性。我们从共性的角度,主要介绍的先进封装技术内容包括倒装芯片封装(FC)、球栅阵列(BGA)封装、芯片尺寸封装(CSP)、晶圆级封装(WLP)、2.5D/3D封装和系统级封装(SIP)。

本部分包括以下几章内容:

第8章 倒装焊技术;

第9章 BGA封装;

第10章 芯片尺寸封装;

第11章 晶圆级封装;

第12章 2.5D/3D封装技术;

第13章 系统级封装技术。

第三部分,封装基板与组装工艺。

基板与引线框架一样,是半导体芯片封装的关键载体,可为芯片提供电连接、保护、支撑、散热、组装等,甚至可埋入无源、有源器件以实现一定系统功能。基板代替引线框架,更利于实现多引脚化、缩小封装产品体积、改善电性能及散热性、超高密度封装以及多芯片封装的目的。据统计,封装材料中封装基板占比约46%。

封装基板目前正朝着高密度化方向发展。

印刷线路板是重要的电子部件,是电子元器件电气相互连接的载体。

电子组装,即二级封装,是将元器件与线路板连接的过程。

基板与PCB既有分别又有相通之处。封装基板是从组装用PCB基础上发展而来的,基板封装体现了由组装而产生的基板工艺与封装工艺的融合。

本部分包括以下几章内容:

第14章 印制电路板工艺;

第15章 封装基板工艺;

第16章 电子组装技术。

第四部分,微电子封装材料及绿色制造。

电子废弃物与工业废弃物、生活垃圾并称地球三大垃圾。同时,在电子封装和组装工艺制程中,会使用铅等有害物质并造成对环境的污染。电子产品的无铅和绿色制造也是关系到人类可持续发展的重要课题,近年来受到高度重视。

高性能的封装离不开合适的、高性能的材料,封装性能提升和成本下降对封装材料不断提出新的要求,封装材料的进步也推动了封装技术的快速发展。材料的高导热、高机械强度、高黏结性、低吸水率和低应力等方面性能提升,使先进封装技术不断进步。封装中使用的材料主要有三类:①金属基封装材料,如铜及其合金、铝合金、铁钴镍和铁镍合金、金及其合金、锡合金、Ag 合金、金属复合材料等;②陶瓷基封装材料,如玻璃、Al_2O_3、AlN、SiC 等及其复合材料;③有机高分子材料,如环氧树脂模塑料、底部填充材料、BGA 基板材料、聚酰亚胺、ABF 基板材料等。我们将主要依据材料的功能介绍以上各类材料及其性质。

本部分包括以下内容:

第 17 章　电子产品的绿色制造;

第 18 章　封装中的材料。

第五部分,封装热管理与可靠性工程。

随着封装功能的增加和密度的提升,封装热流密度持续上升,有效热设计和热管理对于封装可靠性和性能十分关键,这也是封装设计和应用必须考虑的重要方面。

随着电子设备的功能越来越多、性能越来越强大和系统越来越庞大,组成电子设备的集成电路器件的高可靠性也就变得极其重要。封装的可靠性与失效分析、面向可靠性的设计是微电子的重要内容。

本部分包括以下几章内容:

第 19 章　封装热管理;

第 20 章　封装可靠性与失效分析。

习题

1. 简述芯片封装实现的四种主要功能。

2. 简述封装工程技术的划分层次和各层次得到的相应封装产品类别。

3. 从芯片和系统角度简述微电子技术发展对封装的要求。

4. 写出下列英文缩写对应的英文全称和中文名称:DIP、BGA、QFP、WLP、CSP、LGA、PLCC、SOP、PGA、MCM、SIP、COB、DCA、MEMS。

5. 简述封装技术的三次重大革新与相应产品类型的演变。

参考文献

[1] Rahim K,Mian A. A Review on Laser Processing in Electronic and Mems Packaging [J]. Journal of Electronic Packaging,2017,139(3).

[2] Chen W-K. The VLSI handbook [M]. Boca Raton London New York:CRC Press,Inc. ,2000.

第 2 章

晶圆减薄与切割

2.1 晶圆减薄

2.1.1 减薄的作用

虽然一般半导体器件的制备只在晶圆表面几微米范围内完成,但是为了减少晶圆在流片过程中的弯曲变形,提高芯片工艺中的可操作性,晶圆必须达到一定厚度,直到芯片工艺完成送到封装工艺站点后才减薄。通常集成电路 4in(1in＝2.54cm)晶圆的厚度约为 $520\mu m$,6in 晶圆的厚度约为 $670\mu m$,8in 晶圆的厚度约为 $725\mu m$,12in 晶圆的厚度约为 $775\mu m$。

封装厂必须要对这种较厚的晶圆进行减薄。减薄的目的包括以下几个方面:

(1) 利于顺利划片;

(2) 降低封装的厚度;

(3) 利于封装散热;

(4) 去除芯片背面氧化层,有利于芯片键合。

减薄厚度根据封装结构不同而不同,如 DIP 减薄到约 $300\mu m$,BGA 封装一般减薄到约 $200\mu m$,一些叠层封装要减薄到 $50\mu m$ 以下。

2.1.2 主要减薄技术

目前,硅片的背面减薄技术主要有磨削、研磨、干法抛光、化学机械抛光(CMP)、湿法腐蚀、等离子增强化学腐蚀(PECE)、常压等离子腐蚀(ADPE)等方法[1]。

硅片磨削工艺是通过砂轮在硅片表面旋转施压、损伤、破裂、移除而实现硅片减薄。磨削后的表面通常有磨削划痕。磨削加工效率高,工艺后硅片平整度好,成本低,但是硅片表面会产生深达几微米的损伤层,降低器件可靠性和稳定性,同时样品表面还会有残余应力,使硅片发生翘曲,一般需要后续工艺来消除损伤层和残余应力。

硅片研磨工艺通常是指在低速下使用松散研磨粉(膏)作为研磨剂的多种表面精加工操作。研磨后的表面通常有微小的火山坑,灰暗而不是光亮的。磨削工艺压力通常比研磨要大,研磨剂固定在砂轮上,研磨工艺的研磨剂分布在研磨轮与样品之间,磨削工艺的材料去除速度比研磨要高。

化学机械抛光是指利用机械、化学或电化学的作用,使工件表面粗糙度降低,以获得光亮、平整表面的加工方法。抛光通过联合使用精细微米或亚微米磨料颗粒与液体,是一个"湿"过程。通常,抛光过程使用衬垫来容纳磨料。抛光过程中去除的材料很少,通常以微米为单位。在进行抛光之前,待抛光工件的表面粗糙度必须低,抛光后样品表面为镜面。

干式抛光技术原理与硅片磨削类似,不同之处是用纤维和金属氧化物制成的抛光轮取代金刚石砂轮。干式抛光可以去除硅片磨削损伤,实现硅片纳米和亚纳米级镜面加工,成本低。其缺点是工艺效率低($1\mu m/min$),只适合去除较浅的损伤层。

湿法化学腐蚀是一种通过腐蚀液与硅片发生化学反应实现硅片减薄的工艺技术,常用的腐蚀液有酸性腐蚀液(如硝酸、冰乙酸与氢氟酸)和碱性腐蚀液(如氢氧化钾溶液)。化学腐蚀后的硅片表面无损伤和无晶格位错,能提高硅片的强度,减小翘曲。其缺点是需对硅片的正面进行保护,对磨削条纹的校正能力弱。

常压等离子腐蚀是一种常压下工作的纯化学作用的干式腐蚀技术,在氩气环境下将气体(CF_4)电离分解,硅片表面的材料与氟发生化学反应生成 SiF_4 气体从而被去除。加工时,硅片的正面不需要用胶带保护,适合加工较薄的硅片以及有凸起的硅片。常压等离子腐蚀能够去除磨削损伤层,背面去除量可达 $50\sim100\mu m$,加工后的表面平整性比湿法腐蚀好[2]。

以上方法通常需要组合使用。比如,如果需要最终将硅片减薄到 $100\mu m$,可先用磨削去除绝大部分余量,减薄到 $180\mu m$ 左右,然后采用 CMP、湿法腐蚀、ADPE 和干式抛光中的一种或两种消除磨削引起的损伤层和残余应力。一般硅片的背面减薄有背面磨削+CMP、背面磨削+湿法化学腐蚀、背面磨削+ADPE、背面磨削+干式抛光四种工艺方案[1]。

2.1.3 磨削减薄技术

磨削减薄技术由于加工效率高、工艺后硅片平整度好、成本低,成为晶圆减薄的主要手段。

1. 硅片自旋转磨削减薄技术

早在 20 世纪 70 年代,就已经采用旋转工作台磨削法对直径 100mm 以下的硅片进行背面减薄。随着硅片直径的增大,对硅片背面减薄的要求越来越高,旋转工作台磨削技术具有一定的局限性。1988 年,Matsui 等提出硅片自旋转磨削减薄技术,逐渐取代旋转工作台磨削[3]。该技术与去损伤工艺结合,可实现大尺寸硅片超薄加工,目前已成为主流工艺技术。图 2.1 为硅片自旋转磨削示意图。硅片背面磨削一般分为粗磨和精磨两个阶段。磨削可以迅速地去除硅片背面绝大部分的加工余量,如对于原始厚度为 $775\mu m$ 的 300mm 直径硅片,将其磨削减到厚度 $200\mu m$ 所需的时间约为 1min;磨削后厚度均匀性高,对于 300mm 硅片,厚度差异可低至 $0.5\mu m$ 以下,表面粗糙度 Ra 可以低至几纳米。

由于硅片边缘存在倒角,磨削时容易产生边缘碎片缺陷。实际工程应用中采用 TAIKO 工艺磨削[4-5](图 2.2)。硅片工作台上在硅片外缘设置有保护环,磨削时保留晶圆的边缘部分(约 3mm),TAIKO 工艺可以增加硅片的机械强度,降低薄形晶圆的碎片风险,减少翘曲。图 2.3 为 TAIKO 技术强化机械强度与传统磨削流程效果对比。

2. 磨削减薄的工艺流程

1)贴膜
背面研磨时需保护芯片正面的线路与器件不被刮伤。磨片方式有两种:一种是正面

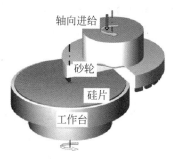

图 2.1 硅片自旋转磨削示意图[4]

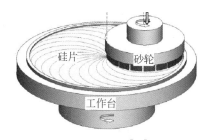

图 2.2 TAIKO 磨削示意图[4-5]（硅片工作台上在硅片外缘设置有保护环）

(a) TAIKO工艺

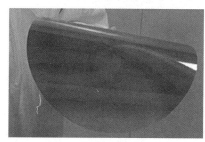

(b) 传统工艺

图 2.3 TAIKO 技术强化机械强度与传统磨削流程效果对比[6]

用白蜡粘在贴片盘上；另一种是在晶圆的正面贴上一层保护膜，然后通过真空吸附在贴片盘上。现在主要采用贴膜的方式。

贴膜通过贴膜机实现。首先把晶圆正面朝上放到贴膜机的工作台上；然后将保护膜从转轴上抽出来，覆盖到晶圆表面，并用滚轴滚压使保护膜与晶圆密合；最后用刀片沿着晶圆的边切掉多余的保护膜，取出贴好膜的晶圆，放回晶圆盒。

保护膜包括膜层和胶层，胶层具有黏性，胶层与芯片黏结，保护膜根据后续解胶方式不同，分为紫外线解胶和热解胶等类型。紫外线解胶型保护膜的胶层在紫外线照射后降低或失去黏性；有些 IC 不能照射紫外线，则采用热解胶型或其他类型保护膜，通过加热或其他方式使保护膜降低或失去黏性。

2）背面研磨

将正面贴膜的晶圆从晶圆盒转移到研磨床的陶瓷多孔真空贴片盘上，真空贴片盘带动晶圆旋转。研磨砂轮转动的同时对晶圆施加压力，将晶圆研磨到最终需要的厚度。

研磨分为粗磨和精磨。粗磨砂轮粒度大，研磨速度快；精磨砂轮粒度小，研磨后表面粗糙度低，可以达到较低的表面粗糙度。

3）去膜

研磨之后，将晶圆清洗烘干，通过紫外线照射、加热或其他方式进行解胶，使保护膜胶层降低或失去黏性。将解胶后的晶圆正面朝上放置在机台上，通过有黏性的膜将其粘住并从晶圆剥离。剥离过程需要在离子风下进行,以防止剥离过程中产生的静电损伤芯片。

晶圆减薄到一定厚度,会有一定的柔性,受力后会弯曲变形,如图 2.3(b)所示。

2.2 晶圆切割

晶圆切割的目的是将晶圆分割成单独的芯片,便于开展后续的芯片封装工艺,包括机械切割和激光切割等方法。

2.2.1 晶圆切割工艺步骤

晶圆分割通常在减薄之后进行,一般主要包含三个步骤。

1. 晶圆贴片

贴片是将减薄后的晶圆背面朝上,放置在贴膜机的操作台上,外侧套入不锈钢材质的圆片环,将胶膜从转轴上抽出,覆盖到晶圆表面和圆片环上,用滚轴滚压使紫外膜紧密贴合在晶圆以及圆片环上;最后用刀片切掉圆片环外多余的胶膜,取出贴好膜的圆片环,放入晶圆环料盒,方便转移至下一工序。圆片环的作用是便于取放及操作划片前后的晶圆。贴膜的作用是防止芯片在切割过程中散落,以及方便在芯片贴装工序中拾取芯片。

2. 划片

划片主要采用机械切割和激光切割,也可以采用复合划片工艺,即联合使用机械切割和激光切割。

切割方式按照划片深度又分为两种:一种是圆片不划穿;另一种是圆片划穿,并切去紫外膜部分厚度。

如果圆片不划穿,则需要进一步裂片或者研磨使晶粒分割。

分割完成后,将晶圆清洗烘干,并在显微镜下做外观检查。

3. 去膜

所有的芯片已经完全分开后,但是芯片仍然牢固地黏附在胶膜上,需要对胶膜进行解胶,降低其黏性,使其在芯片贴装工序中能够方便地被抓取脱离胶膜。

解胶后,将晶圆放入晶圆环料盒,方便转移至下一工序。

2.2.2 机械切割

1. 划片加裂片法

早期的晶圆切割方法是采用金刚石划片加裂片,是一种机械切割方式,其原理与划裂玻璃类似,划片过程是通过金刚石颗粒尖端使晶圆表面沿划片道产生微裂纹,裂片是一种切割(分离)过程,它会扩展划线形成的垂直裂纹。三点弯曲是常见的断裂方法。通过划片加裂片式往往不能得到规整的切割缝,通常伴随着裂纹的产生,目前此种方式使用较少。

2. 刀片切割法

刀片切割是采用金刚石砂轮刀片高速旋转实现对划片道处的材料进行强力磨削去除实现切割。切割时刀片转速高达 $30000\sim60000r/min$,切割时会产生大量的粉屑,同时会产生大量的热,因此在切割过程中不断地用去离子水清洗,避免粉屑污染芯片并降温。

在刀片切割工艺中,通常采用分步切割法,即连续使用刀片两三次进行切割的方法,这样可以减少应力和裂纹等对晶圆表面的影响,提高切割质量。

刀片切割有较多的优点。刀片切割是接触式加工,可以精确控制切割深度,确保完全划透晶圆而不切穿胶膜。同时,采用去离子水实时冷却刀片,有效减小了切割道的热损伤,磨削去除的材料粉末随冷却水排走,切割道干净。刀片切割的切割槽为边缘陡直的矩形槽,这对于要求切割断面平整或者某些开槽加工的应用非常有利。刀片切割的划片宽度受限于刀片厚度,切割槽较宽,随着刀片技术进步,切割槽宽度已低至 $20\mu m$。

刀片切割的缺点是切割过程中有巨大的机械应力作用于硅片表面,机械应力造成的芯片隐裂和崩边是致命的缺陷。

2.2.3 激光切割

激光切割包括常规激光切割和激光隐形切割(Stealth Dicing,SD)。常规激光切割是利用高能激光束照射工件表面,使被照射区域局部熔化、汽化,从而去除材料,实现划片的过程。激光隐形切割是将激光聚焦作用在材料内部形成改质层,然后通过裂片或扩膜的方式分离芯片。

激光切割技术与传统的刀片切割相比有许多优点。激光切割没有砂轮接触导致的应力问题。激光切割完成后硅片的切边整齐无损坏,不存在刀具钝化与磨损及由此导致的切割异常。激光切割没有水污染。激光的光束非常细微,可对切割道偏窄的产品进行切割。采用砂轮刀具切割低 k 膜一个突出的问题是膜层脱落,通过使用无机械负荷的激光开槽可抑制脱层。当切割道表面覆盖金、银等金属层时,直接采用砂轮切割易造成卷边缺陷,采用激光开槽可以去除硅晶圆表面的金属层。

1. 常规激光切割

激光缺点是激光聚焦光斑存在一定焦深,无法精确控制划片深度,尤其在全划切时,衬底胶膜也会被划伤,影响后续的扩膜和去膜工序。因此,激光切割多采用半划切工艺。半划切工艺采用激光开槽法,即采用激光将晶圆电路层面沿切割道切进约 1/3 的厚度,然后采用两种方法进行芯片分离,即通过裂片或扩膜方式实现芯片分离和采用砂轮刀片沿激光开槽的位置二次切割实现芯片分离。

2. 激光隐形切割

激光隐形切割与常规激光切割不同,是将激光聚焦作用在材料内部形成改质层,再向贴附在背面的胶膜施加外部压力,分离芯片的方法(图2.4)。当向背面的胶膜施加压力时,由于胶膜的拉伸,晶圆将被瞬间向上隆起,从而使芯片分离。

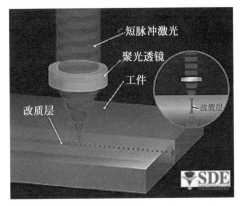

图 2.4　激光隐形切割原理图[6]

激光隐形切割相对常规激光切割的优点:一是表面无划痕,无粉尘污染,划切完后无须清洗;二是切口(划片槽宽度)窄,所以可以获得更多的芯片;三是剥落和裂纹现象大大减少。

2.3　芯片分离技术的发展

2.3.1　先切割后减薄技术

随着晶圆直径增大,且厚度变得极薄,采用传统的先减薄后切割工艺时容易出现边缘剥落和裂纹等不良。为了大幅减少在切割过程中对晶圆的物理冲击,先切割后减薄(Dicing Before Grinding,DBG)工艺代替了传统先减薄后切割的工艺顺序。DGB方法在晶圆的正面切割出一定深度的沟槽,然后用磨削的方法将晶圆减薄直至芯片完全分离。

2.3.2　隐形切割后背面磨削技术

在激光隐形切割的基础上,也发展出隐形切割后背面磨削(Stealth Dicing Before Grinding,SDBG)的技术,即在对晶圆进行激光隐形切割后再进行磨削减薄直至将芯片完全分离。SDBG工艺的优点:①可以实现薄型芯片的切割道狭窄化;②提升晶圆的抗折强度。

2.3.3 等离子切割技术

等离子切割是一项新发展起来的技术。等离子切割在芯片制程中实现,对整个晶圆一次性等离子刻蚀形成沟槽。等离子切割与刀片切割、激光切割相比,不会给晶圆表面造成损伤,从而可以降低不良率,获得更多的芯片。

结合背面减薄技术,将晶圆磨削到一定厚度后再用常压等离子腐蚀方法去除剩余加工量,实现芯片的分离,并将芯片的微裂和表面损伤进一步降低。

近年来,由于晶圆厚度已减薄至 $30\mu m$,且使用了很多铜或低介电常数(Low-k)等材料。因此,为了防止毛刺,等离子切割方法受到欢迎。

习题

1. 简述 IC 封装中晶圆减薄的作用。
2. 简述 5 种或以上主要的晶圆减薄技术。
3. 简述磨削减薄的主要工艺步骤。
4. 简述主要的晶圆切割方法。
5. 简述 DBG、SDBG、等离子切割技术相对传统芯片先减薄后切割技术的优点。

参考文献

[1] 康仁科,郭东明,霍凤伟,等. 大尺寸硅片背面磨削技术的应用与发展[J]. 半导体技术,2003(9):33-38,51.

[2] Siniaguine O. Atmospheric Downstream Plasma Etching of Si Wafers[C]. Proceedings of the 23rd IEEE/CPMT International Electronics Manufacturing Technology (IEMP) Symposium,Austin,Tx,1998:139-145.

[3] Matsui S. Experimental Study on the Grinding of Silicon Wafers-the Wafer Rotation Grinding Method(1st Report)[J]. Bulletin of the Japan Society of Precision Engineering,1988,22:295-300.

[4] 朱祥龙,康仁科,董志刚,等. 单晶硅片超精密磨削技术与设备[J]. 中国机械工程,2010,21(18):2156-2164.

[5] Zhu X L,Li Y,Dong Z G,et al. Grinding Marks in Back Grinding of Wafer with Outer Rim[J]. Proceedings of the Institution of Mechanical Engineers,Part C:Journal of Mechanical Engineering Science,2020,234(16):3195-3206.

[6] TAIKO 工艺[EB/OL]. https://www.disco.co.jp/cn_s/solution/library/grinder/taiko_process.html.

第3章

芯片贴装

芯片贴装(或键合)是指将芯片用胶或者焊料固定在引线框架或基板上,即通过胶或者焊料将芯片黏结在引线框架或者基板的指定区域,实现对芯片的机械固定,并形成热通路(或电通路)的工序。

从使用的芯片黏结材料来看,芯片贴装主要有如下类型:

(1) 含环氧树脂的黏结技术,如导电胶黏结技术和绝缘胶黏结技术;

(2) 共晶焊技术;

(3) 焊料黏结技术;

(4) 低熔点玻璃黏结技术。

3.1 导电胶黏结技术

3.1.1 导电胶的成分

传统封装工艺中使用最普遍的是导电胶黏结技术。常用的导电胶为导电银胶,即填充银导电粒子的环氧树脂黏结剂。导电胶主要由树脂基体、导电粒子填充剂、分散添加剂、助剂等组成。导电银胶的填充料是银颗粒或者银薄片,填充量一般为 $75\%\sim80\%$,基体材料是环氧树脂。在合适的温度下,基体材料固化,形成导电银胶的分子骨架结构,提供力学性能和黏结强度保障,银粒子则互相连接形成导电导热通道。

3.1.2 导电胶黏结工艺过程

导电银胶黏结技术具有工艺简单、成本低廉的优势,已经被大量应用于集成电路封装、LED 封装、液晶显示屏等领域。

导电银胶贴片工艺主要分为四个步骤:①点胶;②取片;③贴片;④银胶烘烤。其中前三个步骤主要通过自动固晶机来完成,步骤④通过热风循环烤箱完成。

自动固晶机主要由图像识别系统、电气控制系统、上下料机构、晶圆芯片供送机构、固晶机构、点胶机构等组成,其具有高精度、高智能化和高速的特点。

自动固晶机的主要功能模块有:

(1) 上料:将切割好的晶圆通过上料机构送到自动固晶机的吸片工作台。

(2) 检测:通过图像识别系统将工作台上的芯片读取图像后,进行识别、定位处理,得到芯片的坐标及分类等信息。

(3) 点胶:将引线框架(或基板)固晶区域点上黏结材料,用于固定芯片。

(4) 拾取:在得到芯片的坐标信息后,通过拾取机构到达芯片位置,并用真空吸头吸取芯片,送到固晶的位置点。

(5) 固晶:将芯片送到固晶位置后,粘贴固定。

(6) 下料:当晶圆取晶基本结束后撤掉。

点胶通常有点胶针戳印和针筒点胶两种方式。对于大芯片,针筒点胶还可以设定胶

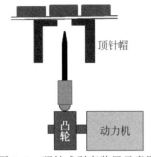

图 3.1　顶针式剥离装置示意图

的图形,方便固晶胶分布均匀。

取片过程中,通用的芯片从胶膜的剥离装置为顶针式剥离装置(图 3.1)。顶针装在顶针帽内,通过顶针帽内真空的吸附将 IC 芯片所在的蓝膜固定在顶针帽上方表面。取芯片时,顶针从晶圆下方顶起芯片,使芯片与胶膜脱离。随后固晶头上的吸嘴从上方吸起芯片。吸嘴吸住芯片后再摆臂到贴片位置。

近几十年来,新型的芯片封装技术层出不穷,这些新型封装技术的出现也伴随着芯片厚度的不断减薄。早期的双列直插式 DIP 所使用的芯片厚度约为 $600\mu m$,BGA 封装使用的芯片厚度降低至约 $375\mu m$,一些智能卡使用的芯片厚度已小于 $100\mu m$。目前一些高性能电子产品的立体式封装涉及的芯片厚度已小于 $50\mu m$。这种超薄的芯片会出现弯曲现象,传统顶针式剥离芯片极易导致芯片不易剥离或者损伤的问题,在新型剥离结构中,采用多个极薄的插片组成插片群组进行剥离。插片群组根据芯片尺寸定制,如图 3.2 所示。剥离时上方吸嘴在一定高度吸住芯片,插片从两边到中间逐步落下,从而完成芯片与膜的分离。

(a) 顶视图　　　　　　　　　　　　　　(b) 剖面视图

图 3.2　新型插片群组式剥离装置

引线框架或基板被传输到固晶机的贴片平台,摆臂将芯片移动到贴片位置,以一定的压力将芯片压贴到引线框架或基板的固晶位置,吸嘴释放芯片,然后摆臂运动继续取下一颗芯片。

贴片后将基板/引线框架转移到烤箱中烘烤,烤箱中通入氮气防止材料氧化,典型的为 175℃下烘烤 1h。

烘烤后需要抽样进行固晶质量的检查,主要方式是进行芯片剪切力测试。

3.2　共晶焊接技术

3.2.1　共晶反应与相图

特定温度下,若两种元素不能以任意比例互溶,则彼此之间都有一定的固溶度。共晶反应是指在一定的温度下,一定成分的液体同时结晶出两种一定成分的固相的反应。生成的两种固相机械地混合在一起,形成有固定化学成分的基本组织,统称为共晶体。

发生共晶反应时有三相共存,它们各自的成分是确定的,反应在恒温下平衡地进行。共晶体一般有一个共晶点,该点具有最低熔点并且三相共存,也就是说,共晶点的温度比两种金属的熔点都低。在共晶温度时能形成共晶的两种金属相互接触,经过互扩散后便可在其间形成具有共晶成分的液相合金。随着时间延长,液相层不断增厚,冷却后液相层又不断交替析出两种金属,每种金属一般又以自己的原始固相为基础而长大、结晶析出。因此,两种金属之间的共晶能将两种金属紧密地结合在一起。由于温度分布不均匀和杂质的影响,共晶键合的作业温度略比共晶点高。为了形成可靠的键合,防止键合面的污染和氧化,共晶键合一般在真空或惰性气体环境中进行。常用的共晶键合包括 Au-Si、Au-Sn、In-Sn、Al-Si、Pb-Sn、Au-Ge 等。如金的熔点为 1063℃,硅的熔点为 1414℃,但质量分数 2.85Si-97.15Au(即 2.85%Si 和 97.15%Au)混合,能形成较低熔点的共晶合金体,其熔点为 363℃。图 3.3 为金-硅合金相图。

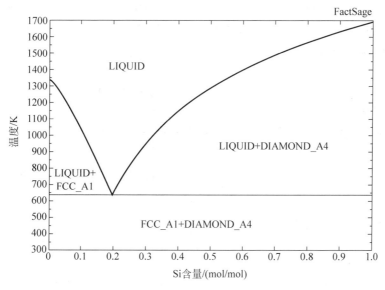

图 3.3　金-硅合金相图(数据来源:SGTE 2011 合金数据库)

3.2.2　共晶焊接的原理与工艺方法

在芯片键合中最常用的共晶焊是把硅芯片焊到镀金的基板或引线框架上,即"金-硅共晶焊"。

金-硅共晶焊的焊接过程是指在一定的温度(高于 363℃)和一定的压力下,使硅芯片在镀金的底座上轻轻摩擦去除硅背面氧化层,接触表面借助金-硅共晶反应之间熔化,由两个固相形成一个液相,随着 Si 逐渐扩散至金中而使液面移动扩大。冷却过程中,当温度低于金、硅共熔点(363℃)时,由液相析出紧密结合的两种固相混合物金-硅共晶体,从而形成牢固的焊接。共晶焊具有焊接强度高、欧姆接触电阻低、热导率高、可靠性强的优点。

为了获得更好性能的共晶键合,芯片背面通常先镀上一层金薄膜,或者在基板固晶区域放置共晶合金预成型片。预成型片可以降低芯片粘贴时表面平整度不好而造成的空洞。常用的共晶预成型片有质量分数 2.85Si-97.15Au 预成型片、质量分数 20Sn-80Au 预成型片等。

此外,通过(交替)电镀、(交替)蒸发等也可以在硅片背面或固晶区域形成 Au-Sn 等共晶焊料层。

在封装中使用的共晶焊设备通常为真空/可控气氛共晶炉或自动共晶焊机。

焊料的性质及芯片表面状态和共晶参数等都会对共晶质量造成改变,其中关键因素如下:

(1) 共晶焊料。选择成分稳定、无氧化、表面平整的焊料,可有效减少空洞缺陷。

(2) 表面镀层。在共晶面涂镀层以提高湿润性和共晶质量。

(3) 表面清洁度。共晶焊片在熔融状态时须保持清洁。

(4) 芯片背面氧化。当硅发生氧化时,会导致焊接浸润不均匀,焊接强度下降。

(5) 共晶温度。由于热量传递条件和温度测量误差的影响,焊接温度要高于合金熔点。

(6) 焊接压力。在芯片上施加一定的压力,确保芯片与载体之间的均衡接触,使两表面结合生成适量合金。压力要根据芯片的材料、厚度、大小综合调整,压力太小或不均匀会使芯片和基板间产生空隙或虚焊;压力过大有可能导致芯片被压碎,且出现焊接金属层太薄的情况。

(7) 热应力。芯片抗热应力的能力随厚度增大而增强,因此芯片要保持适当厚度,同时载体与芯片热性能要匹配来减小机械应力。

(8) 真空度和气氛。在共晶焊接过程中如果真空度太低,焊接时释放的气体容易形成空洞,增加焊接芯片的热阻。如果真空度太高,那么容易产生焊料达到熔点温度还没有熔化的现象。

芯片共晶黏结的质量主要通过外观、空洞率以及芯片剪切力来表征。空洞率可以通过 X 射线和超声波扫描得到,芯片剪切力通过芯片剪切力测试得到。

3.2.3 共晶焊接的局限

由于铜基引线框架中芯片与框架之间的热膨胀系数差异大,如采用共晶焊接且应力又无处分散,可能造成芯片破裂,因此共晶贴装在塑料封装中使用较少。金-硅共晶合金焊接生产效率很低,因此仅在一些有特殊导电、散热要求的大功率管中使用。

3.3 焊料焊接技术

焊料焊接与共晶焊一样,都是利用合金反应进行芯片焊接,都具有良好的导热性能。焊料焊接通常是具有较低熔点的二元或者三元金属焊料焊接,通常称为软焊料,如 PbSn

焊料,以及无铅的 SnAgCu、In 焊料等。

焊料焊接中通常要在硅片和基板焊接区表面沉积一层与焊料凸点焊接中类似的多层金属层,包括:①黏附层,实现与芯片/基板黏附;②焊料浸润层,与焊料浸润从而实现焊接;③表面氧化阻挡层,通常为金。

焊料焊接有以下四种技术:

(1) 焊料预成型片。其工艺与预成型片共晶焊类似[1]。

(2) 预镀焊料层。在多层金属层上方制备焊料层,可以是电镀或者蒸镀,然后施加助焊剂,贴片回流。回流时可以施加一定压力。回流后需清洗助焊剂。

(3) 点焊锡膏。焊锡膏中含有溶剂、助焊剂以及焊料小球,形成膏状,通过与导电银胶类似方式的点胶施加到固晶区域,然后回流,清洗阻焊剂。

(4) 无助焊剂焊丝工艺。焊丝被送入在线系统,在该系统中焊丝与被加热的引线框架接触,焊料熔化后形成所需形状,进而贴片焊接。

软焊料与 Au-Si、Au-Sn、Au-Ge 等共晶焊料相比,其塑性形变应力值相对低,可以降低焊接时芯片由于热失配受到的应力。

3.4 低熔点玻璃黏结技术

低熔点玻璃黏结技术是指通过使用膏状玻璃黏结剂将芯片黏附到基板上,形成玻璃黏结。低熔点玻璃黏结剂呈膏状,其主要成分是玻璃微粒,加上溶剂等成分形成膏状,在烧结温度下溶剂等成分挥发、排出,玻璃微粒熔化烧结。为了增强热导率和导电性,玻璃膏中还可以添加银粉末,即银/玻璃芯片黏结剂。

玻璃作为黏结剂的一个固有优势是在氧化物或金属表面上的润湿性。这使得在某些应用中可以选择使用裸芯片和基板代替金属化表面,从而大幅节约成本。银/玻璃芯片黏结的热导率可高达 $65\sim100\mathrm{W}/(\mathrm{m}\cdot\mathrm{K})$,高于共晶焊料(约 $57\mathrm{W}/(\mathrm{m}\cdot\mathrm{K})$)[2]。这项技术取代了成本较高的焊料合金,并为一些应用提供了一种高可靠性的选择。银/玻璃芯片黏结剂与导电银胶类似,都可统称为导电银浆,分别称为聚合物导电银浆和烧结型导电银浆。

玻璃黏结过程类似于导电胶黏结,不同之处在于所使用的材料和对热量的需求。首先采用戳印、针筒点胶或者丝网印刷将玻璃膏涂敷在基板的固晶区域,贴芯片,然后将玻璃黏结剂加热至 $350\sim450℃$,将玻璃熔化为低黏度液体。玻璃冷却时变硬,从而形成黏结,其黏结的空洞率低。

在塑料封装中,铜合金引线框架表面必须进行特殊处理才能够与玻璃形成结合,这样会增加成本,因此玻璃黏结技术不适合塑料封装。玻璃黏结剂与陶瓷材料可以良好黏结,形成低空洞率、高导电导热、高可靠、低应力、低污染的封装。

3.5 新型芯片黏结技术

随着应用对封装性能、价格持续提出更高要求和封装技术的进步,芯片黏结技术也在持续进步中。除以上芯片键合技术本身不断进步外,也发展出一些新的芯片黏结技术,以下简要介绍两种新型芯片黏结技术。

3.5.1　芯片黏结薄膜工艺

芯片黏结薄膜(Dia Attach Film,DAF)是一种附着在晶粒底部的薄膜,如图 3.4 所示,为了保护晶圆在切割过程中免受外部损伤,先在晶圆上贴敷胶膜,以便保证更安全的芯片分割。在切割过程中,DAF 被切开并保持黏结在芯片背面。与固晶胶水相比,DAF 的厚度可被调整至非常小且恒定。DAF 不仅应用于芯片和基板之间的键合,还广泛应用于芯片与芯片之间的键合,从而形成多芯片堆叠封装。

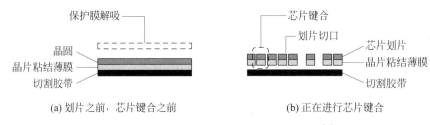

(a) 划片之前,芯片键合之前　　　　　　(b) 正在进行芯片键合

图 3.4　使用芯片黏结薄膜的芯片键合工艺[3]

3.5.2　金属焊膏烧结技术

功率器件封装主要还是通过含铅、无铅焊料合金或导电胶连接到基板上,相关工艺都可以在低于 300℃ 的温度下进行。但是,树脂或焊料合金的屈服强度较低,在变形过程中有非弹性应变的累积,芯片黏结的焊料层很容易出现热循环载荷的疲劳失效。焊料—回流过程容易形成空洞,树脂的导电性能和传热性能不好,且环氧层也容易产生气泡,严重影响了芯片黏结的可靠性和热性能。此外,含铅焊料不符合环保要求[4]。

金属粉末焊膏(如银、银-钯和铜焊膏)广泛使用于混合烧结的微电子封装中。这些金属具有高的导电和传热性能,而且有比焊料合金高的疲劳强度,它们的熔点也高,适合于高温封装技术。这些金属焊膏(包括有机黏结剂/分散剂中的微米尺度金属粒子)的熔点通常需要高于 600℃[4-5]。

烧结过程的驱动力主要来自体系的表面自由能和体系的缺陷能,系统中颗粒尺寸越小,其比表面积越大,从而表面能越高,驱动力越大。外界对系统所施加的压力、系统内的化学势差及两接触颗粒间的应力也是扩散的驱动力。

影响烧结质量的因素是多方面的,其中烧结压力、烧结温度和烧结时间是主要影响因素。无压烧结与有压烧结相比,其得到的烧结层孔隙率大,密度小,导电性能、导热性能及可靠性存在差距,更适合于小面积芯片和功率密度较低的封装;烧结温度中的有机成分一部分在 100℃ 以下即可受热挥发掉,另一部分需要在 200～280℃ 下与氧气反应烧蚀掉,有机成分挥发之后,银颗粒之间才可以直接产生可靠的烧结层。增大烧结压力、提高烧结温度和延长烧结时间有利于得到可靠的烧结层,但高温高压和延长时间会降低生产效率。

通过将金属粒子尺度减小到纳米量级提高烧结的驱动力,降低烧结温度,并可以实现有压和无压烧结。最常见的纳米金属烧结材料为纳米银,此外还有核壳结构银包铜粉等。近年来国内外在相关领域,特别是纳米银烧结技术方面开展了广泛的研究[4,6-8]。

烧结得到的连接层为多孔性结构,空洞尺寸在微米至亚微米级别,连接层具有良好的导热和导电性能,热匹配性能良好。在连接层孔隙率为 10% 情况下,其导电及导热能力可达到纯银的 90%,远高于普通的焊料。

习题

1. 列举不同的固晶工艺方法。
2. 导电银胶中比例最大的成分是什么?占比大约多少?比例第二大的成分是什么?
3. 什么是共晶反应?
4. 简述共晶焊接与导电胶黏结相比的优缺点。
5. 简述芯片黏结薄膜工艺的优势和适用情形。
6. 纳米银焊膏相比大颗粒银焊膏烧结条件如何变化?其原理是什么?

参考文献

[1] 刘嘉,陈卫民,周龙早,等. 预成型焊片润湿性动态测试方法[J]. 电子工艺技术,2011,32(5): 251-254,261.

[2] Patelka M,Sakai N,Trumble C,et al. Development of A Ag/glass Die Attach Adhesive for High Power and High Use Temperature Applications[C]. Proceedings of the International Conference on Electronics Packaging (ICEP),Sapporo,JAPAN,2016:318-22.

[3] 将芯片固定于封装基板上的工艺——芯片键合(Die Bonding)[EB/OL]. https://news. skhynix. com. cn/die-bonding-process-for-placing-a-chip-on-a-package-substrate/.

[4] 陈旭,李凤琴,蔺永诚,等. 高温功率半导体器件连接的低温烧结技术[J]. 电子元件与材料,2006(8):4-6.

[5] Bindra A. BGA MOSFETS Keep Their Cool at High Power Levels[J]. Electronic Design,1999,47(19):43-46.

[6] Bai J G,Calata J N,Lu G Q. Processing and Characterization of Nanosilver Pastes for Die-attaching SiC Devices[J]. IEEE Transactions on Electronics Packaging Manufacturing,2007,30(4):241-245.

[7] Youssef T,Rmili W,Woirgard E,et al. Power Modules Die Attach:A Comprehensive Evolution of the Nanosilver Sintering Physical Properties Versus Its Porosity [J]. Microelectronics Reliability,2015,55(9):1997-2002.

[8] 周均博. Ag 层厚度对 Cu@Ag 纳米颗粒烧结行为的作用及其互连应用[D]. 哈尔滨:哈尔滨工业大学,2018.

第 4 章

引线键合

4.1 引线键合概述

引线键合(Wire Bonding,WB)技术是指电子封装中芯片的电气面朝上键合到引线框架或基板上之后,用金属细丝将芯片的焊区与基板或引线框架的内引脚或者其他需要互连的芯片的焊区连接起来,从而实现电连接的工艺技术。图4.1为引线键合示意图。

图 4.1 引线键合示意图

低成本、高可靠、高产量等特点使得WB成为芯片互连的主要工艺方法,可应用于各种封装形式,包括金属封装,陶瓷 DIP、PGA、BGA 封装,塑料 SOP、QFP、四边扁平无引脚(QFN)、BFA 封装,以及各种形式的 CSP、3D 封装、SiP 等。总体来说,目前引线键合主要用于低成本传统封装、中端封装、存储芯片堆叠等。

引线键合与载带自动焊(Tape Automated Bonding,TAB)、倒装焊(Flip Chip Bonding,FCB)并列,是主要的芯片一级互连技术。近年来,硅通孔技术也成为一种新兴的芯片互连技术,可实现芯片间及芯片与基板的垂直互连。

4.2 引线键合的分类

引线键合的原理:提供能量破坏被焊表面的氧化层和污染物,使焊区金属产生塑性变形,使得引线与被焊面紧密接触,达到原子间引力范围并导致界面间原子扩散而形成焊合点。加热、加压、超声可以为引线和焊区金属塑性变形提供能量。一根引线通常有两个焊点,分别称为第一焊点与第二焊点,引线键合焊点形状主要有楔形和球形两种类型,两个焊点形状可以为相同或不同类型。

根据键合原理分类,常用引线键合方式有热压键合、热超声键合和超声键合。

引线键合机最早于 1957 年由贝尔实验室引入[1],最开始为热压键合,20 世纪 60 年代又发展出热超声键合方式,20 世纪 70 年代早期进一步发展出超声键合方式。

4.2.1 热压键合

热压键合利用压头对引线进行加压和加热,压头温度超过 250℃,引线在温度和压力作用下发生塑性变形,使引线材料与焊区接触面原子间达到原子引力范围,金属间原子相互扩散,实现牢固的键合。热压键合主要用于金丝键合,第一焊点与第二焊点都是楔形,如图 4.2(a)所示。

后来发展出金丝球热压焊方法,用氢气烧结球,但设备复杂,使用不便且不安全。后来出现电子打火装置烧结金球,克服了氢气烧结球的不足。与之前的热压键合相比,金丝球热压焊的焊点接触面大、抗拉强度高、耐腐蚀、可靠性好。金丝球热压焊的芯片电极的焊点在施焊前是球体,然后压焊在芯片的电极上。金丝引线的另一端仍然是普通的热压焊。简而言之,金丝球热压键合的第一焊点是球形,第二焊点是楔形,如图 4.2(b)所示。

热压键合的主要工艺参数为温度、压力和时间。扩散反应随温度呈指数增长。所以,温度的小幅升高可以显著改善键合过程。一般来说,热压键合需要高温(通常高于300℃)、高压和较长的键合时间才能实现充分的键合。高温和高压会损坏一些敏感的芯片。此外,该工艺对键合表面污染非常敏感。因此,热压键合现在已较少应用。

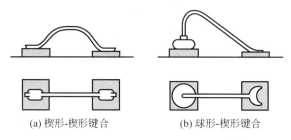

(a) 楔形-楔形键合　　　　　　(b) 球形-楔形键合

图 4.2　典型的引线键合外观示意图[1]

4.2.2　热超声键合

热超声键合将封装放在加热台上加热,有些设备的键合头还配有加热工具同时对芯片加热,利用超声波发生器使劈刀发生水平弹性振动,并施加向下压力,从而综合超声能量、温度和压力的作用完成焊接。常用于金丝和铜丝的键合。金丝热超声键合的第一焊点是球形,第二焊点是楔形,如图 4.2(b)所示。热超声键合工艺通常用于金丝/金带。

4.2.3　超声键合

超声波发生器使劈刀发生水平弹性振动,同时施加向下压力。劈刀在两种力作用下带动引线在焊区金属表面迅速摩擦,引线发生塑性变形,与键合区紧密接触完成焊接。超声键合常用于铝丝键合,第一键合点和第二键合点都是楔形,如图 4.2(a)所示。

表 4.1 列出了三种引线键合类型对比。

表 4.1　三种引线键合类型对比

比　较　项	焊　线　类　型		
	热压键合	热超声键合	超声键合
超声功率	无	有	有
键合压力	高(15~25g)	低(0.5~2.5g)	低(0.5~2.5g)
温度	高(300~500℃)	中(120~240℃)	低(室温)
键合时间	长	短	短
线材料	Au	Au	Au,Al

续表

比 较 项	焊线类型		
	热压键合	热超声键合	超声键合
焊盘材料	Au,Al	Au,Al	Au,Al
表面沾污敏感性	高	中	中
第一焊点形状	楔形(或球形)	球形(或楔形)	楔形
第二焊点形状	楔形	楔形	楔形

按照键合焊点的形状,引线键合可以分为楔形-楔形键合和球形-楔形键合。球形-楔形键合的优点是键合速度快,并且可以从球的任何角度进行键合。也就是说,第二键合点可以在第一键合点的任意方向上,对焊盘的影响较小。楔形-楔形键合具有可以实现超细间距键合,对表面污染物不敏感,键合温度低等优点;但是由于楔形-楔形键合过程需要键合头的频繁旋转,其键合效率低于球形键合。目前,大部分的引线键合使用球形-楔形键合。

热压键合最早采用楔形-楔形键合,后来发展出球形-楔形键合,现在已很少采用。目前用于半导体器件和微电子电路的引线键合主要有超声键合和热超声键合两种。热超声键合有球形-楔形键合和楔形-楔形键合两种形式,是目前最主要的键合方式。超声键合为楔形-楔形键合,在室温下进行。

4.3 引线键合工艺流程

4.3.1 样品表面清洁处理

引线键合前要对样品进行清洁处理,处理方法主要是等离子清洗。该方法采用大功率射频源将气体转变为等离子体,高速气体离子轰击键合区表面,通过与污染物分子结合或使其物理分裂而将污染物溅射清除。采用的气体一般为 O_2、Ar、N_2、80%Ar+20%O_2 或 80%O_2+20%Ar。

4.3.2 键合过程

1. 球形-楔形过程

球形-楔形键合的键合工具是陶瓷劈刀(图 4.3),又称瓷嘴。它的主要成分是高密度细颗粒的氧化铝陶瓷,在 1600℃ 以上温度烧结并经过精细加工而成。陶瓷劈刀的关键尺寸也会影响引线键合的效果,其关键尺寸包括尖端直径、内孔径、内切角直径、内切斜面角度、锥芯角度、外倒圆半径、工作面角度等。陶瓷劈刀内孔径是所选的金线直径的 1.4 倍为最佳,对于超细间距引线键合,陶瓷劈刀内孔径是金线直径的 1.3 倍[2-3]。

球形-楔形键合通常会施加超声,超声换能器是键合机的核心部分。超声振动产生于压电陶瓷,在压电陶瓷中输入超声波频率的电压信号,它可以将其转化成为相同频率的机械振动。现阶段,键合机中主要采用 120kHz 以上的高频超声换能器。通过调整换能

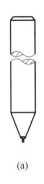 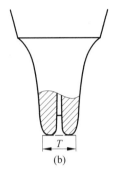 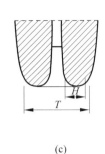

(a)　　　　　　　　(b)　　　　　　　　(c)

图 4.3　陶瓷劈刀

器能够改变键合工具的振幅和轨迹。

球形-楔形键合的工艺流程(图 4.4):①将金属引线从陶瓷劈刀尖端的一部分伸出,并用打火杆(EFO)电极线尾进行高压放电,将外露于陶瓷劈刀前端的金线高温熔化成球形(图 4.5),同时将工作台加热到一定温度,见图 4.4(a)。②松开线夹,劈刀以较低的速度移动,在摄像机和精密仪器的控制下,劈刀下降使球接触晶片的键合区;到达焊盘后,对超声波振动施加一定的压力,以执行第一个焊点的焊接,见图 4.4(b)。③保持线夹松开状态,劈刀向上移动一段距离,见图 4.4(c)。④保持线夹松开状态,通过精确控制劈刀移动,使其向第二焊点方向移动一段距离,然后夹紧线夹,进一步移动到第二焊点的位置,并形成需要的线弧形状,见图 4.4(d)。⑤松开线夹,进行第二焊点的焊接,利用压力和超声能量形成鱼尾式焊点,见图 4.4(e)。⑥保持线夹松开,劈刀向上垂直运动一段距离,金属丝末端仍在第二焊点上,形成一定长度线尾,见图 4.4(f)。⑦夹紧线夹,劈刀向上垂直运动一段距离,在线夹带动下截断金属丝的尾部,并将部分金线释放到着火高度,然后进入下一个焊接周期,见图 4.4(g)。

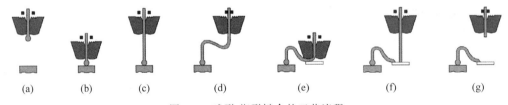

(a)　　　(b)　　　(c)　　　(d)　　　(e)　　　(f)　　　(g)

图 4.4　球形-楔形键合的工艺流程

2. 楔形-楔形键合工艺过程

楔形-楔形键合的键合工具是劈刀,又称钢嘴,图 4.6 是一款劈刀照片。劈刀的主要成分是碳化钨钢,精度一般为 $2\mu m$。它在特殊的数控机床中制作而成。使用达到一定的寿命就要更换,否则会影响产品的质量。不同粗细的金属丝需要使用不同尺寸的键合工具。此外,还需要一些辅助工具,如导线管、线夹、切断粗铝丝的切刀等。对于细铝丝来说,不需要切刀,但需要特殊的夹具。楔形-楔形键合通常会施加超声,超声换能器也是对应键合机的核心部分。

其穿丝是通过楔形劈刀背面的一个小孔来实现的,金属丝与晶片键合区平面成 $30\sim60°$。

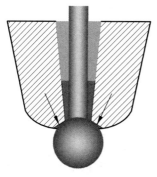

图 4.5 高压放电后形成金属球

图 4.6 劈刀示意图

球形-楔形键合的工艺流程(图 4.7)：①从键合劈刀背面的小孔馈送引线,见图 4.7(a)。②保持线夹松开,将劈刀下降到 IC 键合焊盘上,将引线固定在焊盘表面,施加压力进行超声或热超声键合,见图 4.7(b)。③劈刀先上升然后下降,在摄像机和精密仪器控制下,执行特定运动轨迹移动到第二焊点位置,并得到需要的线弧形状。在线弧形成过程中,劈刀进线孔轴线的移动必须与第一次键合的引线轴向对齐,以便导线可以通过劈刀孔自由馈送,见图 4.7(c)和图 4.7(d)。④在第二焊点位置,劈刀下降,施加压力和超声,形成二焊点键合见图 4.7(e)。⑤撕裂或切断引线,可用线夹断线(通过线夹移动撕裂引线,此时键合头的压力仍在第二焊点上)、工作台断线(将工作台即键合头提起撕裂引线)、刀片断线(对于粗引线(76μm)最常使用刀片),见图 4.7(f)。⑥断线后,线夹收紧,劈刀上升,焊线完成。然后进入下一个循环,见图 4.7(g)。

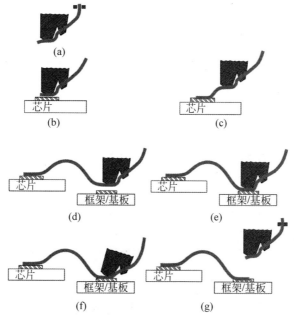

图 4.7 球形-楔形键合的工艺流程

楔形-楔形键合技术可用于铝线和金线键合应用,只需稍微修改劈刀背面参数,以补偿金线较低的抗拉强度。这两种工艺的主要区别是铝线在室温下采用超声波焊接工艺进行焊接,而金丝键合是通过加热至 175℃ 的热超声键合工艺进行焊接。键合采用的材料是高纯度的铝,但不是纯铝。纯铝太软,不易被拉拔成丝。通常采用含 1‰ 硅或者含 1‰ 镁的合金,以此增加硬度。由于室温超声键合无须花费时间加热从而可使键合速度大幅提升,并且温度敏感的衬底上无法使用热超声键合,近年来也不少研究关注降低金线的键合温度,采用室温超声焊接来键合金[4]。

楔形-楔形键合的一个相当大的优点是,它可以设计和制造非常小的尺寸,低至 $50\mu m$ 的间距,特别有利于具有小焊盘的微波器件,这些小焊盘需要低至 $13\mu m$ 的金线连接。

3. 键合工艺参数的影响

引线键合的关键工艺参数为键合压力、键合表面温度、超声功率、超声时间。

键合压力主要两方面作用:一是保证引线与焊区之间紧密接触,增加引线与焊区接触面积;二是使引线产生塑性变形,破坏表面氧化层,暴露出新鲜金属表面,有利于形成可靠的键合点。在超声功率一定的条件下,增加键合压力可以提高键合质量;但是,键合压力过大会导致引线严重变形,降低键合强度。

在热超声键合的过程中,键合表面温度对键合强度有很大影响。太高的温度会影响黏结材料的物理和化学性能,降低金丝键合质量,甚至会损坏电子器件。太低的温度会导致黏结强度低或黏结失败。只有适当的温度范围加上相应的黏结力和超声功率才能产生满足强度要求的粘结。黏合表面温度的变化也会引起超声功率输出的变化。

合适的超声功率能够提升引线键合的剪切强度和稳定性。超声功率过小会使金丝翘起,无法焊接或不能完全焊接于焊点上,而超声功率过大,会使已经完成键合的区域严重变形,因此键合点剪切力下降。

超声时间是指在劈刀上施加键合压力和超声功率的运行时间。其用于控制超声后所产生的能量。合适的超声时间有助于清除金丝表面的氧化物层,增强键合效果。过短的超声时间则会导致键合点狭窄或金丝剥离。过长的超声时间会导致根部切断。

此外需要说明的是,通常的键合顺序为第一次键合至芯片,第二次键合至基板,称为正向键合。这是由于正向键合远不容易受到焊线和芯片之间边缘短路的影响。特殊情况下,当需要降低封装厚度(因为需要降低线弧高度)时,可以采用反向键合。键合顺序也会对封装性能产生影响。

4.3.3 键合质量的测试

1. 视觉检查

通过视觉评估引线键合以保证球形焊点或楔形焊点的正确形成,查看是否存在根部开裂(楔形)、过度的引线变薄(过度变形)或键合焊盘金属弹坑现象[5]。

进一步的视觉检查包括确保键合准确地放置在焊盘上,并确保引线线弧之间有足够的间距(无短路)等。

2. 线弧拉力测试

通常使用线弧拉力和焊球剪切力试验来检查黏结强度。

线弧拉力测试可应用于楔形-楔形键合和球形-楔形键合测试。挂钩位于线弧下方,并沿垂直方向移动。记录键合失效时的荷载。一个好的测试结果断裂在键合线尾根部或两个键合点中间某处,如图 4.8 所示。

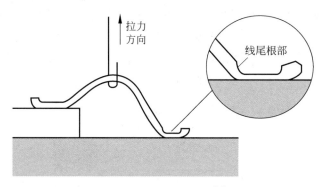

图 4.8　线弧拉力测试[1]

3. 焊球剪切测试

与楔形-楔形键合不同的是,球形-楔形键合的两种焊点明显不同,其第一焊点(球形键合)的接触面积明显大于第二焊点。因此,若仅对球形-楔形键合进行线弧拉力试验,则失效总是发生在第二个焊点或焊球颈部,不会产生有用的试验数据来确定焊球的键合质量。焊球剪切测试是一种仅用作评估球形键合的测试,如图 4.9 所示。将剪切工具与待测试的焊球对齐,试验机推动剪切工具向前移动,并对焊球施加荷载,直到发生失效。

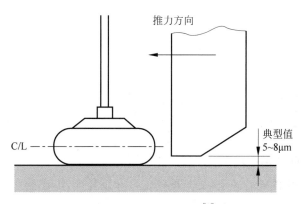

图 4.9　焊球剪切测试[1]

一个好的焊球剪切试验结果是球剪切断裂,在焊盘上留下一些焊球材料。这意味着,剪切力使焊球失效,而且焊球与焊盘没有分离。

4. 楔形-楔形键合30°拉力测试

线弧拉力测试只给出了键合中最薄弱点的强度,它不允许开发工程师独立量化每个焊点的强度。采用30°拉力测试可以解决这一问题。

如图4.10所示,将焊线在另外一个键合点处断开(注意避免损坏待测焊点),夹住并拉动剩余的金属丝,沿引线和基板之间夹角方向施加拉力,通常为30°方向。该方法将剪切载荷应用于引线/基板界面,减少了线弧拉力所带来的剥离载荷的影响。虽然比较费时,但这种方法可以得到每个焊点的真实特性。

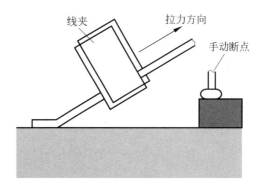

图 4.10   楔形-楔形键合30°拉力测试[1]

4.4   引线键合技术的特点及发展趋势

引线键合的优点主要有:

(1) 很强的灵活性,可键合到不同的金属材料,采用不同的芯片高度、不同的线弧高度。

(2) 低温工艺,金线可在150℃下、铝在室温下进行键合。

(3) 无须后续清洁。

(4) 焊接速度较快(1~20根/秒)。

(5) 成本低,工艺成熟。

引线键合与倒装芯片键合、载带自动焊以及硅通孔技术相比,其缺点主要有:互连长度较长,封装效率(芯片面积与封装面积之比)相对较低,互连密度相对较低,且引线通过电流相对较低等。

引线键合的发展趋势包括:

(1) 自动化,更快的键合速率,更好的稳定性和重复性,可在线监测,更加智能化的键合机[1,6]。

(2) 更加优化和更耐磨损的劈刀耗材[7]。

（3）金线等材料更低的焊接温度,特别是室温下的焊接[4,8]。

（4）更窄的焊线间距[9]。

（5）更高的焊线可靠性,更准确的仿真模型[10]。

（6）低成本的金线替代材料和工艺[11-12]（此部分在第 18 章详细介绍）。

（7）激光键合。通过光纤在楔形焊接的焊接头中引入激光,可以降低超声幅度和超声摩擦带来的应力,将应用于粗金属线、金属带以及敏感的芯片和衬底,提升焊接可靠性[13]。

（8）粗金属线、金属带、金属箔键合,解决大功率器件引线电流能力不足、降低高频器件趋肤效应导致的电流降低等问题[6]。

习题

1. 根据工艺特点不同,引线键合有哪三种方法?
2. 按照焊点形状引线键合可分为哪两种焊接类型?
3. 简述金丝球焊的键合工艺过程。
4. 引线键合的主要工艺参数有哪些?
5. 金丝球焊和超声焊的键合质量力学测试分别是什么?
6. 简述引线键合的主要优缺点。
7. 列举引线键合技术的发展趋势。

参考文献

[1] Otter C C, Dunkerton S B, Stockham N R. Wire Bonding for Microelectronic Interconnection [J]. Materials Technology, 2016, 20(2): 79-85.

[2] 宫在磊, 王秀峰, 王莉丽. 微电子领域中陶瓷劈刀研究与应用进展[J]. 材料导报, 2015, 29(17): 89-94, 105.

[3] 邱睿. 超细间距引线键合第一键合点影响因素研究[D]. 武汉: 华中科技大学, 2004.

[4] Dohle R, Müller T, Schulze H, et al. Gold Wire for Room Temperature Wedge-Wedge Bonding [C]. Proceedings of the 41st international symposium on microelectronics, Providence, Rhode Island, 2008: 6-11.

[5] 常亮, 孙彬, 徐品烈, 等. 金丝引线键合失效的主要因素分析[J]. 电子工业专用设备, 2021, 50(2): 23-28.

[6] Onuki J, Komiyama T, Chonan Y, et al. High-strength and High-speed Bonding Technology Using Thick Al-Ni Wire [J]. Materials Transactions, 2002, 43(8): 2157-2160.

[7] 文泽海, 卢茜, 伍艺龙, 等. 引线键合楔形劈刀及劈刀老化现象研究[J]. 电子工艺技术, 2019, 40(1): 8-10, 16.

[8] Wohnig M, Meusel B, Wolter K J. Thermosonic Wire-bonding at Bonding Temperatures below 100 Degrees ℃ [C]. Proceedings of the 27th International Spring Seminar on Electronics Technology, Sofia, Bulgaria, 2004: 202-6.

[9] Yang W J, Li X P, Li Z H, et al. Optimizing Parameters Study of the 1st Bond Technics in Ultra-

fine-pitch Wire Bonding[J]. Semiconductor Technology，2005，30(4)：20-23.

[10] Takahashi Y，Shibamoto S，Inoue K. Numerical Analysis of the Interfacial Contact Process in Wire Thermocompression Bonding[J]. IEEE Transactions on Components，Packaging，and Manufacturing Technology：Part A，1996，19(2)：213-223.

[11] Zou Y S，Gan C L，Chung M，et al. A Review of Interconnect Materials Used in Emerging Memory Device Packaging：First- and Second-level Interconnect Materials [J]. Journal of Materials Science-materials in Electronics，2021，32(23)：27133-27147.

[12] Gan C L，Hashim U. Evolutions of Bonding Wires Used in Semiconductor Electronics：Perspective Over 25 Years [J]. Journal of Materials Science-materials in Electronics，2015，26(7)：4412-4424.

[13] Unger A，Hunstig M，Broekelmann M，et al. Thermosonic Wedge -Wedge Bonding using Dosed Tool Heating[C]. Proceedings of the 22nd European Microelectronics and Packaging Conference and Exhibition (EMPC)，Pisa，Italy，2019.

第
5
章

载带自动焊

载带自动焊(TAB)是一种将芯片组装在金属化的载带上的集成电路封装技术；在柔性聚合物上做好由图形化金属箔布线形成的引线框架,然后通过热电极一次性将芯片焊区与所有的内引脚进行键合,是芯片引线框架的一种互连工艺。载带为柔性高分子聚合物材质。

5.1　载带自动焊技术的历史

TAB 技术于 1965 年由美国通用公司发明,当时称为"微型封装"。1971 年法国 Bull SA 公司称其为"载带自动焊",沿用至今。直到 20 世纪 80 年代中期,TAB 技术一直发展缓慢。随着 LSI、VLSI 以及电子整机的发展,组装技术高密度、薄形化要求的日益提高,1987 年,TAB 技术又受到电子封装界的重视。美、日、西欧各国争相开发应用 TAB 技术,使其在消费类电子产品中获得了广泛应用,包括液晶显示、智能卡、计算机、电子表、计算器、相机、录像机等。

TAB 技术不仅用于 TAB 封装,而且载带作为柔性引线广泛应用于电子产品内部互连。在先进封装技术中,如 BGA、CSP 和 3D 封装中,TAB 技术也发挥了作用,演化出不同的具体封装形式。

5.2　载带自动焊技术的优点

TAB 技术是为了克服 WB 技术的一些不足而发展起来的,与 WB 技术相比具有如下优点:

(1) TAB 封装结构轻、薄、短、小,封装高度小于 1mm。

(2) TAB 电极尺寸、电极节距区间距较 WB 小。TAB 的电极宽度通常为 $50\mu m$,可低至 $20\mu m$,电极节距通常为 $80\mu m$,可以做到更低。

(3) TAB 容纳 I/O 引脚数更多,安装密度高。

(4) TAB 引线电阻、电容、电感小,有更好的电性能。

(5) 采用铜箔引线,导电导热好,机械强度高。

(6) TAB 键合点抗键合拉力比 WB 高。单点 TAB 的键合拉力为 0.3～0.5N,比单根焊线拉力(0.05～0.1N)要高 3～10 倍。

(7) TAB 采用标准化卷轴长带,对芯片实行多点一次焊接,自动化程度高,生产效率高。

5.3　载带分类

TAB 载带按结构可分为 Cu 箔单层带、Cu-PI 双层带、Cu-黏结剂-PI 三层带(图 5.1)及 Cu-PI-Cu 双金属带。

根据封装的使用要求和 I/O 引脚数量、电性能要求的高低、成本要求等来确定选择

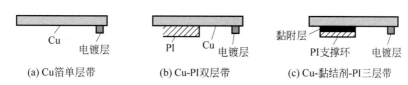

(a) Cu箔单层带　　(b) Cu-PI双层带　　(c) Cu-黏结剂-PI三层带

图5.1　TAB载带的三种结构

哪一种结构的载带。单层带的Cu箔厚度为$50\sim70\mu m$，以保持载带引线图形的强度及引脚的共面性。其他结构载带因为有PI支撑，可选择$18\sim35\mu m$或更薄的Cu箔。四种载带对比见表5.1。

表5.1　四种载带对比

TAB分类	成本	工艺	性能	能否老化筛选芯片
Cu箔单层带	低	简单	耐热性好	不能
Cu-PI双层带	低	设计灵活	可弯曲,耐热性好	能
Cu-粘结剂-PI三层带	高	复杂	可制作高精度图形	能
Cu-PI-Cu双金属带	高	复杂	可改善高频器件的信号特性	能

5.4　载带自动焊封装工艺流程

TAB封装的工艺流程如图5.2所示。工艺流程示意图如图5.3所示。

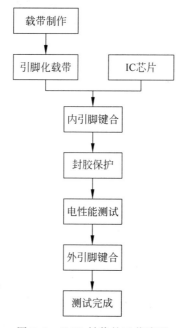

图5.2　TAB封装的工艺流程

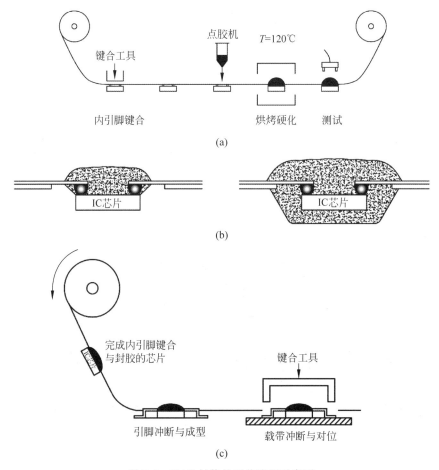

(a)

(b)

完成内引脚键合
与封胶的芯片

键合工具

引脚冲断与成型　　载带冲断与对位

(c)

图 5.3　TAB 封装的工艺流程示意图

5.4.1　内引脚焊接

内引线键合是将 IC 芯片组装到 TAB 载带上的技术,通常采用热压焊或热压回流焊的方法,如图 5.4 所示。热压焊的焊接工具是由硬质金属或钻石制成的热电极,当芯片凸点为 Au 或 Ni/Au、Cu/Ni/Au 等多层金属,载带铜箔也是此类金属时,采用热压焊。当芯片或载带上镀有焊料凸点(如 Pb-Sn、Sn-Ag)时,则使用热压回流焊。相比而言,回流焊的温度较低,压力较小。

凸点通常做在芯片上,也可以做在载带上[1]。

以上两种焊接方法都是使用内引线焊机进行多点一次焊接的。焊接时的主要工艺步骤为对位、焊头压下焊接、焊头抬起和芯片传送四步。

主要焊接参数为焊接温度、焊接压力和焊接时间。热压回流焊的典型焊接参数为 $450\sim500℃$,$0.5N/点$,$0.5\sim1s$。

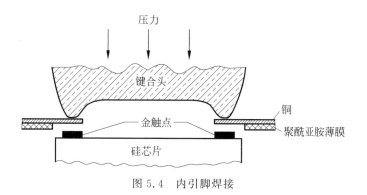

图 5.4 内引脚焊接

（图中标注：压力、键合头、铜、金触点、聚酰亚胺薄膜、硅芯片）

5.4.2 包封

内引线焊接后涂覆一层薄的环氧树脂对焊点和芯片进行保护。可以采用表面涂覆、全包封方式。包封后需在高温下烘烤进行固化。

5.4.3 外引线键合

完成内引脚键合与包封的芯片，通过卷对卷方式进行引脚冲断与成型，并通过群压焊的方式键合到电路板上。

习题

1. 简要描述载带自动焊相对引线键合的主要优点。
2. 对 TAB 载带按照其结构进行分类。

参考文献

[1] Kanz J W，Braun G W，Unger R F. Bumped Tape Automated Bonding（BTAB）Practical Application Guidelines［J］. IEEE Transactions on Components Hybrids and Manufacturing Technology，1979，2(3)：301-308.

第 6 章

塑封、引脚及封装完成

6.1 塑封

塑封工艺是微电子封装的关键制程,其主要功能是保护封装的焊线、芯片、其他组件、内部布线等不受外界热、水、湿气、机械冲击的影响,增加封装机械强度使封装易于贴片。

电子封装按使用的材料,可分为金属封装、陶瓷封装和塑料封装。塑料封装工艺简单、成本低,占据了90%以上封装市场份额且还在上升[1]。集成电路塑料封装中最合适的材料是环氧模塑料,占塑封材料的95%以上[2]。常见的塑料一般分为热塑性塑料和热固性塑料。环氧模塑料是一种热固性塑料。

热塑性塑料中树脂分子结构是线型或者支链型结构。受热时材料软化并熔融,可成型为一定形状经冷却后保持原有的形状,再次加热后可再次软化熔融,能多次重复,在成型过程中一般只发生物理变化。

热固性塑料是指通过加热实现固化的聚合物材料,其在成型过程中同时发生物理变化和化学变化。热固性聚合物在加热到较低温度时熔融,具有较好的流动性,进入模具后在模具的温度和压力作用下进一步发生化学交联反应,长链分子变成密集的网状交联结构从而固化,材料冷却后再次加热不能软化,温度过高会发生材料碳化分解。

塑料成型技术有多种,包括转移成型技术(又称压注成型、传递模塑)、压缩成型技术(又称模压成型)和注塑成型技术等。微电子封装中用得最多的是转移成型和压缩成型技术。

注塑成型是最常见的塑料成型工艺,具有劳动强度低、成型周期短、产品质量好、模具寿命长、操作安全等优越性;但对于微电子封装由于引线框架在注塑模具中不便安放,且环氧模塑料采用注塑成型工艺的难度较大,尚未达到实用阶段[2]。

转移成型技术是结合了注塑成型和压缩成型的优点而发展起来的一种成型技术。它设置有单独的加料室,模塑料在加料室内加热熔化,在低压的作用下熔融物料经过浇注系统高速注入已加热的闭合模具的模腔,在模腔内经过保温保压而固化成型。

转移成型的工艺流程(图6.1):①将引线框架按照定位放入下模具,见图6.1(a);②盖上上模具,见图6.1(b);③加入环氧模塑料,环氧模塑料储存在冷库中,使用前须在室温下回温,见图6.1(c);④预加热,见图6.1(d);⑤活塞加压将模塑料压入模腔,见图6.1(e);⑥保温保压,固化成型,见图6.1(f);⑦活塞离开,见图6.1(g);⑧上模具打开,见图6.1(h);⑨取出样品,见图6.1(i)。

转移成型技术压注时间短、成型快、生产效率高,适合成型薄壁、壁厚变化大、带有细薄金属嵌件、具有深孔且形状复杂的塑件,特别适合电子元器件的塑封,塑封后的元器件具有较高的精度和尺寸稳定性,无气孔和缩孔,电性能好,耐湿性好,是微电子封装使用最多的成型技术。

转移成型技术的缺点:①模塑料的利用率只有约70%;②填充料的分布不够均匀;③树脂流动会给芯片和焊线带来应力;④薄的包封上盖厚度和大面积衬底时可能封装不足。

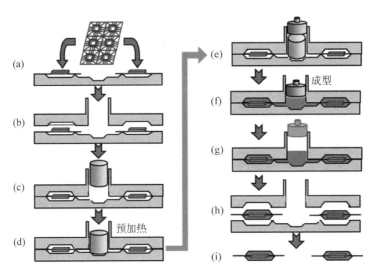

图 6.1　转移成型工艺流程[3]

压缩成型技术与转移成型技术不同,其加料室和模腔合二为一,模塑料直接放入加热至成型温度的敞开模腔中,塑化和固化都在模腔内进行,塑料粉有时会干扰合模定位销和为孔成型用金属嵌件的位置,造成塑料制品精度不够,影响制品质量,而且成型效率低。因此,早期塑封形式的模塑工艺主要为转移模塑工艺。

随着封装厚度变薄,以及大尺寸衬底封装和大面积扇出式晶圆级封装等新的封装工艺和封装工艺的发展,转移成型技术的不足变得十分明显,不能满足需求,压缩成型技术很好地解决了以上问题,在薄的封装厚度、低翘曲、大尺寸衬底封装和大面积扇出式晶圆级封装得到了很好应用。表 6.1 列出了转移成型技术和压缩成型技术在微电子封装中的对比。

表 6.1　转移成型技术和压缩成型技术在微电子封装中的对比

成 型 技 术	转 移 成 型	压 缩 成 型
模具结构	复杂	简单
模塑方式	闭模	开模
飞边厚度	无或较薄	较厚
模塑料利用率	约70%	100%
成型周期	较短	较长
填充剂分布	较不均匀	均匀
湿气敏感性	较差	较好(因填充剂分布均匀)
对芯片和焊线应力	大	小
薄封盖、大衬底模塑可行性	有限	可扩展性高,无封装空缺
封装厚度灵活性	变厚度需要定制模具	程序调整模压位置实现

压缩成型的工艺流程(图 6.2):①打开上下模具,将基板定位放置于上模具上,将分离膜通过真空吸附贴合到下模具表面,并在其上放置模塑料粉末,见图 6.2(a);②合上

上下模具,模塑料预加热,见图 6.2(b);③下模具活动部分向上移动,模塑料在垂直压力下流动,见图 6.2(c);④模塑料充满模腔并在温度和压力下固化,见图 6.2(d)。

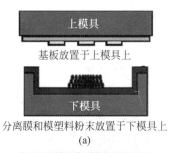

基板放置于上模具上

分离膜和模塑料粉末放置于下模具上

(a)

合模、模塑料预加热

(b)

下模具移动,模塑料在垂直压力下流动

(c)

模塑料充满并固化

(d)

图 6.2 压缩成型的工艺流程[4]

6.2 塑封后固化

塑封完成后,还需要进行塑封后固化工艺。将塑封后的样品放在烤箱内,在(175±5)℃下烘烤 8h,使 EMC 材料完全固化,并消除塑封时产生的内应力。

6.3 去溢料

如图 6.3 所示,经过模塑后封装上会存在溢出的模塑料,需要清除,烘烤后引线框架会发生表面氧化,需要去除。将溢料和氧化清除后才能方便进行电镀。

(a)   (b)

图 6.3 IC 封装去溢料前后对比

传统的去溢料方法有机械喷沙(干法 / 湿法)、碱性电解法和化学浸泡＋高压水喷法[5]。随着激光加工在微电子封装中的发展,全自动激光去溢料技术得到了发展,激光去溢料技术具有去溢料干净、效率显著提高的优点[6]。

6.4　引线框架电镀

为了增加引线框架上引脚的可焊性和导电性,防止外界潮湿和热等不利环境的影响,引线框架在塑封完成后,利用电镀或者浸锡工艺,在其引脚上镀上一层薄的保护性金属层。目前主要采用的是电镀工艺。电镀一般有含铅电镀和无铅电镀两种类型。早期采用含铅电镀,出于环保的要求,目前主要采用无铅电镀,即采用高纯度的锡或锡银镀层。电镀工艺在流水线式的电镀槽中进行,有专门的上料台,上料后引线框架被带动到装有电镀液的电镀槽中,作为阴极浸入其中,金属离子得到电子后沉积到引脚上实现电镀,电镀完成后进入下料台下料。

6.5　电镀后退火

电镀完成后还需进行电镀后退火,通常为温度(150 ± 5)℃下 2h,其目的是让无铅镀层经过高温烘烤后,通过内部结构的变化,抑制镀层的晶须生长。晶须是指在长时间的潮湿环境和温度变化环境下生长出的一种须状晶体,它可能导致产品引脚的短路。在无铅镀层中,容易出现晶须,并可能导致产品引脚的短路。

1. 锡须的概念

锡须是电子产品及设备中一种常见的现象。要说明锡须是什么,首先来看晶须是什么。晶须是一种头发状的晶体,它能从固体表面自然地生长出来,也称为"固有晶须"。晶须在很多金属上生长,最常见的是在锡、镉、锌、锑、铟等金属上生长。甚至锡铅合金上也会生长晶须,但发生概率较小。晶须很少出现在铅、铁、银、金、镍等金属上面。一般来说,晶须现象容易出现在相当软和延展性好的材料上,特别是低熔点金属。

锡的晶须简称锡须,它是一种单晶体结构,导电。锡须的形状一般是直的、扭曲的、沟状、交叉状等,有时也有中空的,外表面呈现沟槽。锡须直径可以达到$10\mu m$,甚至可以达到9mm 以上,其传输电流的能力可以达到 10mA,当传输电流较大时,锡须一般会被烧掉。

2. 锡须产生的原因

锡须生长的速率一般在0.03~0.9mm/年,在一定条件下,生长速率可能增加100倍或以上。生长速率由镀层的电镀化学过程、镀层厚度、基体材料、晶粒结构以及储存环境条件等复杂因素决定。锡须的生长主要是由电镀层上开始的,具有较长的潜伏期,从几天到几个月甚至几年,一般很难准确预测锡须所带来的危害。

一般来说,锡须产生原因如下:

(1)锡与铜之间相互扩散,形成金属化合物,致使锡层内压应力的迅速增长,导致锡原子沿着晶体边界进行扩散,形成锡须;

(2)电镀后镀层的残余应力,导致锡须的生长。

3．抑制锡须的方法

(1)电镀雾锡,改变其结晶的结构,减小应力;

(2)在150℃烘烤2h退火(实验证明,在温度90℃以上,锡须将停止生长);

(3)Enthone FST浸锡工艺添加少量的有机金属添加剂,限制锡铜金属互化物的生成;

(4)在锡铜之间加一层阻挡层,如镍层;

(5)抑制锡须最好办法是在锡中添加铅,但由于铅不环保,所以锡须的抑制还需要从其他角度来解决;

(6)添加1%～2%的黄金,也具有很好地抑制锡须的作用。

6.6　切筋成型

切筋成型分为切筋和成型两个部分。其中切筋是将一条片的引线框架切割成单独的单元的过程。成型是将切成单元的片进行引脚成型,达到工艺需要的形状,并放置进料管或者料盘中。简单来说,切筋成型工艺就是将原来的一大块引线框架先切割成若干个小分块,然后对这些小分块进行加工,使之引脚成型。这两道工序有时候同时完成,也会分开完成。有的公司先切筋,然后上锡,再进行成型工艺,这样可以减少没有镀上焊锡的截面面积。

IC切筋成型技术作为电子封装产业的一个分支技术,受该产业近年来迅猛膨胀的推动,得到了飞速发展。随着封装形式从DIP、SOP、QFP,甚至CSP发展,它们与电路板的连接方式、引脚数都发生了明显的变化,对于切筋成型的工艺要求越来越高。

6.7　激光打码

激光打码是指用激光束在封装的正面或者背面写上代表国家、制造商、器件代码、生产批次等信息的标识,方便使用和追溯。

6.8　包装

完成打码后,检查成品电路的外观,并将合格产品按包装规范进行包装,包括料管、料盘、卷带盘等方式。

习题

1. 微电子封装中主要的两种成型技术是什么？各有什么优缺点？
2. 简述热塑性材料和热固性材料的特点。
3. 简述转移成型的工艺流程。
4. 简述转移成型与压缩成型工艺的主要差别和优缺点。
5. 微电子封装引脚电镀后可能产生锡须，其原因是什么？针对这些原因，列举一些抑制锡须的方法。

参考文献

[1] 方润，王建卫，黄连帅，等. 电子封装的发展[J]. 科协论坛(下半月)，2012(2)：84-86.
[2] 王晓芬，王晓枫. 环氧模塑料在集成电路封装中的研究及应用进展[J]. 塑料工业，2007(S1)：67-68，83.
[3] Huang W C，Hsu C M，Yang C F. Recycling and Refurbishing of Epoxy Packaging Mold Ports and Plungers[J]. Inventions，2016，1(2).
[4] Yeon S，Park J，Lee H. Compensation Method for Die Shift Caused by Flow Drag Force in Wafer-level Molding Process[J]. Micromachines，2016，7(6)：95.
[5] 慕蔚，周朝峰，孟红卫，等. 集成电路封装溢料问题探讨[J]. 电子与封装，2009，9(7)：13-16，21.
[6] 姜耀杰，魏存晶，张飞飞，等. 全自动激光去溢料技术的应用[J]. 中国集成电路，2018，27(11)：63-66，71.
[7] Kenny J，Arendt N，Wessling B，Wengenroth K. Thin Immersion Tin Using Organic Metals[EB/OL]. http://citeseerx. ist. psu. edu/viewdoc/download? doi＝10. 1. 1. 1064. 5519&rep＝rep1&type＝pdf

第

7

章

传统封装的典型形式

　　微电子封装的基本类型每 15 年左右变更一次。1955 年开始主要是晶体管外形
(Transistor Outline，TO)封装,封装对象主要是晶体管和小规模集成电路,引脚数为
3～12 个;1965 年开始封装形式转变为双列直插式封装,引脚数增加到 6～64 个,引脚间
距为 2.54mm;1980 年开始,表面贴装技术逐步取代了通孔插装技术,成为封装技术的
第一次重大变革,小外形封装、陶瓷无引线片式载体、塑料有引线片式载体,以及随着引
脚数增多出现的四边引脚扁平封装等表面贴装形式封装兴起,引脚数增加到 3～300 个,
间距为 1.27～0.4mm;1995 年以后,BGA 封装形式兴起,成为封装技术的第二次重大变
革,发展至今 BGA 封装已成为微电子封装的主流形式。2010 年起,以晶圆级封装、芯片
尺寸封装、3D 封装、系统级封装为代表的先进封装形式兴起,成为封装技术的第三次重
大变革,特别是近几年来,随着移动通信和信息处理技术的快速发展,先进封装技术得到
了广泛应用。

　　本章主要介绍 BGA 封装技术之前的传统封装的典型形式。

7.1　晶体管外形封装

　　晶体管外形封装是晶体管以及小规模集成电路的一种封装形式,通常为直插式封装。

　　晶体管外形封装按照封装外壳材质可以分为金属管壳、陶瓷管壳和塑料管壳等,如
图 7.1 所示。

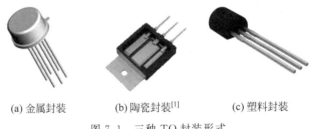

(a) 金属封装　　　　　(b) 陶瓷封装[1]　　　　　(c) 塑料封装

图 7.1　三种 TO 封装形式

7.2　单列直插式封装

　　单列直插式封装用于输入端和输出端不多的封装,通常为几到十几个,如图 7.2 所示。
其引脚从封装体的一侧引出,排成一条直线。引脚中心距通常为 2.54mm 或 1.27mm。

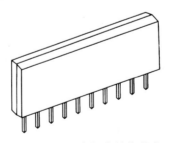

图 7.2　单列直插式封装形式

7.3　双列直插式封装

双列直插式封装(DIP)是 20 世纪 60 年代开发的一种被广泛使用的 IC 芯片封装结构,在表面贴装器件普及之前大量应用于中小规模 IC 芯片,引脚数为 4～64 个,产品形式呈系列化、标准化,规格齐全。以外壳材质来分,有陶瓷 DIP(CDIP)和塑料 DIP(PDIP)。其 I/O 引脚节距有 1.78mm 和 2.54mm 两种规格。

DIP 具有以下特点:

(1) 适合 PCB 的通孔插装;

(2) 易于设计 PCB 布线。

DIP 可以直接插在具有对应焊孔的电路板上,也可以插接到焊接于电路板上的专用双排直插封装插座上。

7.3.1　陶瓷双列直插式封装

1. 陶瓷熔封双列直插式封装

陶瓷熔封双列直插式封装(CerDIP)大约在 1967 年由日立公司开发,其结构包含底座和盖板及插在底座和盖板之间的引线框架,用低熔点玻璃(如铅玻璃)密封。陶瓷熔封 DIP 的引线节距为 2.54mm。其工艺过程(图 7.3):①准备底座和盖板,底座和盖板一般是黑色陶瓷,通过把氧化铝粉末、润滑剂、黏结剂混合压制成所需形状,然后在空气中烧结而成陶瓷。②把玻璃浆料印刷到陶瓷底座和盖板上,烧成后用玻璃覆盖。③将引线框架放在底座上,在空气中烧制,使玻璃熔化,引线框架埋入玻璃中形成带引线框架的底座。在这种结构中,将铝气相沉积到压制成型引线框架的引线键合部分,然后将其烧结以增强与引线框架材料(Fe-Ni-Co 合金)的附着力。后来,它被改为覆铝箔和压制的方法。芯片安装部分用金胶金属化,并且通过金属键合到芯片背面来进行芯片键合。④芯片键合后进行焊线。⑤把覆盖有低熔点玻璃的盖板与贴好 IC 芯片的底座组装到一起,在空气中加热使玻璃熔化,形成密封。⑥电镀引脚,切断引脚连接。这种方法是用低熔点玻璃来实现密封的,所以这种封装也称为低熔点玻璃密封 DIP。

这种工艺结合了引线框架、陶瓷与低熔点玻璃的特点,不需要在陶瓷上做金属化,低熔点玻璃烧结温度(一般低于 500℃)远低于陶瓷,因此成本比较低。在 20 世纪 90 年代以前,占据了国际 IC 封装市场的很大份额。现阶段由于其体积较大等,已经逐渐被其他封装形式取代。

2. 多层陶瓷双列直插式封装和封装工艺

多层陶瓷双列直插式封装与陶瓷熔封双列直插式封装工艺不同,多层陶瓷工艺的生瓷片由流延法制成。一定厚度的生瓷片按照一定的尺寸(如 5in×5in 或 8in×8in)裁切,

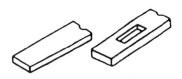

(a) 涂有低熔点玻璃的底座和盖板

(b) 焊接处覆Al的引线框架, IC芯片与引线键合

(c) 封装、电镀, 并切断引线连接

图 7.3 采用低熔点玻璃法封装 CDIP 的步骤

经过冲腔体和层间通孔, 再进行通孔金属化。每层生瓷片丝网印刷涂覆钨或钼, 烧成, 使其金属化。把多层金属化的生瓷片对准叠在一起, 在一定的温度和压力下进行层压。然后热切, 分成多个单元的 CDIP 生瓷体, 如果需要, 可进行侧面金属化印刷。接着进行排胶, 并在湿氧或氮氢混合气体中以 1550~1650℃ 的温度烧成 CDIP 的熟瓷体, 进一步对 CDIP 熟瓷体进行电镀或化学镀 Ni, 在上表面钎焊封口环, 在两侧面钎焊引脚, 镀 Au, 最后进行检测, 完成外壳制作。典型的 CDIP 的结构如图 7.4 所示。

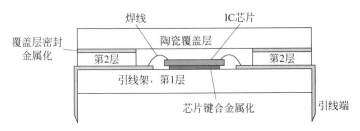

图 7.4 典型的 CDIP 的结构

多层 CDIP 的优势在于可以充分利用封装布线来提高封装的电性能, 例如: 可以加入电源面和接地面, 以减小电感; 可以加入接地屏蔽面或线, 以降低串扰; 可以控制信号线的特性阻抗。

7.3.2 塑料双列直插式封装

塑料双列直插式封装为采用环氧树脂模塑料包封的 DIP, 如图 7.5 所示。其工艺流程如第 2～5 章所介绍,是典型的传统塑料封装。

图 7.5　塑料双列直插式封装

7.4　针栅阵列封装

针栅阵列封装(PGA)是一种插装类型的引脚阵列封装,是为了解决高 I/O 数和封装面积有限的矛盾而出现的。与之类似的封装还有球栅阵列封装和触点阵列封装(Land Grid Array,LGA)。

PGA 封装包括 CPGA 和 PPGA,如图 7.6 所示。PGA 封装通常为方形或长方形,底面为阵列状排布的插针型引脚,引脚中心距通常为 2.54mm 或 1.27mm。PGA 利用通孔插装方式或者插入插座的方式固定到线路板上。从 Intel 80486 芯片开始,出现的一种 ZIF(Zero Insertion Force Socket,零插拔力的插座)的 CPU 插座,专门用来安装和拆卸 PGA 封装的 CPU。根据引脚数目的多少,通常围成 2～5 圈乃至更多圈,引脚数从 64 个到数百个乃至更多个。如 AMD 公司 Ryzen 处理器采用 AM4 接口,可容纳 1331 个引脚。

(a) CPGA　　　　　　　　　　　(b) PPGA

图 7.6　针栅阵列封装

7.5　小外形晶体管封装

小外形晶体管(Small Outline Transistor,SOT)封装是一种塑料封装,是最早的表面贴装有源器件之一,通常有 3～5 个引脚,尺寸较小,用于消费类电子产品。如图 7.7 所示,最常见的 SOT 封装为 SOT23 形式,此外还有 SOT89、SOT143 等类型,以及其薄型的变种。

此外,TO 封装与 SOT 封装有时也会混用,TO-92 封装也被部分厂商称为 SOT54。

(a) SOT23　　　　　　　　(b) SOT89　　　　　　　　(c) SOT143

图 7.7　SOT 封装

7.6　小外形封装

　　电子技术的进步要求封装尺寸持续缩小、组装密度持续提高,出现了表面贴装技术(SMT)以及表面贴装类型的封装。小外形封装(SOP)是早期表面贴装类型封装的代表。

　　SOP 是与 DIP 对应的表面贴装类型封装。由于表面贴装技术对引脚强度和间距要求降低,相对于 DIP,缩小引脚间距和封装尺寸,将引脚向外弯曲成海鸥翼形,如图 7.8 所示,就成了适用于表面贴装技术的封装,即 SOP。

　　为了进一步缩小封装在 PWB 上的占比,与 SOP 类似但将引脚向内弯曲成 J 形的封装,如图 7.9 所示,称为 SOJ(Small Out-line J-lead)封装。

 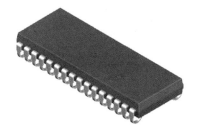

图 7.8　SOP 封装　　　　　　　　图 7.9　SOJ 封装

　　SOP 与 SOJ 封装相比,引脚在塑封主体之外,焊点检查比较容易,但是占用 PWB 的面积较大;反之,SOJ 焊点在塑封主体下,焊点检查难度增加,但是能够提高组装密度。

　　SOP、SOJ 封装的引脚节距多为 1.27mm、1.0mm 和 0.65mm 等,引脚数为 8～86 个。SOP、SOJ 的引线框架材料早期为可伐合金、42 铁镍合金,现在多采用 Cu 合金。可伐合金和 42 铁镍合金的热膨胀系数和芯片较为接近,可以降低热失配导致的应力等问题,但是其导热导电性能较差。Cu 合金引线框架柔性更好,可以吸收焊接时的应力,导电导热性能优良。

　　SOP 和 SOJ 封装工艺流程如第 2～5 章所介绍,是典型的传统塑料封装。

　　SOP 有常规型、窄节距 SOP(SSOP)及薄型 SOP(TSOP)多种。此外,还有部分厂商使用 SOIC 这一别名,其实质也是 SOP 类型封装。

7.7 四边扁平封装

随着集成电路技术的不断发展,芯片的输入与输出数目越来越多。为了解决高输入与输出引脚数的封装需求,日本于 20 世纪 80 年代研制开发出四边扁平封装(QFP)。QFP 与 SOP 一样,是一种表面贴装类型封装,其进一步的发展在于,将双排引脚变为围绕整个封装四边的四边引脚,从而增加了引脚数和 PWB 的布线密度及面积利用效率。从管壳材质分,QFP 以 PQFP 为主,也有 CQFP,如图 7.10 所示。

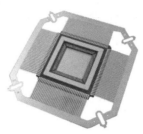

(a) PQFP   (b) CQFP支架（不含封盖）

图 7.10　四边扁平封装

与 SOP 类似,QFP 的引脚为海鸥翼形。

将 QFP 引脚变化成 J 形,即成为 QFJ(Quad Flat J-lead)封装,如图 7.11 所示。早在 1976 年,就出现了一种预成型的称为塑料有引线片式载体的封装形式,后来德州仪器公司发布了一种后成型变体,很快被大多数半导体公司采用。后来 PLCC 被纳入 JEDEC 标准,我国也有相关标准(GB/T 16525-2015)[3]。PLCC 采用 J 形引线,引脚间距为 1.27mm,引脚数为 20～84 个,可以为方形或长方形。散热器版本在外形尺寸上与标准非散热器版本相同。PLCC 电路可以安装在 PLCC 插座中,也可以安装在线路板表面上。PLCC 插座可以安装在线路板表面上,也可以使用通孔技术安装在线路板上。由于后来出现陶瓷 J 形引脚封装、塑料无引脚封装等命名区分困难,日本电子机械工业会于 1988 年决定,把从四侧引出 J 形引脚的封装称为 QFJ,把在四侧带有电极凸点的无引脚封装称为 QFN。因此 PLCC 封装实际上是塑料 QFJ,在部分厂商的命名中也常被同时标注,如图 7.11 所示。陶瓷 QFJ 也称为 CLCC、JLCC、QFJC,如图 7.12 所示。

(a)   (b)

图 7.11　塑料 QFJ(PLCC)封装   图 7.12　陶瓷 QFJ 封装支架(不含封盖)

QFP 在 20 世纪 90 年代初成为 IC 芯片的主流封装形式。在 I/O 引脚数为 208 个以下的 QFP 具有高的性价比,优良的焊点可靠性。

PQFP 具有工艺简单、成本低的优势,应用范围广。其引脚节距通常为 1.0mm、0.8mm 和 0.65mm。

为了进一步降低封装厚度,提高封装安装密度,发展了 TQFP,封装厚度比常规 QFP 更薄,最小封装厚度为 1.4mm 或以下。其引脚节距为 0.5mm、0.4mm 和 0.3mm。

PQFP 的封装工艺流程如第 2～5 章所介绍,是多引脚传统塑料封装的代表。

CQFP 可以用于气密型封装,多应用在军事通信装备及航空航天等可靠性要求高,或者使用环境条件苛刻的电子装备中。其引脚节距通常为 0.5mm、0.635mm、0.8mm、1.0mm 和 1.27mm。

CQFP 的支架的制作工艺与多层陶瓷 DIP 类似,其封装工艺流程也类似。

7.8 无引脚封装

四边扁平无引脚封装是一种正方形或长方形的四边设置导电焊盘的封装,不像 QFP 或 QFJ 一样采用引线框架引脚形式。QFN 封装是一种表面贴装类型的封装。QFN 封装底部中央位置有一个大面积裸露焊盘用来导热。QFN 封装包括塑料四边扁平无引脚封装(PQFN)和陶瓷四边扁平无引脚封装(CQFN)封装,如图 7.13 和图 7.14 所示。CQFN 又称为陶瓷无引脚片式载体(Leadless Chip Carrier,LCC)。

图 7.13　塑料 QFN 封装　　　　　　图 7.14　陶瓷 QFN 封装支架(不含封盖)[2]

图 7.15 为 QFN 封装的内部结构。QFN 封装引线框架的制作方式与 QFP 引线框架有一定相似之处,最大不同在于其外引脚和底部散热焊盘通过半刻蚀方式形成,模塑后露出,模塑后切割完成后各引脚及散热焊盘之间实现电性分离。QFN 封装相对 QFP 更为紧凑,没有 QFP 封装外引脚易损坏不共面的风险,内引脚与芯片之间的导电路径短,自感系数以及封装体内布线电阻很低,低信号串扰,它能提供卓越的电性能;此外,它还通过底部散热焊盘提供直接散热通道,具备高散热性能;同时其成本低,因而应用广泛。以 32 引脚的 QFN 封装与传统的 28 引脚的 PLCC 封装比较为例,面积(5mm×5mm)缩小了 84%,厚度(0.9mm)降低了 80%,质量(0.06g)减轻了 95%,电子封装寄生效应也降低了 50%。

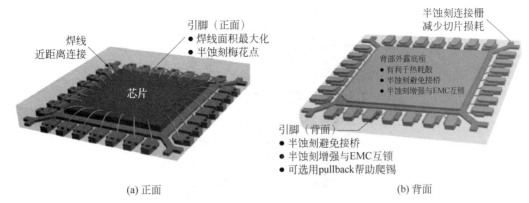

(a) 正面　　　　　　　　　　　　　　　　　　(b) 背面

图 7.15　QFN 封装的内部结构

如图 7.16 所示,除引线键合外,QFN 的内部互连方式也可以是倒装键合。

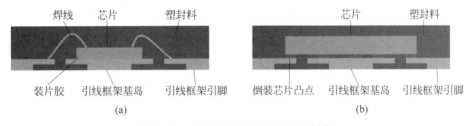

(a)　　　　　　　　　　　　　　　　　　(b)

图 7.16　WB 和 FC 类型的 QFN 封装

小外形无引脚(Small-Outline No-lead,SON)封装是一种正方形或长方形的两边设置导电焊盘的封装,其工艺与 QFN 封装一致,也同样设置有底部散热通道,如图 7.17 所示。

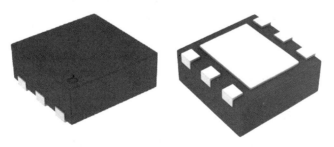

图 7.17　SON 封装

7.9　载带自动焊封装

载带自动焊封装是一种利用载带自动焊技术将芯片组装在金属化的载带上的集成电路封装形式。图 7.18 为 TAB 封装示意图。TAB 封装的详细介绍见第 5 章。

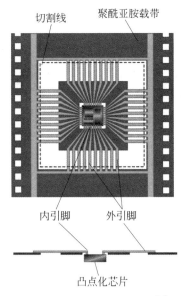

切割线　聚酰亚胺载带

内引脚　外引脚

凸点化芯片

图 7.18　TAB 封装示意图[4]

7.10　封装的分类

以上介绍了常见的传统封装的形式。此外,后续还会介绍倒装芯片封装、焊球阵列封装、晶圆级封装、芯片尺寸封装、3D 封装、系统级封装等先进封装形式。封装可以按照以下方法进行分类。

1. 按组装方式分类

按组装方式主要可分为通孔插装类型封装和表面贴装类型封装。此外,还有插座方式组装器件,如 LGA 封装、存储卡等封装。

2. 按引脚分布形态分类

按引脚分布形态可分为单边、双边、四边和底部引脚类型。

3. 按封装材料分类

按封装材料可分为裸芯片、金属封装、陶瓷封装和塑料封装。

最早的封装类型是金属封装,然后发展出陶瓷封装,最后发展出塑料封装。目前塑料封装占 90% 以上。

金属或陶瓷封装可用于"严酷的环境条件",如军用、航天等,塑封只能用于"不太严酷"的环境;金属、陶瓷封装是"空封",封装不与芯片表面接触,塑封是"实封"。

4. 按照气密性分类

一般来说,金属封装和陶瓷封装是气密性封装,通过在保护气氛下进行平行缝焊、钎焊或玻璃熔融封盖,可阻隔外部水汽等的渗透,大大提高器件可靠性。

出于高可靠性要求的考虑,GJB33A-97《半导体分立器件总规范》、GJB597A-96《半导体集成电路总规范》、GJB2438B《混合集成电路通用规范》等都规定封装内部水汽含量不得超过 5000ppm(1ppm $= 10^{-6}$)[5]。这一数值低于 0℃ 的露点(6000ppm),从而保证凝结了的任何水都是以冰的形式存在的,不会引起液态水的损伤。这需要在保护气氛下进行封盖,且封盖之前通常加温将封装体吸附水汽去除。

同时,对于气密封装,必须防止储存和使用过程中水汽从外部渗入封装内部,而塑料材料的水汽渗透率较高,无法做到气密封装,只有金属、陶瓷和玻璃可以做到气密封装。

习题

1. 写出四种以上的直插式封装形式和四种的贴片式封装形式,并按照封装材料、组装方式、气密性、引脚形态等不同的方法进行分类。

2. 写出下列英文缩写对应的英文全称和中文名称:TO、SIP、DIP、LCC、PGA、SOT、SOP、SOJ、QFP、QFJ、QFN、TAB。

3. 气密封装的封装内部水汽的含量标准是多少?

参考文献

[1] TO 陶瓷封装外壳[EB/OL]. https://www.kyocera.com.cn/prdct/semicon/semi/to_254/index.html.

[2] Standard Packages and Lids for Device Evaluation[EB/OL]. https://global.kyocera.com/prdct/semicon/semi/std_pkg/.

[3] 全国半导体器件标准化技术委员会. 半导体集成电路 塑料有引线片式载体封装引线框架规范:GB/T 16525—2015[S]. 中华人民共和国国家质量监督检验检疫总局、中国国家标准化管理委员会,2015.

[4] Lee C, Pitchappa P. Packaging Technology for Devices in Autonomous Sensor Networks[M]. Filippini D. Autonomous Sensor Networks: Collective Sensing Strategies for Analytical Purposes. Berlin, Heidelberg: Springer Berlin Heidelberg, 2013: 265-305.

[5] 李志. 气密封装技术及其应用[C]. 2005 年机械电子学学术会议论文集,2005:407-413.

第8章

倒装焊技术

倒装焊是一种常用的先进封装技术,通过平面排列的凸点将芯片的有源电路面朝下键合到基板、衬底或电路板上。"倒装"主要是相对传统引线键合的电路面朝上而言的,如图 8.1 所示。

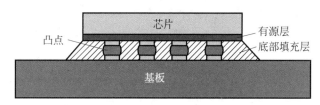

图 8.1　倒装芯片的结构示意图

倒装焊相比传统引线键合具有以下优势:

(1) 互连路径短,更低的电阻和寄生电容和电感,因此具有更好的频率特性和更低的功耗。

(2) 互连尺寸小,芯片焊区为面分布,因此具有更高的互连密度,同样的芯片面积有更多的 I/O 端口。

(3) 具有更低的热阻,更好的散热性能:可以通过凸点向基板导热,同时芯片顶部没有焊线,可以通过散热器从顶部散热。

(4) 封装的厚度更薄。

(5) 所需要的基板面积小,封装的安装密度高。

倒装工艺相对正装芯片缺点如下:

(1) 倒装工艺对芯片有一定的要求。

(2) 倒装互连工艺有难度,芯片朝下,焊点检查困难。

(3) 凸点制作工艺复杂,I/O 数低于一定数量时其综合成本比引线键合高。

总体来说,倒装芯片性能更加优良,在高 I/O 数时比传统引线焊接具有成本优势,因此被广泛应用。近年来,随着 I/O 数的增加和系统体积的缩小,封装中凸点节距不断减小,小节距微凸点倒装受到重视并取得了快速发展,其应用也快速增长。

8.1　倒装工艺背景与历史

倒装芯片焊接技术是 IBM 公司在 1961 年发明的[1]。如图 8.2 所示,最初是采用 95Pb-5Sn(即 95％Pb-5％Sn)的凸点包围着电镀 NiAu 的铜球。1969 年,IBM 公司进一步发明了可控塌焊芯片连接(Controlled Collapse Chip Connection,C4)技术,使用 PbSn 凸点,如图 8.3 所示[2-4]。C4 技术具有优良的电学、热学性能,采用 C4 技术的芯片互连的失效率预测值低至 $10^{-7}％/10^3 h$[4]。C4 技术优良的可靠性使其在 IBM 公司的大型计算机主机等高端领域得到了大量应用;但是其成本较高,早期应用的范围较为局限。同时,IBM 公司对这项技术采取了专利和技术机密保护,直到 20 世纪 90 年代中期,IBM 公司都将此项技术局限于自己使用。随着其他集成设备制造商(IDM)对互连要求的提高,他们也需要倒装芯片互连的优势,AMD、DEC、HP、Intel 和 Motorola 等公司在 20 世纪 90 年代中期从 IBM 公司获得了这项技术的许可,从而开始将这项技术应用于更广泛但仍属专门类别的半导体市场。

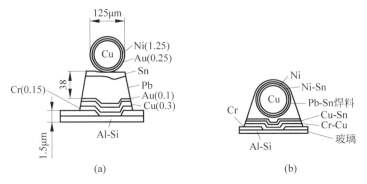

图 8.2 IBM 公司的固态工艺凸点制作方法及其结构

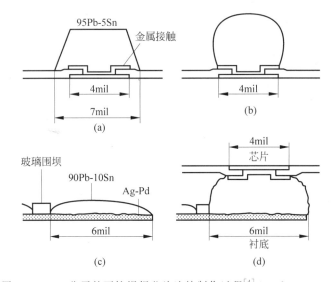

图 8.3 IBM 公司的可控塌焊芯片连接制作过程[4](1mil=25.4μm)

早期的倒装焊技术仍然局限于采用陶瓷衬底和高铅焊料。有机层压板由于低成本和高布线密度逐渐成为封装的主要基板。1992 年,IBM 日本公司 Y. Tsukada 提出采用低熔点的 PbSn 共晶焊料降低工艺温度,从而兼容将倒装芯片键合到有机层压板上。但是,为了保持机械和电迁移可靠性,芯片上仍然采用高铅焊料,共晶焊料施加在有机层压板上。带凸点芯片键合到基板后,在芯片下进行树脂填料底部填充[5]。底部填充将集中的应力分散到芯片,大大改善了封装的冷热循环可靠性。共晶焊料和底部填充技术使有机层压板能够应用于倒装焊,大幅降低了倒装基板和倒装焊的成本,促进倒装技术用于消费类电子产品,并随着技术的逐步完善,大规模应用于各类电子产品。

8.2 倒装芯片互连的结构

如图 8.1 和图 8.4 所示,倒装芯片封装的基本结构一般可以分解为 IC 芯片、芯片上的凸点金属化层(Under Bump Metallization,UBM)、凸点、键合材料、基板金属化层、基板以及分布在芯片和基板之间的底部填充层。其中键合材料可以是当凸点为高温焊料时采用的低熔点焊料、导电胶;也可以是凸点本身充当键合材料,也就是不存在单独的键合材料层。

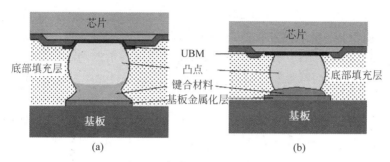

(a)	(b)

图 8.4 倒装芯片互连的结构

8.3 凸点下金属化

8.3.1 UBM 的功能与结构

UBM 在芯片的最终金属化层和凸点金属化层之间充当过渡层,使二者得以有效兼容。晶圆上的金属化层最常见的是铝(Al),由于铜(Cu)电性能较好也用于芯片表面金属化;此外,在 GaAs 器件中表面金属化层为金。晶圆表面典型的钝化材料为氮化物、氧化物以及聚酰亚胺。由于焊料凸点直接与芯片上最终金属化层接触时,存在凸点材料与铝浸润性不好,铝和铜容易氧化,以及焊料凸点和铝或者铜容易形成脆性的金属间化合物(Intermetallic Compound,IMC)等问题,因此必须增加 UBM 过渡层以实现稳定可靠的互连。

根据倒装结构特点和 UBM 承担的功能,对 UBM 层有如下要求:

(1) UBM 与芯片焊盘金属层以及芯片钝化层有牢固的结合力。在机械破坏性试验中,焊料失效的一个常见标准是断裂位置在焊料本身。因此,UBM 必须非常坚固,并且不会随着时间、温度、湿度和电偏压影响而明显退化。

(2) UBM 与芯片焊盘形成很好的欧姆接触。因此在沉积 UBM 之前要通过反溅射或者化学腐蚀的方法去除焊盘表面的氧化物。

(3) UBM 在焊盘金属与凸点金属之间实现扩散阻挡,避免二者互相扩散形成不利的金属间化合物。

(4) UBM 表面层与凸点焊料具有良好的浸润性。

(5) 防止 UBM 在后续工艺过程中氧化。

(6) UBM 结构不能在与所接触的硅片间产生很大的应力,否则会导致底部的开裂、分层、硅片的凹陷等可靠性问题。

根据上述功能要求和倒装芯片结构特点,UBM 从下到上一般由四层薄膜组成,具体如下:

(1) 黏附层:黏附层与芯片表面金属化层以及芯片表面钝化层牢固地结合起来,典型的黏附层材料有铬(Cr)、钛(Ti)、镍(Ni)、钨(W)等金属以及锌(Zn)的衍生物,典型厚度较薄。

(2) 扩散阻挡层:位于黏附层之上,或者与黏附层合二为一,扩散阻挡层防止金属和离子污染扩散到芯片金属化层和黏附层,也防止焊料金属扩散到芯片金属化层并生成脆性的金属间化合物,从而降低互连的可靠性,典型金属有铬、钛、钛钨(TiW)、镍、钯(Pd)和钼(Mo)等,典型厚度为 $0.05\sim0.2\mu m$。

(3) 焊料浸润层:位于扩散阻挡层之上,这一层与凸点金属化层浸润以及反应形成金属间化合物并部分消耗,常见的浸润层是一层厚铜($1.0\mu m$),其他典型焊料浸润层有镍、钯、铂(Pt),典型厚度为 $0.05\sim0.1\mu m$。

(4) 氧化阻挡层:通常是一层很薄的金,采用薄金层是为了避免金与凸点材料形成脆性的金-焊料金属间化合物而使 UBM 与凸点界面强度降低影响可靠性,在保证金层无针孔的情况下尽量降低金的厚度,典型厚度为 $0.05\sim0.1\mu m$。

经过长期的实际应用与研究优化,逐步形成了一些相对固定的 UBM 薄膜层结构,常见的 UBM 结构包括 Ti/Cu/Au、Ti/Cu、Cr/Cu/Au、Ti/Cu/Ni、Ti/Ni/Au、TiW/Cu/Au、Ni/Au、Ni/Pd/Au、Mo/Pd 等,每种 UBM 都适应一定的焊料组分范围并经过了应用验证。UBM 选择必须基于所要求的凸点金属化体系、芯片金属化结构、芯片工作条件、可靠性要求、电流传输要求、工艺流程要求(如多次回流焊)等。

不同 UBM 结构选择对倒装性能影响很大。如 Ti/Cu/Ni(化学镀 Ni)的 UBM 比 Ti/Cu 的黏附结合力要强得多。同时,UBM 的结构也影响 UBM 与焊区金属、UBM 与凸点之间的可靠性。

8.3.2　UBM 的制备方法

UBM 的沉积方法有多种,包括溅射、蒸镀、化学镀、电镀等。

1. 溅射

溅射是最常用的 UBM 沉积方法。溅射是在真空腔内进行的,将需要沉积的材料做成靶材并作为阴极,在真空腔内通入一定压力的惰性气体(氩气)并通过电激发在阳极和阴极之间形成等离子体,具有一定能量的入射阳离子在对阴极固体表面轰击时,入射离子在与靶材表面原子的碰撞过程中将发生能量和动量的转移,并将靶材表面的原子溅射出来,这种现象称为溅射。溅射中入射离子能量介于 10eV～10keV,入射离子能量传递给靶材原子,发生溅射,逸出的原子一般具有 10～50eV 的能量,远大于蒸发原子,因此溅射材料的附着性比蒸发要好。同时,在溅射开始前,可以将晶圆作为阳极进行反溅射,反溅射过程可以用等离子体去除晶圆表面的沾污和氧化层,从而改善 UBM 的电性、黏附性和工艺重复性。可以直接溅射合金,如 TiW、NiV 等,只需要用制作相应比例的靶材。

2. 蒸镀

蒸镀也是较为常用和最早采用的 UBM 沉积方法。IBM 公司最早为 C4 工艺采用的就是蒸镀。蒸发工艺是指在真空腔中将被蒸发材料用加热汽化,汽化后的金属原子沉积到真空腔内的遇到表面,包括晶圆表面上。加热方式包括电阻加热(钨丝、钨舟或者钼舟作为电阻)和电子束加热等。与溅射相比,蒸镀设备简单,操作容易,蒸发的纯度较高、成膜快。但是,蒸发膜层附着力小、台阶覆盖性差;此外,由于不同金属的饱和蒸气压不一致,无法通过靶材控制沉积层的成分,多组分材料不宜用合金而是要采取多源蒸发或顺序蒸发再高温退火。

3. 化学镀

化学镀成本较低,有一定的市场。化学镀通常用于在芯片铝焊盘表面沉积镍和金 UBM 层。由于铝表面会有自然氧化层,化学镀层金属无法黏附,因此要对铝表面进行处理来清除氧化物层。一般的方法是在铝焊盘上锌酸盐处理(闪镀锌),此外还有镀钯活化、镍置换、直接镀镍等工艺方法。

采用锌酸盐处理焊盘的化学镀 UBM 过程(图 8.5)如下:

(1) **第一轮镀锌**。首先清理铝表面的轻度污染,通常采用碱性清洗剂;其次采用稀释的酸性腐蚀液,如硫酸、硝酸、硝酸-氢氟酸混合液等,清除铝表面的微小氧化物颗粒;再次镀锌,将铝浸入锌槽中,该槽内盛有强碱性溶液,最终铝置换锌在铝表面形成一薄层锌。通常,这一轮镀锌形成的锌层厚度不均匀,其颗粒尺寸从小于 $1\mu m$ 到 $3～4\mu m$,在这种表面上化镀镍层的表面将非常粗糙。

(2) **第二轮镀锌**。为了使化镀镍层均匀和表面平整,锌层应该薄而均匀,因此通常会采取第二轮镀锌。将第一轮镀锌形成的锌层用稀释的硝酸腐蚀掉,再进行第二轮镀锌,使得到的镀锌层薄而均匀。镀锌工艺的缺点是铝会被镀液腐蚀掉,第二轮镀锌工艺中尤为严重,会被腐蚀掉 $0.3～0.4\mu m$ 的铝。因此,采用该工艺铝的厚度至少应该大于 1mm。

(3) **化学镀镍**。镀锌之后,样品浸入化学镀镍的镀液中镀镍,镀液为硫酸镍酸性溶液,还包括次磷酸钠或者氢化硼,作为还原剂。镀镍之前,晶圆的背面还必须覆上阻挡层,因为镍能够在硅的表面生长,则那些未经钝化的硅表面也会有镍形成,但是这种连接非常不牢固,容易脱落并在细间距电路中引起短路。

(4) **化学镀金**。将镍表面浸入化学镀金溶液中,镍置换出金并沉积于镍表面,厚度通常小于 $0.1\mu m$。

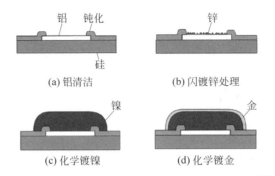

(a) 铝清洁   (b) 闪镀锌处理

(c) 化学镀镍   (d) 化学镀金

图 8.5　采用锌酸盐处理焊盘的化学镀 UBM 过程[6-7]

4. 电镀

电镀能以较低成本得到较厚的金属化层,同时,UBM 和凸点可以依次电镀。但是,电镀前需要蒸发或者溅射一层种金层,保证电流能够传递到需要电镀的位置,同时需要光刻对需要电镀的位置进行设置,电镀完成后需要去掉种金层。

8.4　基板与基板金属化层

倒装芯片器件通常采用小节距、高密度的基板。倒装的基板材料可以是陶瓷基板、刚性有机基板、柔性基板,也可以是专门用于互连的硅片或者另外一片芯片。

基板材料上的金属化层与芯片上的凸点下金属化层类似。与硅或芯片不同的是,陶瓷基板、刚性有机基板和柔性基板上的布线层主要是铜。焊料互连体系在铜表面较多采用进一步化学镀 Ni/Au、Ni/Pd/Au 等多层金属结构,也有采用涂敷有机表面防护剂的铜表面。金-金互连(Gold to Gold Interconnection,GGI)多采用一定厚度的金作为表面金属。

8.5　凸点材料与制备

8.5.1　凸点的功能

倒装芯片键合中凸点有三种功能:①芯片和基板之间的电连接;②散热通道;③芯片与基板之间的机械支撑,能承受一定强度的机械应力。

8.5.2　凸点的类型

凸点通常包括焊料凸点、金凸点、铜凸点、铜柱凸点和其他新型凸点等。

凸点可以在 IC 晶圆上制备,也可以在基板上制备。由于凸点工艺通常采用光刻、薄膜、电镀等工艺实现,在晶圆上制备具有工艺兼容性好、产能大、成本低等优点,通常集成电路倒装芯片器件的凸点制备在晶圆上。

8.5.3　焊料凸点及其制备方法

以焊料凸点为例的形成方法包括蒸镀焊料凸点、电镀焊料凸点、印刷焊料凸点、植球焊料凸点、转移焊料凸点、钉头焊料凸点、喷射焊料凸点等。焊料凸点过去常用的材料是PbSn 合金,其优良的回流焊特性包括自对齐作用以及焊料下落等。自对齐作用降低了对芯片贴放的精度要求,下落特点减少了共面性差的问题。现在由于环境保护的要求,逐步被 SnAgCu 等无铅焊料凸点代替。

1. 蒸镀

最早采用的凸点制备方法是蒸镀,IBM 公司的 C4 技术采用的就是蒸镀。通常采用金属掩膜或者厚光刻胶作为掩膜。金属掩膜由背板、弹簧、开孔的金属模板以及夹子等构成。金属模板(通常是钼或不锈钢)与芯片上的输入/输出端对准,夹具夹好后放入蒸发腔内蒸发。由于对准精度不高,不适用于高输入/输出以及高密度封装。而厚光刻胶作为掩膜则精度较高。但是,厚胶制备工艺较为复杂,成本较高,且厚的凸点金属层剥离有一定难度。

2. 电镀

电镀凸点是一种更为常用的凸点制备工艺,可以电镀 Au 凸点、PbSn 凸点、SnAg 凸点、AuSn 凸点、Cu/Sn 凸点等。电镀焊料凸点的工艺流程(图 8.6):首先溅射一层 UBM 并作为电镀的种金层,使电镀时电流均匀地传导到整个晶圆表面,从而使后续电镀不同位置速率尽可能一致。在 UBM 上利用光刻形成掩膜,仅在需要电镀凸点的区域开口。进一步电镀需要的凸点金属层,可以是单层,也可以是多层或多层交替。对于金-金互连,金凸点高度通常为几到十几微米,为了保证凸点形状,电镀厚度不超过光刻胶厚度。但对于焊料凸点,由于回流工艺对凸点的厚度有一定的要求,导致需要采用成本较高且难度较大的厚胶工艺,为了降低需要的胶厚,可采用蘑菇头形的电镀,即电镀厚度超过光刻胶厚度,使电镀层高度超过光刻胶厚度后横向长大,形成蘑菇头形状。电镀完毕后去胶,并以电镀凸点层作为掩膜,自对准去除凸点外的 UBM 层。进一步,对于焊料凸点,通过回流形成大小均匀、表面光滑的凸点阵列。

3. 印刷凸点

印刷凸点也是一种常用的低成本凸点制备方法。运用精密的模板和自动化的网印机,将芯片放置于开有凸点孔的模板之下,并将开孔与输入/输出端对准,在模板上施加特制的焊膏,通过用刮板漏印的方式将焊膏压入开孔,脱掉模板,在晶圆上即留下凸点焊膏,进一步回流即可实现焊料凸点。其工艺流程如图 8.7 所示。印刷凸点的尺寸与间距

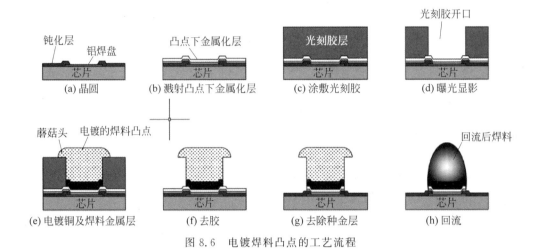

钝化层　铝焊盘 (a) 晶圆
凸点下金属化层 (b) 溅射凸点下金属化层
光刻胶层 (c) 涂敷光刻胶
光刻胶开口 (d) 曝光显影

蘑菇头　电镀的焊料凸点 (e) 电镀铜及焊料金属层
(f) 去胶
(g) 去除种金层
回流后焊料 (h) 回流

图 8.6　电镀焊料凸点的工艺流程

与钢网厚度、钢网制作工艺、焊膏中颗粒尺寸、焊膏的性能及印刷条件有关。目前各种焊膏印刷技术可以达到 $250\mu m$ 的小节距,但是节距小于 $250\mu m$ 的情况下较为困难。如 Sze-Pei Lim 等在 2017 年对小节距焊膏印刷做了深入研究,通过厚度 $35\mu m$ 钢网、激光开孔工艺、小颗粒焊膏、真空辅助印刷等手段,在 $125\mu m\times100\mu m$ 的焊盘上实现了 $50\mu m$ 间距无桥接现象[8]。更小节距的凸点可以采用聚合物光阻干膜作为掩膜,采用特制刮刀进行印刷涂布[9]。

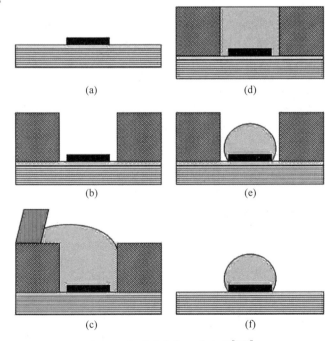

(a)
(d)
(b)
(e)
(c)
(f)

图 8.7　印刷凸点的工艺流程[9-10]

4. 引线钉头凸点

引线钉头凸点一般采用引线键合中使用的球焊焊线机来形成凸点,可用金线、镍线、铜线、银钯合金线、金锡线、铅锡线、锡银线等制作[11-12]。制备过程与球焊第一焊点形成过程基本相同,铜、焊料凸点材料需要保护气氛。焊球形成并键合到焊盘上之后,收紧线夹并向上移动陶瓷劈刀使丝线从球顶端截断。这种方法要求 UBM 与使用的丝线兼容。得到的图钉式的凸点进一步通过回流或者整形方法形成一个圆滑的形状,以获得一致的凸点高度。用楔形引线焊接也可以制作焊料凸点,由于不需要烧球和采用超声键合,因此可以不需要保护气氛[12]。焊料引线钉头凸点可以通过回流形成球形。非焊料钉头凸点如金、银钯钉头凸点一般与导电胶或者焊料配合使用以进行组装互连,或通过热超声键合与基板上的焊盘相连[13-14]。

5. 植球法凸点

植球法凸点是一种较为灵活的凸点制备方法。PacTech 公司研制了一种焊球凸点制备装置,采用一个植球头单元,每次将在移动到指定植球位置后,通过送球单元将特定大小的球放入到芯片(或基板)焊盘表面,在放球的同时通过光纤施加激光脉冲进行回流焊[15]。

6. 转移焊料凸点

转移焊料凸点是指凸点在载体上形成,然后转送到焊盘上去的工艺过程。载体必须是与焊料不润湿的材料,如硅片、耐热玻璃片等。首先,通过蒸镀在载体上形成凸点,其图形与芯片焊盘对应。在沉积凸点之前,要沉积大约 1000Å 厚的金层,用来增加焊料与载体的黏附力,以防止焊料从载体上分离,并增加分离焊料熔化前的浸润时间,使得它有足够的时间来润湿 UBM。之后就是焊料转移,将芯片放在涂有焊剂的载体上,然后进行回流,焊料凸点与载体不浸润,从而焊接到芯片焊盘上。2005 年,IBM 公司采用注射成型方法在玻璃模具中制作了焊料凸点,然后转移到晶圆上,实现了兼顾低成本与高密度的凸点工艺[16]。

8.5.4　金凸点与铜凸点及制备方法

金凸点和铜凸点的制备方法主要为电镀和钉头凸点。

电镀如图 8.6 所示,但电镀厚度不超过掩膜厚度,不形成蘑菇头形状,不需要回流。通常电镀的金凸点为了降低其硬度以方便倒装,需要在一定温度下退火。

图 8.8 为金钉头凸点。

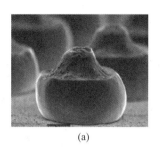
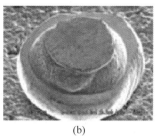

(a)   (b)

图 8.8　金钉头凸点[17]

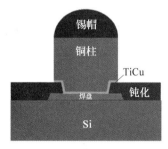

图 8.9　铜柱凸点结构示意图

8.5.5　铜柱凸点及制备方法

焊料凸点(C4)在密度较高间距较小时有桥接的风险,采用铜柱 Sn 帽(Copper Pillar with Solder Cap,C2)的铜柱凸点可以减少焊料熔化时的形变量,从而提高连接密度,降低凸点间距。图 8.9 为铜柱凸点的结构示意图。

铜柱凸点的制备方法与焊料凸点类似,如图 8.6 所示,但不需要采用蘑菇头形状工艺。

8.5.6　其他新型凸点

除以上方法外,还有一些结合不同新工艺方法或新型材料的凸点制备方法。如 2010 年 S. Y. Lee 等报道了通过液滴阵列自组装捕捉焊料球,然后转移到目标晶圆上[18]。

2008 年,Ikuo Soga 等报道了碳纳米管(Carbon Nano Tube,CNT)作为集成电路倒装凸点[19]。CNT 凸点由一束垂直生长的多壁 CNT 组成,具有良好的柔性和弹性,较低的电阻和对电迁移的鲁棒性。CNT 凸点的键合在室温下进行,利用 CNT 之间的范德华力形成牢固键合。

8.6　倒装键合工艺

倒装键合工艺即通过芯片上的凸点与基板布线或者基板上的凸点与芯片上的焊盘实现电互连同时机械键合的过程。根据键合材料的不同,具体主要包括焊料焊接、金属直接键合和导电胶黏结,对应的键合方法也不同。

8.6.1　焊料焊接

倒装的焊料焊接有三种类型:

（1）凸点完全熔化的可控塌陷焊料互连，整个焊料凸点都升温到液相线温度以上，充分浸润基板，并与基板金属化层反应，常用的焊料凸点有 63Sn-37Pb 共晶凸点、SnAgCu 无铅焊料凸点等。在这种类型的焊料焊接中，芯片和基板之间的间隙高度由焊料的表面张力、焊料体积、基板和芯片上的焊盘大小决定。这类焊料焊接由回流焊方法实现，通常在焊料凸点或基板焊盘的一边或两边涂覆助焊剂，抓取芯片对准倒装放置芯片，然后整片基板过回流，回流过程中焊球完全熔化。在回流焊中需要根据工艺要求和芯片、基板情况、凸点类型选择合适的助焊剂和回流焊温度曲线，以达到最佳效果。通常，助焊剂需要清洗去除残留。

（2）高温焊球焊料互连。这种类型中，一种高熔点焊球通过低熔点的焊料合金键合到基板的布线上。最常见的结构是高铅（95Pb-5Sn 和 93Pb-7Sn，熔点超过 300℃）凸点与铅锡共晶焊料（63Sn-37Pb，熔点 183℃）通过低于 300℃ 的回流键合在一起。这种焊料焊接由回流焊方法实现，通常在基板焊盘上涂覆低熔点焊料焊膏，抓取芯片对准倒装放置芯片，然后整片基板过回流，回流过程中高温焊球不熔化，焊膏中的溶剂挥发，助焊剂发挥促进焊接的作用，低熔点焊料熔化并同时润湿高温焊球和基板焊盘，冷却后即实现好焊接。回流后需清洗助焊剂。

（3）金属柱焊料帽凸点结构的焊接。常见的为铜柱凸点。这类凸点的焊接方法又有三种方法：第一种方法为与前两类一样，采用回流焊方法实现。第二种方法为低压力热压焊方法[20]。第三种方法为高压力热压焊方法，配合非导电胶（Non-Conductive Paste, NCP）[21]或非导电膜（Non-Conductive Film, NCF）[22]型底部填充使用。由于底部填充固化后无法返修，焊接完成后需要进行测试，以决定是否合格并进入下一步工序。

8.6.2 金属直接键合

在非焊料凸点金属的互连中，通常采用热压焊接或者热超声焊接工艺。

在热压焊接工艺中，芯片的凸点是通过加热、加压的方法连接到基板的焊盘上。该工艺要求芯片或者基板上的凸点为金凸点，同时还要有一个可与凸点连接的表面，如金或铝。对于金凸点，一般连接温度在 300℃ 左右，这样才能使材料充分软化，同时促进连接过程中的扩散作用。近年来，低温的铜-铜键合受到重视，低温铜-铜键合的关键问题之一是去除表面的氧化层，键合温度可以低至 200℃[23]。

倒装芯片热超声焊接是在加热加压的同时将超声波施加到连接区，这样可以使得焊接过程更加快速。超声能量通过一个可伸缩的探头从芯片的背部施加到连接区。热超声焊接的优点是相对热压焊接可以降低焊接温度和缩短焊接周期；缺点是可能在硅片上局部形成小的凹痕，这主要是超声振动过强造成的。热超声焊接通常可用于金-金互连等。

此外，还有一种通过树脂光固化实现金属直接接触互连的方法。在基板上涂覆光敏树脂，芯片凸点与基板焊区金属对准贴装，压合的同时利用紫外线照射进行固化，由于树脂固化后收缩，配合外加压力使凸点与基板金属形成牢固的机械接触。

8.6.3 导电胶连接

导电胶连接是将芯片上的凸点与基板布线或者基板上的凸点与芯片上的焊盘通过导电胶实现黏结并固化,从而实现电连接和机械结合的工艺过程。其包括各向同性导电胶连接和各向异性导电胶连接。

导电胶连接既保持了封装结构的轻薄,成本也没有显著增加。该工艺具有工艺简单、固化温度低、连接后无须清洗的优点。其缺点是:导电胶的导电性能不如焊料或者其他金属凸点;导电胶是热的不良导体,采用导电胶也会使组件的热阻增加。

导电胶适合各类型凸点,特别是高熔点焊料凸点、金凸点、钉头凸点。

各向异性导电胶(Anisotropic Conductive Adhesive/Paste,ACA/ACP)是膏状或者薄膜状的热塑性环氧树脂,加入了一定含量的金属颗粒或金属涂覆的高分子颗粒。在连接前,导电胶在各个方向上都是绝缘的,但是在连接后它仅在凸点与基板连接的垂直方向上并受到足够高的键合压力后固化才能导电。金属颗粒或高分子颗粒外的金属涂层一般为金或者镍。各向异性导电胶在施加过程中可以施加在整个芯片区域,固化后可以实现底部填充的功能。各向异性导电胶在键合过程中需要足够高的键合压力才能实现良好的电接触,不像焊料键合一样有自对准效应,因此对键合设备的精度、基板与芯片的平行度等有较高要求。对每个凸点典型的键合压力在 $20\sim100\mathrm{g}$,这也限制了可以键合的芯片的I/O。

各向同性导电胶(Isotropic Conductive Adhesive/Paste,ICA/ICP)是一种膏状的高分子树脂,加入了一定含量的导电颗粒,在各个方向上都可以导电。通常高分子树脂为环氧树脂,导电颗粒为银。在不容许使用银或者要避免银迁移的系统中,有时候也采用金片状粉末。各向同性导电胶在固化后各个方向都是导电的,形成电互连。因此,各向同性导电胶只施加到键合的区域。施加的方式可以是印刷到基板的焊盘上,印刷到芯片的凸点上,或者蘸涂到凸点上。无论采用哪种施加方式,导电胶的厚度在施加过程中都必须受到精确的控制。

8.6.4 凸点材料、尺寸与倒装工艺发展趋势

倒装凸点的发展趋势之一是材料的环保化,从含铅的焊料凸点发展到无铅的焊料凸点及其他类型无铅无卤凸点。

倒装凸点的尺寸通常范围为 5mil 以下,凸点节距(中心距)在 10mil 以下。随着集成电路集成度的提高和I/O数的增加,凸点的尺寸、间距和高度都在下降。尺寸和成本是重要的考虑因素。目前焊料凸点的节距可以缩小至 $100\mu\mathrm{m}$。在这个尺寸范围内,通常采用传统的依赖回流焊的倒装键合方式,具有突出的成本优势。

在小尺寸的凸点中,铜柱凸点代替了焊料凸点,在当今的先进封装中,最先进的铜柱凸点涉及 $40\mu\mathrm{m}$ 节距,相当于 $20\sim25\mu\mathrm{m}$ 的凸点尺寸,芯片上相邻凸点之间的间距为

$15\mu m$。传统的依赖回流焊的倒装键合方式在 $40\sim50\mu m$ 节距仍可以工作,但是更小节距的情况下将遭遇可靠性问题。热压键合引入以可提高精度,热压键合可以支持 $10\mu m$ 节距乃至更小节距的键合[24]。

对于节距 $5\sim15\mu m$(直径 $3\sim10\mu m$)的铜柱凸点,其制备工艺及可靠性方面仍存在很多问题,目前主要处在研究阶段。2014 年,B. Majeed 等报道了 $200\mu m$ 晶圆上节距为 $15\mu m$、$10\mu m$ 和 $5\mu m$ 的铜/锡凸点,凸点直径分别为 $6\sim8\mu m$、$4\sim5\mu m$ 和 $3\sim4\mu m$,并实现了高密度凸点阵列的倒装[25]。

更高密度的键合需要采用混合键合技术。在混合键合技术中,芯片表面包括电介质和 Cu 混合的表面,表面非常光滑而不是形成凸块。可以在室温下将两个组件(通常是晶圆对晶圆,或芯片对晶圆)对准放置在一起,然后升高温度对其进行退火,铜在这时会膨胀,从而形成电气连接[26-27]。2017 年,A. Jouve 等报道了 $1\mu m$ 节距的晶圆到晶圆直接混合键合,对准精度小于 300nm[27]。

8.7 底部填充工艺

8.7.1 底部填充的作用

早期 IBM 公司的 C4 技术应用中,倒装芯片安装在陶瓷基板上,不需要底部填充。对于陶瓷基板上的倒装芯片,Si 的热膨胀系数(CTE)为 5.0ppm/℃,而陶瓷材料的 CTE 为 $4.5\sim7$ppm/℃。硅片与陶瓷基板之间存在一定的 CTE 差别,但差别不大,由此引入的热机械应力不大。但是,当芯片和基板热失配较大或者芯片尺寸较大时,由热失配引入的热机械应力就会很大,严重影响器件可靠性。例如,Si 的 CTE 为 5.0ppm/℃、FR4 有机基板的 CTE 约为 15.8ppm/℃,在功率循环与热循环工作中,二者的 CET 失配导致焊点热应力而发生疲劳失效。

1987 年,Nakano 等首次证明,通过使用填充树脂来匹配焊料 CTE,可提高焊料疲劳寿命[28]。1992 年,IBM 日本公司为了在有机基板上使用倒装芯片,采用了低熔点焊料和倒装芯片底部填充树脂填料的工艺技术[5]。底部填充技术之后才大规模应用于包括消费电子产品的各类产品中。

底部填充的主要作用包括:①将集中的应力分散到芯片的塑封材料中;②可阻止焊料蠕变,并增加倒装芯片连接的强度与刚度;③保护芯片免受环境(湿气、离子污染等)的影响;④使得芯片耐受机械振动与冲击;⑤极大改善焊点的热疲劳可靠性。

8.7.2 底部填充工艺与材料

底部填充工艺主要有毛细作用底部填充(Capillary Underfill,CUF)、模塑底部填充(Molded Underfill,MUF)、NCP 底部填充和 NCF 底部填充。

1. CUF 工艺

底部填充的主要方法是毛细作用底部填充。倒装键合后芯片与基板间的缝隙较小，用针管将液态的底部填料沿芯片单边涂布或者芯片双边 L 形涂布，由于毛细现象，填充液体会渗透到整个芯片底部。涂布后在一定温度下使填充胶固化，即完成了底部填充工艺。

一般不适宜使用封装芯片的环氧树脂模塑料，这类环氧树脂及其添加料的放射性高，黏滞性高，填料粒子尺寸大于倒装芯片与基板间的间隙。填料要符合以下要求：①无挥发性，否则会导致芯片底部产生间隙；②尽可能减小应力失配，填料与凸点连接处的 Z 方向 CTE 要匹配；③固化温度低，防止 PCB 热变形；④较高的玻璃转化温度，以保证耐热循环冲击的可靠性；⑤填料粒子尺寸小；⑥在填充温度下流动性好；⑦具有较高的弹性模量以及弯曲强度，使得互连应力小；⑧高温高湿下，绝缘电阻高，即要求杂质离子（Cl^-、Na^+、K^+）等数量低；⑨对于存储器等敏感组件，填料低的 α 放射至关重要。

毛细作用底部填充流动也有不足。毛细作用底部需要对每个芯片每条线顺序填充，生产效率较低。毛细管流动通常缓慢且不完整，导致封装中出现空隙，树脂/填料系统也不均匀。随着芯片尺寸的增加，填充问题变得更加严重。因此，在不同的应用中开发出了新的填充工艺。

2. MUF 工艺

环氧树脂模塑料在封装中具有良好的可靠性。通过环氧树脂模塑料和转移成型工艺的改良，包括采用尺寸更细小的填充粒子、优化树脂的配方、在封装基板上设置排气孔等[29]，可以实现 MUF 工艺。MUF 工艺中芯片上部的塑封和底部填充是一起实现的。

MUF 节约了工艺流程和时间，可提高效率 4 倍以上，芯片塑封和底部填充一体，提高了封装的机械强度。

3. NCP 底部填充工艺

随着互连密度的提升，传统焊料凸点进化为铜柱凸点，其高度和间距与传统焊料凸点相比都极大地减小，传统的 CUF 工艺无法有效填充芯片与基板之间的空隙。基于这样的背景，开发出 NCP 底部填充材料与工艺。

在 NCP 底部填充工艺中，NCP 首先按照优化的形状被排布在相应的倒装位置。用热压倒装设备将芯片与基板对准倒装并进行初步热压，然后用热压头进行主要的热压键合。完全固化后，再采用塑封工艺对芯片进行塑封。

4. NCF 底部填充

随着封装密度提升和多芯片封装结构紧凑化，需要控制底部填充材料在芯片边缘向外扩散。因此，开发出 NCF 底部填充材料和工艺。

在 NCF 底部填充工艺中，NCF 首先被真空热压在铜柱凸点晶圆上，并被切割。切割后带有 NCF 的芯片被倒装到基板上,然后进行热压键合。完全固化后,再采用塑封工艺和其他元器件一起进行塑封。

5. 其他底部填充

在各向异性导电胶连接中,导电胶固化完成后本身也起到了底部填充的功能。

习题

1. 列举不同的一级互连方法。
2. 写出下列英文缩写对应的英文全称和中文名称:WB、TAB、FCB、UBM、C4、C2。
3. 写出下列中文对应的英文:电镀、化学镀。
4. 简述倒装焊相对引线键合的优缺点。
5. 按顺序写出倒装焊的四个主要工艺步骤。
6. 从芯片表面焊盘往上,UBM 的结构分几层,分别起什么作用?
7. 列举三种 UBM 沉积方法。
8. 用于倒装焊接的凸点材料有哪几类? 选择三类最常用的凸点材料,分别列出主要制备方法。
9. 列举四种倒装焊接工艺,并说明其适用的焊接材料。
10. 底部填充工艺有哪些主要类型,分别简述产生背景和工艺过程。

参考文献

[1] Tong H M,Lai Y S,Wong C. Advanced Flip Chip Packaging[M]. Boston:Springer,2013:1-2.
[2] Miller L F. Controlled Collapse Reflow Chip Joining [J]. IBM Journal of Research and Development,1969,13(3):239-250.
[3] Oktay S. Parametric Study of Temperature Profiles in Chips Joined By Controlled Collapse Techniques[J]. IBM Journal of Research and Development,1969,13(3):272-285.
[4] Norris K C,Landzberg A H. Reliability of Controlled Collapse Interconnections[J]. IBM Journal of Research and Development,1969,13(3):266-271.
[5] Tsukada Y,Tsuchida S,Mashimoto Y,et al. Surface Laminar Circuit Packaging[C]. Proceedings of the 42nd Electronic Components and Technology Conf,San Diego,CA,1992:22-7.
[6] Tong H M,Lai Y S,Wong C. Advanced Flip Chip Packaging[M]. Boston:Springer,2013:60.
[7] Wolflick P,Feldmann K. Lead-free Low-cost Flip-Chip Process Chain:Layout,Process,Reliability [C]. Proceedings of the 27th Annual International Electronics Manufacturing Technology Symposium (IEMT),San Jose,CA,2002:27-34.
[8] Lim S P,Thum K,Mackie A. Fine Feature Solder Paste Printing for Sip Applications[C]. Proceedings of the China Semiconductor Technology International Conference (CSTIC),Shanghai,China,2017.
[9] Bae H C,Choi K S,Eom Y S,et al. 3D SiP Module Using TSV and Novel Solder Bump Maker [C]. Proceedings of the 60th Electronic Components and Technology Conference,Las Vegas,

NV，2010：1637-41.

[10] Tong H M，Lai Y S，Wong C. Advanced Flip Chip Packaging[M]. Boston：Springer，2013：63.

[11] Lim M R，Sauli Z，Aris H，et al. First Level Interconnection Based on Optimization of Cu Stud Bump for Chip to Chip Package[C]. Proceedings of the 4th Electronic and Green Materials International Conference (EGM)，Bandung，Indonesia：Amer Inst Physics，2018.

[12] Klein M，Oppermann H，Kalicki R，et al. Single Chip Bumping and Reliability for Flip Chip Processes[J]. Microelectronics Reliability，1999，39(9)：1389-1397.

[13] Yeo A，Lim S，Min T A. Assessment of Au Stud-solder Interconnection for Fine Pitch Flip Chip Packaging[C]. Proceedings of the 9th Electronics Packaging Technology Conference，Singapore，Singapore，2007：319-324.

[14] Chuang T H，Hsu S W，Chen C H. Intermetallic Compounds at the Interfaces of Ag-Pd Alloy Stud Bumps with Al Pads[J]. IEEE Transactions on Components Packaging and Manufacturing Technology，2020，10(10)：1657-1665.

[15] Beckert E，Burkhardt T，Eberhardt R，et al. Solder Bumping-A Flexible Joining Approach for the Precision Assembly of Optoelectronical Systems[C]. Proceedings of the 4th International Precision Assembly Seminar，Chamonix，France，2008：139-147.

[16] Gruber P A，Belanger L，Brouillette G P，et al. Low-cost Wafer Bumping[J]. IBM Journal of Research and Development，2005，49(4)：621-639.

[17] 韩宗杰，李孝轩，胡永芳，等. 倒装芯片钉头凸点工艺技术[J]. 电子机械工程，2012，28(3)：58-61.

[18] Lee S Y，Chang J H，Kim D，et al. Solder Bump Creation by Using Droplet Microgripper for Electronic Packaging[J]. Electronics Letters，2010，46(19)：1336-1338.

[19] Soga I，Kondo D，Yamaguchi Y，et al. Carbon Nanotube Bumps for LSI Interconnect[C]. Proceedings of the 58th Electronic Components and Technology Conference，Orlando，FL：1390-1394.

[20] Eitan A，Hung K Y. Thermo-compression Bonding for Fine-pitch Copper-pillar Flip-chip Interconnect-Tool Features as Enablers of Unique Technology[C]. Proceedings of the IEEE 65th Electronic Components and Technology Conference (ECTC)，San Diego，CA，2015：460-464.

[21] Lee M，Yoo M，Cho J，et al. Study of Interconnection Process for Fine Pitch Flip Chip[C]. Proceedings of the 59th Electronic Components and Technology Conference，San Diego，CA，2009：720-723.

[22] Ito Y，Murugesan M，Kino H，et al. Development of Highly-reliable Microbump Bonding Technology using Self-assembly of NCF-covered KGDs and Multi-layer 3D Stacking Challenges[C]. Proceedings of the IEEE 65th Electronic Components and Technology Conference (ECTC)，San Diego，CA，2015：336-341.

[23] Panigrahy A K，Chen K N. Low Temperature Cu-Cu Bonding Technology in Three-dimensional Integration：an Extensive Review[J]. Journal of Electronic Packaging，2018，140(1).

[24] Scaling Bump Pitches In Advanced Packaging [EB/OL]. https://semiengineering.com/scaling-bump-pitches-in-advanced-packaging/.

[25] Majeed B，Soussan P，Le Boterf P，et al. Microbumping Technology for Hybrid IR Detectors，10μm Pitch and Beyond[C]. Proceedings of the IEEE 16th Electronics Packaging Technology Conference (EPTC)，Marina Bay Sands，Singapore，2014：453-457.

[26] Aoki M，Hozawa K，Takeda K. Wafer-level Hybrid Bonding Technology with Copper/polymer

Co-planarization［C］. Proceedings of the 2010 IEEE International 3D Systems Integration Conference (3DIC)，Munich，Germany，2010：1-4.

［27］ Jouve A，Balan V，Bresson N，et al. 1μm Pitch Direct Hybrid Bonding with ＜300nm Wafer-to-Wafer Overlay Accuracy［C］. 2017 IEEE Soi-3d-subthreshold Microelectronics Technology Unified Conference (S3S)，Burlingame，CA，USA，2017：1-2.

［28］ Nakano F，Soga T，Amagi S. Resin-insertion Effect on Thermal Cycle Resistivity of Flip-chip Mounted LSI Devices［C］. Proceedings of the ISHM 87 Proc，1987：536-541.

［29］ Becker K F，Braun T，Koch M，et al. Advanced Flip Chip Encapsulation：Transfer Molding Process for Simultaneous Underfilling and Postencapsulation［C］. Proceedings of the 1st International Conference on Polymers and Adhesives in Microelectronics and Photonics，Potsdam，Germany，2001：130-139.

第9章

BGA封装

9.1　BGA 的基本概念

BGA 封装的外引脚为焊球或者焊凸点，它们呈阵列分布于封装基板的底部平面上，在基板上面装配有 IC 芯片（也有部分类型 BGA 的芯片装配在封装基本的底部平面，即在基板与引脚端同一面），是一种表面贴装类型封装。

9.2　BGA 封装出现的背景与历史

随着 IC 芯片的输入/输出端数目持续增多，封装形式从 SOP 进化到 QFP 形式。为了进一步适应输入/输出端数目增加的需求和提高安装密度，QFP 的引脚节距从 1.0mm 逐步下降到 0.65mm，并进一步发展到薄型 QFP，引脚节距从 0.5mm、0.4mm 乃至下降到 0.3mm。

20 世纪 90 年代初，QFP 的发展面临瓶颈。376 I/O 的 0.4mm 脚间距主流 QFP 商品化已 5 年，但研制 504 I/O 的 0.3mm 的 QFP 实用化极为困难。当时已有组装设备达到极限，返工率高，导致废品率高，性价比低。另外，随着 IC 的频率越来越高，QFP 产品性能也面临瓶颈，当 IC 的频率超过 100MHz 时，可能会产生串扰现象。

在这种背景下，开始出现 BGA 封装。BGA 封装是由插装器件中的 PGA 进化出来的一种表面贴装器件。在 BGA 中用焊球的阵列代替 PGA 中的插针阵列作为封装的外引脚。

BGA 封装从 20 世纪 90 年代初期由 Motorola 和 Citizen 公司共同开发，目前已经发展成为市场份额最大的封装形式。

9.3　BGA 封装的分类与结构

根据基板不同 BGA 主要有塑料 BGA（Plastic Ball Grid Array，PBGA）封装、陶瓷BGA（Ceramic Ball Grid Array，CBGA）封装、载带 BGA（Tape Ball Grid Array，TBGA）封装。此外，还有陶瓷焊柱阵列（Ceramic Column Grid Array，CCGA）封装、金属 BGA（Metal Ball Grid Array，MBGA）封装。

有一些结构方面有特点的 BGA 也被冠以简称，如 FBGA 是指 Fine-Pitch Ball Grid Array，即细间距球栅阵列[1]；FCBGA 是指 Flip-chip Ball Grid Array，即倒装 BGA[2]，EBGA，是指 Thermally Enhanced Ball Grid Array，即散热增强 BGA[3]等。

根据气密性不同进一步分类，陶瓷 BGA 可以分为气密 BGA 和非气密 BGA，陶瓷BGA 以外都是非气密 BGA。

根据 BGA 封装中 IC 芯片与基板的互连方式，BGA 主要分为引线键合和倒装焊。目前 BGA 的 I/O 数主要集中在 100～1000 个。采用引线键合的 BGA 的 I/O 数常为50～540 个；采用倒装焊方式的 I/O 数常大于 540 个。目前 PBGA 的互连常用引线键合方式；CBGA 常用倒装焊方式；TBGA 两种互连方式都有使用。目前，当 I/O 数小于600 个时，引线键合的成本低于倒装焊。但是，倒装焊方式更适宜大批量生产，如果圆片的成品率得到提高,就有利于降低每个器件的成本,并且倒装焊更能缩小封装体的体积。

　　BGA 的焊球分布有周边阵列、交错阵列和全阵列三种类型,如图 9.1 所示。如果芯片和焊球位于基板的同一面,只能采用周边阵列焊球分布,如 MBGA;TBGA 的焊球也不能够贴到封装中心固定芯片的地方,因此也只能采用周边阵列焊球分布。PBGA、CBGA 和 CCGA 既可采用全阵列,也可以采用部分阵列分布。对于大尺寸芯片,如果材料热失配较大,焊球分布在芯片边缘对应区域底部会加大该区域热膨胀系数不一致导致的应力,严重情况下会导致芯片与基板分层或者芯片破裂,为了降低材料热失配导致的应力的影响,需要采用交错阵列焊球分布。

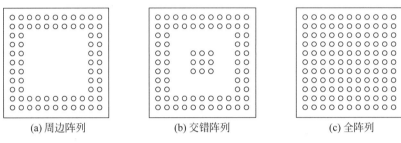

(a) 周边阵列　　　　　　　(b) 交错阵列　　　　　　　(c) 全阵列

图 9.1　BGA 的焊球分布方式

9.3.1　塑料 BGA 封装

　　塑料 BGA 封装采用塑料材料和塑封工艺制作,是最常用的 BGA 封装形式,称为整体模塑阵列载体(Overmolded Plastic Pad Array Carriers,OMPAC)封装[4]。

　　PBGA 采用的基板类型为 PCB 基板材料(BT 树脂/玻璃层压板),裸芯片经过芯片键合固定到基板上表面,芯片上的焊盘通过引线键合与基板上表面布线的焊区连接,然后采用注塑成型(环氧模塑混合物)方法实现整体塑模,最后在基板的下表面制作焊球阵列作为外引脚。PBGA 封装结构如图 9.2 所示。

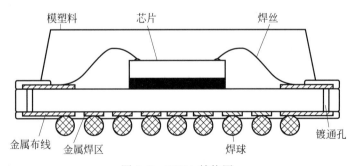

图 9.2　PBGA 结构图

　　早期的焊球材料为低熔点共晶焊料合金 63Sn-37Pb,直径约为 1mm,间距为 1.27～2.54mm,焊球与封装体底部的连接不需要另外使用焊料。组装时焊球熔融,与 PCB 表面焊盘接合在一起,呈桶状。

PBGA 具有如下优点：

（1）成本低；

（2）焊球参与再流焊点形成，共面度要求宽松；

（3）与环氧树脂基板热匹配性好，装配至 PCB 时质量高，性能好；

（4）具有优良的电性能。

PBGA 的主要缺点是对潮气敏感，不适用于对气密性和可靠性要求较高的封装应用。PBGA 吸潮后，在回流焊过程中极易产生"爆米花"现象，导致 PBGA 失效。

"爆米花"现象的产生的原因是，塑料封装器件受潮后在塑料内会吸收湿气，封装回流焊时，器件温度迅速升高，器件内部的湿气膨胀会产生足够的蒸汽压力从而损伤或毁坏元件。常见的失效机理包括塑料从芯片或基板/引脚框上的内部分离、焊线损伤、芯片损伤、塑料内部裂纹等；严重情况下，会产生器件鼓胀和爆裂，也就是"爆米花"现象。

9.3.2　陶瓷 BGA 封装

陶瓷 BGA 封装是将裸芯片安装在多层陶瓷布线基板，倒装或焊线实现芯片与陶瓷基板电气连接，然后用金属盖板用密封焊料焊接在基板上，用以保护芯片、引线及焊盘。封盖工艺采用玻璃封接或焊料焊接可以实现气密封装，提高器件可靠性和物理保护性能。

CBGA 封装焊球材料为高熔点焊料，早期采用 90Pb-10Sn 焊料制作焊球，焊球和封装体底部焊盘的连接使用低温共晶焊料 63Sn-37Pb。由于 90Pb-10Sn 焊料熔点较高，焊球与封装体连接时，低温共晶焊料 63Sn-37Pb 熔化连接焊球与封装体底部焊盘，高温焊球不熔化。CBGA 结构图如图 9.3 所示。

图 9.3　CBGA 封装结构图

CBGA 封装的优点如下：

（1）对湿气不敏感，可靠性好；

（2）电性能优良；

（3）热阻低，散热性能好；

（4）芯片与陶瓷基板 CTE 匹配性好，可靠性高；

（5）连接芯片和组件可返修性较好；

（6）裸芯片可采用 FCB 技术，互连密度更高。

CBGA 的不足之处如下：

（1）封装成本高；

（2）与环氧树脂等塑料基板 CTE 匹配性差。

CBGA 封装焊接过程不同于 PBGA 封装,采用的是高温焊球,在一般标准回流焊温度(220℃)下,CBGA 封装焊料球不熔化,起到刚性支座作用。PCB 上需要印刷的焊膏量需多于 PBGA 封装,形成的焊点形状也不同于 PBGA 封装。由于焊球主体不熔化,焊球的高度比较高,从而能够改善焊接在塑料基板上时 CTE 匹配性差带来的可靠性问题。PBGA 封装和 CBGA 封装焊点形状对比如图 9.4 所示。

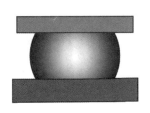 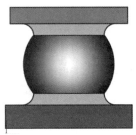

(a) PBGA封装　　　　　　　　　　　　　(b) CBGA封装

图 9.4　PBGA 封装和 CBGA 封装焊点形状对比

CCGA 封装是 CBGA 封装技术的扩展,不同之处在于采用焊球柱代替焊球作为互连基材,是当器件面积大于 $32\mathrm{mm}^2$ 时 CBGA 封装的替代产品。由于焊柱高度的增高,从而能够进一步提升可靠性,具有更好的抗疲劳性能[5]。图 9.5 所示是 CCGA 封装的实物图。为了进一步提升相关可靠性,美国国家航空航天局(NASA)还引入了微弹簧作为焊柱用于 CCGA 封装[6],如图 9.6 所示。

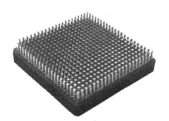 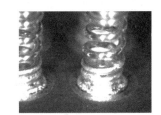

图 9.5　CCGA 封装[7]　　　　　　　　　图 9.6　微弹簧焊柱[7]

9.3.3　载带 BGA 封装

TBGA 封装与 PBGA 封装和 CBGA 封装相比,是一种稍晚出现的 BGA 封装类型[8]。TBGA 封装包含铜/聚酰亚胺挠性载带和与载带电性连接的芯片,具有密封盖板,芯片贴合在密封盖板的空腔中,芯片外围盖板下方的载带底部设置有焊球阵列。载带的两侧通常有金属层,载带的顶部金属层是一个统一的接地层,底部金属层为铜线路。载带可以为双层或多层线路载带,铜线路将晶粒与焊球阵列连接。引线键合、回流焊或载带自动焊(热压/热超声内引脚键合)都可用于将晶粒与铜线路连接。用作电路 I/O 端的周边阵列焊球安装在柔性载体带下方。其厚实的密封盖板既是散热器又起到加强封装体的作用,使柔性基板下的焊球具有更好的共面性。

图 9.7 是一种采用倒装芯片键合的 TBGA 封装的结构示意图。芯片键合到载带上表面,也就是焊球安装的相反的一面,对于载带自动焊应用也是如此。在芯片周围的载带上,用黏结剂粘贴方框形加强筋。加强筋上方涂覆黏结剂,芯片背面涂敷导热黏结剂,加强筋和芯片背面与散热器粘贴。

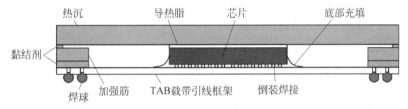

图 9.7　一种采用倒装芯片键合的 TBGA 的结构示意图

图 9.8 是一种采用引线键合的 TBGA 封装的结构示意图。铜散热封盖形成空腔,空腔外围的平面用作柔性胶带黏结的底座。芯片安装在空腔底部平面,并通过引线键合到载带上焊球安装的同一面的焊盘上。焊线后,采用模塑或滴涂法将芯片包封。

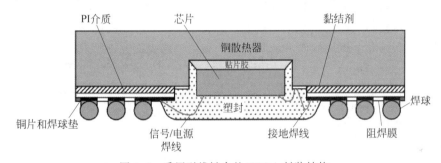

图 9.8　采用引线键合的 TBGA 封装结构

有两种连接焊球的方法。在 IBM 公司最初的实现中,焊球是 90Pb-10Sn 的高温焊球,每个球单独点焊到柔性薄膜中的通孔上。焊球仅轻微回流,使焊料流过孔并形成铆钉,这会将焊球锁定到位。在将加强筋应用于背面后,通过将焊膏涂敷于基板并将共晶焊料回流浸润高温球,TBGA 封装像 CBGA 封装一样组装至基板,焊球不会塌陷。

ASAT 公司和 3M 公司独立实施了一种更接近 PBGA 封装的方法。如图 9.8 所示的 TBGA 具有由阻焊定义的焊盘,将助焊剂涂敷在焊盘表面,通过机械夹具放置共晶焊球 62Sn-36Pb-2Ag 并回流。在组装到基板的过程中,焊球会塌陷,就像 PBGA 一样。

使用柔性互连的优点是能够实现细线。典型特征是 $75\mu m$ 节距上的 $35\mu m$ 线宽。对于引线键合应用,这允许载带上一排焊盘与芯片焊盘匹配。对于倒装芯片应用,单层互连可以排布 3 排焊盘。双层布线载带可铺设深达 6 排焊盘。图 9.9 为多引脚数 TBGA 封装的示例。

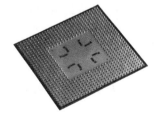

图 9.9　多引脚数 TBGA 封装的示例

在所有 TBGA 封装配置中,热性能都非常优异。芯片的背面可以连接到铜散热片、暴露在环境中或连接到散热器,结至外壳的热阻通常可低至 0.6 ℃/W。连接散热器后,在 2m/s 的气流中与环境的热阻可以低至 4℃/W,能够轻松处理 12W 的芯片。TBGA 封装也具有超短的引线长度,电性能优良。[3]

整体来看,TBGA 封装的优点如下:

(1) 热阻低,散热性能好;

(2) 载带与环氧树脂等塑料基板 CTE 匹配性好;

(3) 电性能比 PBGA 封装优良;

(4) 比 PBGA 封装薄。

TBGA 封装的不足之处如下:

(1) 不是气密封装,对湿气敏感;

(2) 成本高于 PBGA。

9.3.4　金属 BGA 封装

Olin 公司实现了一个类似 TBGA 封装的 BGA 封装版本,MBGA 封装不使用独立的柔性层或载带层,但基本上得到了相同的结构,如图 9.10 所示。在 MBGA 封装最简单的形式中,使用铝圆片或铝面板作为基板。铝表面生长 18μm 的阳极氧化铝层作为介电层。一层由铜、镍和金组成的薄膜金属沉积子氧化铝层表面并图形化。特征尺寸可以精细到 20μm 线宽和 50μm 中心距。传统的阻焊设置在金属薄膜表面并定义焊盘位置。电介质也可以采用聚酰亚胺或苯并丁烯(BCB)等聚合物材料,这将有利于多层设计及使用较低介电常数的材料。芯片键合、引线键合以及塑封在铝圆片或面板上进行,封装完成后,再进行分离成单个封装。

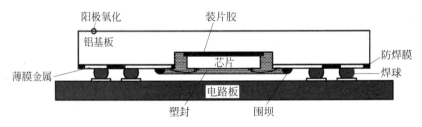

图 9.10　金属 BGA 封装结构图

MBGA 封装同 TBGA 封装一样具有好的散热性和电性能。薄膜加工技术的进步使 MBGA 封装朝着更低的成本方向发展。大面积面板(LAP)工艺将从薄膜互连基板走向以面板形式制造,它提供了更接近 PCB 的成本结构,而不是成本结构类似于 IC 的晶圆形式。

9.4　BGA 封装工艺

9.4.1　工艺流程

以下以最常见的 PBGA 和 CBGA 封装作为代表介绍 BGA 封装工艺流程图。

1. PBGA 封装工艺流程

如图 9.2 所示的 PBGA 封装工艺流程如图 9.11 所示。从流程图可以看出,与传统的引线框架封装塑料封装类似,首先是芯片键合、引线键合和塑封几大工艺步骤。主要的不同在于 PBGA 封装的外引脚是焊球阵列,因此其制备方法为植球、回流两步。外引脚制备完成后,后续的主要步骤也是产品分割和测试。

2. 气密性 FC-CBGA 封装工艺流程

气密性 FC-CBGA 封装结构如图 9.3 所示,其工艺流程如图 9.12 所示。该工艺流程

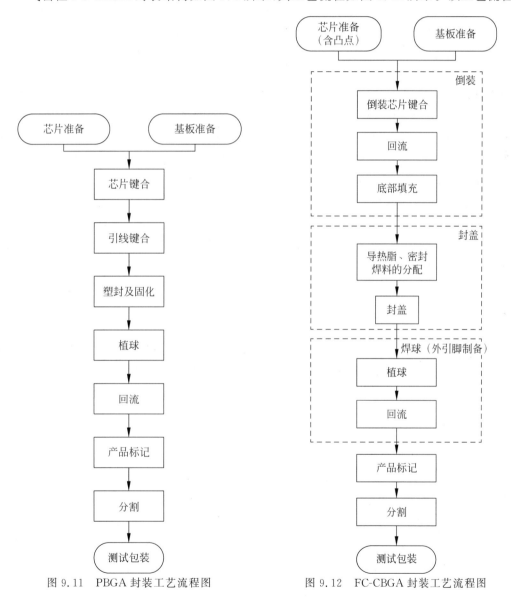

图 9.11　PBGA 封装工艺流程图　　　　图 9.12　FC-CBGA 封装工艺流程图

可以分为倒装、封盖、外引脚制备以及后工序四大部分。其中外引脚的制备也是植球、回流两个步骤。

9.4.2 BGA封装基板及制备

封装基板的制备工艺将在第15章专门介绍。

基板选择的关键因素在于材料的热膨胀系数(CTE)、介电常数、介质损耗、电阻率和热导率等。基板与芯片(一级互连)之间或基板与PCB(二级互连)之间的CTE失配是造成产品失效的主要原因。CTE失配产生的剪切应力将引起焊接点失效。

封装体的信号的完整性与基片的绝缘电阻、介电常数、介质损耗有直接的关系。介电常数、介质损耗与工作频率关系极大,特别是在频率大于1GHz时。

有机物基板是以高密度多层布线和微通孔基板技术为基础制造的。有机物基板的特点是具有低的互连电阻和低的介电常数。但其局限性在于:①在芯片与基板之间高的CTE差会产生大的热失配;②可靠性较差,其主要原因是水汽的吸附。

现有的CBGA、CCGA封装采用的基板为氧化铝陶瓷基板。其缺点在于:它的热膨胀系数与PCB相差较大,而热失配容易引起焊点疲劳。不过CCGA封装承受封装体和PCB基板材料之间热失配应力的能力较好,因此其可靠性要优于CBGA封装器件;它的高介电常数、电阻率也不适用于高速、高频器件。

HITCE陶瓷基板特点:CTE较高,12.2ppm/℃;低的介电常数,5.4;低阻的铜互连系统。这种基板综合了氧化铝陶瓷基板和有机物基板的最佳特性,其封装产品的可靠性和电性能得以提高。

9.4.3 主要封装工艺

从BGA封装工艺流程图可以看出,BGA封装包括芯片贴装与一级互连、包封(塑封或封盖)以及外引脚的制作。BGA工艺芯片贴装及一级互连、包封有多种形式,焊球阵列外引脚制作则是其与传统封装不同的特有工艺,下面分别介绍。

1. 芯片贴装和一级互连

其主要有以下四种形式:

(1) 引线键合,芯片朝上,如图9.2(PBGA)所示;

(2) 引线键合,芯片朝下,如图9.8(TBGA)、图9.10(MBGA)所示;

(3) 倒装,如图9.3(CBGA)、图9.7(TBGA)所示;

(4) TAB群压焊,参考图9.7(TBGA)。

2. 包封

包封直接影响封装厚度、散热和气密性。其主要分为以下四种类型:

（1）塑封,塑封料在上表面,如图 9.2(PBGA)所示,此类型封装散热稍差;

（2）塑封,塑封料在封装底面中间,如图 9.8(TBGA)、图 9.10(MBGA)所示,表面可以设置散热片,散热较好;

（3）芯片下部底部填充,芯片上部高导热黏结封盖,如图 9.3(CBGA)所示,可实现气密封装;

（4）芯片下部底部填充,芯片上部高导热黏结封盖,如图 9.7(TBGA)所示,非气密封装。

3. 植球和回流

图 9.13 为植球回流的过程及对应的设备。首先用植球机吸盘进行真空吸球,滴涂助焊剂,将球对准 BGA 封装背面焊区后放球,放好球后的样品过回流焊,然后清洗助焊剂、分离及打标。植球和回流的过程示意图如图 9.14 所示。

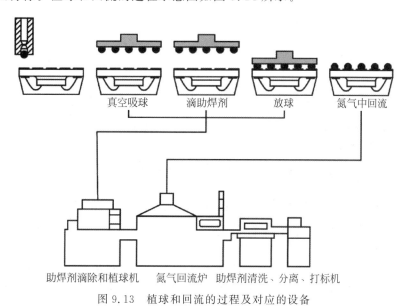

图 9.13　植球和回流的过程及对应的设备

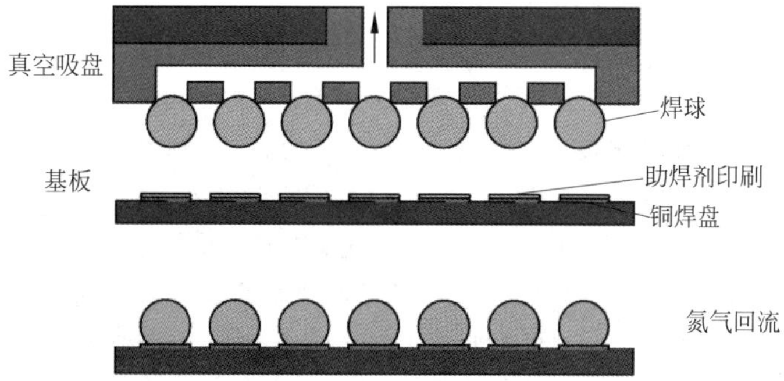

图 9.14　植球和回流的过程示意图

BGA 焊球通常是预制的,早期的焊球尺寸一般为 0.76mm 或 0.89mm,材料是铅锡焊料。

现阶段焊球材料包括高铅铅锡、共晶铅锡、无铅焊料等,熔点也有多种。

焊球的尺寸也缩小且有多种规格,表 9.1 列出常用的焊球直径和容差。焊料凸点技术的关键在于:当节距缩小时,必须保持凸点尺寸的稳定性。焊料凸点尺寸的一致性及其共面性对倒装焊的合格率有极大的影响。

表 9.1 常用的 BGA 焊球直径尺寸

直径/mm	容差/mm	直径/mm	容差/mm
0.15~0.25	±0.003	0.35~0.45	±0.020
0.275~0.33	±0.010	0.50~0.76	±0.025

9.5 BGA 的安装互连技术

9.5.1 BGA 的安装工艺流程

BGA 安装是指把 BGA 安装固定到 PWB 表面,并使 BGA 焊球与 PWB 对应的焊盘实现电性连接的过程。

BGA 安装前需检查 BGA 焊球的共面性以及有无脱落。

BGA 在 PWB 上的安装与目前的 SMT 工艺设备和工艺基本兼容。

安装过程如下:

(1) 将低熔点焊膏用丝网印刷印制到 PWB 上的焊区阵列;

(2) 用安装设备将 BGA 对准放置印有焊膏的焊区上;

(3) 回流焊。

与焊料倒装一样,BGA 焊点有自对准效应,降低了对 BGA 安装放置的精度要求,提高了 BGA 安装的良率。这也是 BGA 代替 QFP 的一个优势。

9.5.2 BGA 焊接的质量检测技术

无损检测对生产管控和工艺调整非常重要。BGA 焊点隐藏在 BGA 下面,不能采用通常的目检和光学自动检测技术。X 射线具有穿透性,X 射线检查系统最常用于测试 PCB 焊接,特别是 BGA 焊接的质量,且是一种无损检测技术[9]。

X 射线检测仪分为二维 X 射线检测仪和断面 X 射线检测仪。

X 射线检测仪的成像的基本原理是利用不同材料对 X 射线的吸收不同。一般而言,由较重元素制成的材料对 X 射线吸收率更高,而由较轻元素制成的材料对 X 射线更透明。

二维 X 射线检测设备的检测原理是 X 射线通过被测样品后,由于不同材料吸收系数不同,在探测器上产生投影,得到焊点灰度图像,图像显示了材料在密度及厚度上的差异,可以检测出焊点是否移位、锡珠及桥接。二维 X 射线检测技术成像速度快,通常具有一个 X-Y-Z 位移台,可实时调整参数,对于在线观察器件组装的明显缺陷较方便;但是由于焊球与焊盘具有垂直重叠的特征,BGA 组件的焊接界面被焊球遮掩,所以二维 X 射线检测不能检测 BGA 焊点中的焊料不足、气孔、虚焊等缺陷。

断面 X 射线检测采用计算机断层(Computerized Tomography,CT)扫描技术,通过聚焦断层,使目标区域上下平面散焦的方法对焊接区进行检测,解决了焊球与焊盘垂直重叠的问题。根据不同部位的剖面,可以得到每个剖面的基本参数,便于进行焊点的辨别。断面 X 射线检测也称为三维 X 射线检测。三维 X 射线检测技术可以更深层地分析器件内部的封装缺陷并可应用于失效分析,且完成一次建模后可获得样品完整的信息,便于问题溯源。

在 BGA 焊接过程中,受印刷锡量、温度曲线和锡膏质量等因素的影响,桥接、空洞(气泡)、冷焊、焊料不足等问题可能直接影响产品质量和稳定性。X 射线检查系统用于检测焊接工艺质量。

错位主要原因是贴片式对准不良且回流条件不足或浸润不佳,没有实现自对准,如图 9.15 所示。

当锡球中锡含量过多时,容易造成桥接问题,导致短路,如图 9.16 所示。

图 9.15　BGA 焊接错位不良

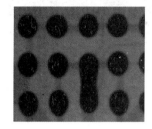

图 9.16　BGA 焊球桥接不良

冷焊也是一个常见问题。当温度分布不合适或回流炉出现问题时,温度不够高,或加热时间不够长,焊膏不会完全熔化,焊球形状会变得不规则,如图 9.17 所示。冷焊的结果是 BGA 的底部非常脆弱,当外力碰撞时很容易开裂,形成不足的焊料。

空洞是由助焊剂和水分引起的,主要出现在 BGA 球的底部。如果空洞过大,将影响 BGA 的稳定性,从而导致裂纹和焊料不足。行业标准对空洞率有明确规定,根据不同产品有所不同。空洞的图像如图 9.18 所示。

需要指出的是,由于焊球的密度和厚度相对较高,必须增加 X 射线功率到足够强以穿透焊球才能更好地显示空隙。

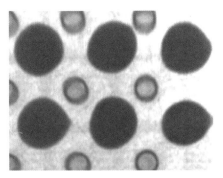

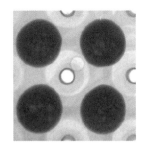

图 9.17　BGA 焊接冷焊不良　　　　　图 9.18　BGA 焊料空洞

　　焊料不足有两种情形：一种是焊球面积偏小；另一种是焊球面积偏大，如图 9.19 所示。焊球面积偏小是焊膏不足或没有焊膏导致，并且 BGA 球底部没有润湿。其原理如图 9.20 所示。

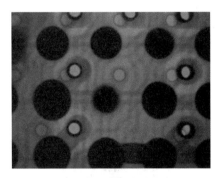

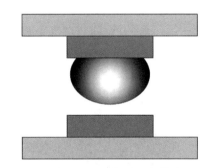

图 9.19　BGA 焊球面积偏大　　　　　图 9.20　BGA 焊球面积偏小

　　焊球面积偏大的原因则是当锡膏质量差或焊盘氧化时，焊接就被抗拒，这种情况下即使 BGA 球和锡膏熔化，底部也不会浸润，焊球不会在底部扩展，在 BGA 焊球被挤压的情况下，焊球面积变大。

习题

1. 根据基板材料的不同，写出四类不同 BGA 封装的英文简称和中文名称。

2. PBGA 封装和 CBGA 封装对比来看，各自有什么优势和不足？

3. TBGA 封装相对 PBGA 封装有什么优势？

4. 简要写出基于引线键合工艺的 PBGA 的工艺流程。

5. 多项选择题：二维 X 射线检测可用于检测 BGA 焊点中的哪种缺陷？（　　　　）

　　A. 错位　　　　　　B. 桥接　　　　　　C. 冷焊

　　D. 焊料不足　　　　E. 空洞

参考文献

［1］ Shibata J，Horita M，Izumi N，et al. Development of Fine Pitch Ball Grid Array［C］. Proceedings of the 2nd 1998 International Electronic Manufacturing Technology / International Microelectronics Conference，Omiya，Japan，1998：45-49.

［2］ Yamanaka K，Mori H，Tsukada Y，et al. High Performance Ball Grid Array Utilizing Flip Chip Bonding on Buildup Printed Circuit Board［C］. Proceedings of the 21st IEEE/CPMT International Electronics Manufacturing Technology (IEMT) Symposium，Austin，TX，1997：369-375.

［3］ Qiu Y，Iyer M K，Chong K C，et al. EBGA：High Frequency Electrical Characterization and the Influence of Substrate Design Parameters on Package Performance［C］. Proceedings of the 2nd Electronics Packaging Technology Conference，Raffles City，Singapore，1998：107-111.

［4］ Freyman B，Pennisi R. Overmolded Plastic Pad Array Carriers (OMPAC)-a low-cost，High Interconnect Density IC Packaging Solution for Consumer and Industrial Electronics［C］. Proceedings of the 41st Electronic Components and Technology Conf (ECTC)，Atlanta，Ga，1991：176-182.

［5］ Ghaffarian R. CCGA Packages for Space Applications［J］. Microelectronics Reliability，2006，46(12)：2006-2024.

［6］ Strickland S M，Hester J D，Gowan A K，et al. Microcoil Spring Interconnects for Ceramic Grid Array Integrated Circuits：NASA/TM-2011-216463［R］. NASA Marshall Space Flight Center，Huntsville，AL，2011.

［7］ What is CCGA Column Grid Array?. https：//www. topline. tv/CCGA_Whatis. html［EB/OL］.

［8］ Andros F E，Hammer R B. TBGA Package Technology［J］. IEEE Transactions on Components Packaging and Manufacturing Technology Part B-advanced Packaging，1994，17(4)：564-568.

［9］ 须颖，刘永斌，安冬，等. 基于X射线的BGA空洞缺陷3D检测方法［J］. 沈阳建筑大学学报(自然科学版)，2020，36(1)：155-162.

第 10 章

芯片尺寸封装

10.1 概述

10.1.1 CSP 的定义

芯片尺寸封装的概念最早是由 Fujitsu 公司的 Junichi Kasai 和 Hitachi Cable 公司的 Gen Murakami 于 1993 年提出。最早的 CSP 实现由 Mitsubishi Electric 公司于 1994 年完成，是由 BGA 经缩小外形和端子间距得来的。

CSP 封装早期无确切定义，不同厂商有不同说法。在许多情况下，如果一个封装仅仅是"接近芯片尺寸"，它就归类为 CSP。日本松下电子工业公司将 LSI 芯片封装每边的宽度比其芯片大 1.0mm 以内的产品称为 CSP。1996 年 1 月，EIA、IPC、JEDEC、MCNC和 SEMATECH 多家组织联合发布了 J-STD-012 标准，其中规定 LSI 芯片封装面积小于或等于 LSI 芯片面积的 120％的产品称为 CSP，成为业内公认的判断标准[1-2]。对于不满足此标准但接近芯片尺寸，与 CSP 一样具有薄、轻、紧密的互连节距，也称为近芯片尺寸封装（Near Chip Scale Package，NCSP），有时也一并讨论。

10.1.2 CSP 的特点

CSP 是介于 BGA 封装和倒装类型的芯片直接贴装（Direct Chip Atlach，DCA）之间的一类封装，填补 BGA 封装和倒装芯片封装之间的空白，并从各种已知类型封装中进化而来。DCA 是指将裸芯片直接组装到基板、衬底或封装上的技术，主要包括正装/引线键合和倒装两种类型，如板上芯片（Chip On Board，COB）和板上倒装芯片（Flip-Chip On Board，FCOB）技术。CSP 与 BGA 封装相比，BGA 封装的焊球节距较大，一般来说，BGA封装的焊球节距为 $1.0\sim1.27$mm，阵列引脚的 CSP 的引脚节距通常小于 0.8mm；但CSP 与 FC 封装相比，CSP 的引脚节距较大，阵列引脚的 CSP 的引脚节距通常大于 $0.2\mu m$[2]，而 FC 封装的引脚节距通常在 $0.25\mu m$ 以下。

1. CSP 与 BGA 封装及其他传统封装的对比

CSP 与 BGA 封装及其他传统封装相比，其具有以下特点：

（1）体积小。CSP 是目前体积最小的 LSI 芯片封装之一。引脚数相同的封装，CSP的面积不到 0.5mm 节距 QFP 的 1/10，只有普通 BGA 封装的 $1/3\sim1/10$。

（2）I/O 密度高。其封装面积缩小到 BGA 的 $1/4\sim1/10$，单位面积可容纳的 I/O 引脚数多，满足了集成电路芯片引脚数目不断增加的需要。

（3）电性能良好。CSP 内部的布线长度比 QFP 或 BGA 封装的布线长度短得多，寄生电容很小，信号传输延迟时间短，即使时钟频率超过 100MHz 的 LSI 芯片也可以采用CSP。CSP 的存取时间比 QFP 或 BGA 封装改善了 15％～20％，CSP 的开关噪声只有DIP 的 1/2 左右。

（4）散热性能良好。大多数 CSP 都将芯片面向下安装,能从芯片背面散热。

2. CSP 与 DCA 的对比

首次推出时,CSP 被认为是 DCA 的可行替代品,CSP 与 DCA 有许多相同的属性,包括应用领域等,特别是在尺寸上。存储产品,即闪存、SRAM、DRAM 等都是 CSP 的目标市场,尤其是在电信、无线、计算机和消费领域的应用中,便携性是主要考虑因素。

CSP 与 DCA 相比,其提供了封装器件的所有优点,包括预组装测试和更易于操作等。

（1）CSP 可以克服 DCA"已知良好的芯片"（Known Good Die,KGD）困难的问题。DCA 的 KGD 问题关键是如何与硅片焊盘进行电接触。小间距探针、接触凸块和接触引线用于接触芯片焊盘。然而,成本仍然是一个问题,CSP 可以克服这一问题。

（2）CSP 的凸点尺寸和高度通常比 DCA/FCOB 要大,可以提高可靠性,更容易实现底部填充,并且降低了对 PWB 的要求。相应地,DCA 适用于各种 I/O 引脚数,CSP 适用于相对低端,I/O 引脚数相对较少的情况。

10.2 CSP 的分类

10.2.1 按照内部互连方式分类

在 CSP 中,集成电路芯片焊盘与封装基片焊盘的连接方式主要有倒装片键合、TAB 键合、引线键合三种。对应 CSP 产品的封装技术就可以分为三类:倒装片键合 CSP 产品需要的封装技术,如二次布线技术、凸点形成（电镀金凸点或焊料凸点）技术、倒装片键合技术、包封技术、焊球安装技术等;引线键合 CSP 产品需要的封装技术,如短引线键合技术、包封技术、焊球安装技术、多层引线键合技术等;TAB 键合 CSP 产品需要的封装技术,如 TAB 键合技术、包封技术、焊球安装技术。

10.2.2 按照外引脚类型分类

按照外引脚类型,CSP 可以分为引线框架式和阵列引脚式。

引线框架式 CSP 分为有引脚和无引脚类型。有引脚类型 CSP 的引脚类似于传统 QFP。无引脚类型 CSP 的引脚类似传统 QFN 封装,但引脚尺寸和间距通常更小。

阵列引脚式的外引脚为凸点或焊盘,类似 BGA 和 LGA,但是引脚外形和间距更小。阵列引脚式 CSP 具有较高的 I/O 引脚数,引线框架式 CSP 的 I/O 引脚数较少。

10.2.3 按照基片种类分类

1. 基本类型

（1）传统的引线框架式 CSP:代表厂商有富士通、日立等公司。这种 CSP 使用类似常规塑封电路的引线框架,采用短引线键合实现芯片焊盘与CSP焊盘的连接。其中引线框架式CSP又分为有引脚和无引脚类型。

(2) 刚性基片式CSP:代表厂商有摩托罗拉、索尼、东芝、松下等公司。硬质基片CSP的IC载体基片由多层布线陶瓷或多层布线层压树脂板制成。

(3) 挠性基片CSP:代表有Tessera公司的microBGA,CTS公司的sim-BGA。其他代表厂商包括通用电气公司和NEC公司。柔性基片CSP的IC载体基片由塑料薄等柔性材料制成[3]。

(4) 晶圆级芯片尺寸(WLCSP):主要封装工艺在晶圆上完成,通过介质膜和布线实现从焊盘到焊球外引脚的电性连接以及与其他部分的绝缘。

(5) 基于EMC包封的CSP。

2. 堆叠CSP

1998年,堆叠CSP出现,使得封装效率突破了100%。如果CSP的芯片或封装进行堆叠,以上基本类型CSP又可以进一步形成堆叠式CSP。

WL-CSP及其堆叠形式SWL-CSP是目前最先进的封装技术,二者的崛起说明,封装和半导体芯片制造相融合是未来的发展趋势。

10.3 基本类型CSP的结构与工艺

10.3.1 引线框架式CSP

1. 有引脚类型LF-CSP

1997年Fujitsu公司研制开发了一种芯片上引线(Lead On Chip,LOC)的封装形式,简称LOC型CSP[4]。

为了满足CSP的设计要求,LOC封装相对传统引线框架CSP做了一系列创新设计。LOC封装将芯片上的焊盘移到芯片的中间,将整个引线框架黏结在芯片上方,焊线后塑封,整个封装翻转芯片电路面朝下,芯片下面的引线框架外引脚与外部线路板焊接面与芯片电路面在同一面。通常情况下,引线框架CSP分为Tape-LOC型和MF-LOC型(Multi-frame-LOC)两种形式,其基本结构如图10.1所示。MF-LOC是为了改进Tape-LOC无固晶区带来的可靠性风险,将导线架分成上架与固晶架两部分。晶粒可以先贴装到固晶架,再将晶座架与上架结合,成为完整的导线架。

2. 无引脚类型LF-CSP

无引脚类型LF-CSP的结构主要为QFN或SON类型封装。

为了达到CSP的要求,需采用倒装方式进行内部互连(图7.16),或者采用如图10.2所示的CSP线弧焊线[2,5]。

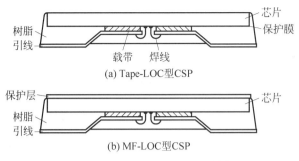

图 10.1　LOC 型 CSP 的基本结构

图 10.2　CSP 线弧焊线[5]

3. 焊球引脚型 LF-CSP

1999 年,Jong Tae Moon 等报道了一种铜引线框架 CSP[6],其结构如图 10.3(a)所示。其工艺流程:晶圆→芯片磨切→芯片键合→引线键合→模塑→模后固化→去溢料→UBM→焊料球及回流→切边(分割)→电性测试→打标→包装。

图 10.3(b)为该封装使用的半刻蚀的铜引线框架。

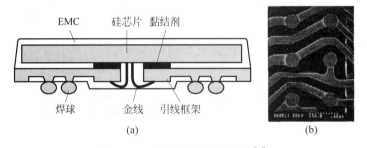

图 10.3　焊球引脚型 LF-CSP[6]

10.3.2　刚性基板式 CSP

刚性基板式 CSP 也称刚性内插板 CSP,采用多层布线陶瓷基板或者多层布线层压树脂基板作为芯片载体;根据其芯片焊盘与基板焊盘之间的连接方式可以分为倒装芯片键合类型、引线键合类型;其外引脚主要为底部阵列型,又分为焊球型和触点型,可看作缩小版的 BGA 或者 LGA 封装。

1. 倒装芯片键合类型

倒装片键合陶瓷基片 CSP 产品结构示意图如图 10.4 所示。

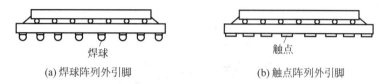

(a) 焊球阵列外引脚 　　　　　(b) 触点阵列外引脚

图 10.4　倒装片键合陶瓷基片 CSP 产品结构示意图

其封装工艺流程与倒装 BGA/倒装 LGA 封装一致。

1995 年,IBM 公司的 Raj N. Master 等报道了一种陶瓷基板倒装 CSP,命名为 Mini-BGA[7]。芯片采用 C4 焊料倒装,封装采用氧化铝陶瓷基板,为边长 21mm 的方形,共有 1521 个 I/O(39×39 阵列),用 Pb/Sn 共晶焊球,焊球尺寸为 0.250mm,节距为 0.5mm。

1995 年,日本东芝公司报道了一种陶瓷基板薄型封装(Ceramic Substrate Thin Package,CSTP)[8]。CSTP 主要由 LSI 芯片、Al_2O_3(或 AlN)基板,金凸点和树脂等构成,是一种 LGA 类型封装,其结构和外观如图 10.5 所示。通过倒装焊、底部填充等工艺完成封装,通过印刷焊料贴装到 PWB 上。CSTP 的厚度只有 0.5~0.6mm(其中,LSI 芯片厚度为 0.3mm,基板厚度为 0.2mm),仅为 TSOP(薄型 SOP)厚度的一半。15mm CSTP 的封装效率(芯片与基板面积之比)在 75%以上,而同样尺寸的 TQFP 的封装效率不足 30%。

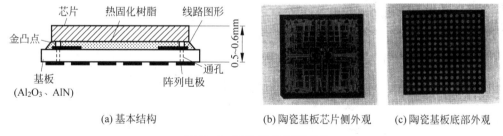

(a) 基本结构 　　　　(b) 陶瓷基板芯片侧外观 　　(c) 陶瓷基板底部外观

图 10.5　陶瓷基板薄型封装

1999 年,Minehiro Itagaki 等报道了一种塑料基板的触点阵列(Land Grid Array,LGA)型 CSP[9],芯片上设置有再布线层将 I/O 电极转移到倒装焊盘上,倒装焊盘设置金钉头凸点(SBB),基板采用了一种名为 ALIVH 的多层有机基板,用引线钉头凸点法在芯片焊区上形成金钉头凸点。FCB 时,在 PCB 或其他基板的焊区上印制导电胶,然后将该芯片的凸点适当加压后,对导电胶固化,就完成了芯片与基板的互连,然后用环氧树脂底部填充。由于采用了 SBB 和导电胶黏结的倒装方式,导电胶可以缓解芯片与塑料基板的热膨胀系数相差较大导致的应力,而塑料基板与 PWB 之间热膨胀系数较为匹配,因此其可靠性较好。

2. 引线键合类型

一般采用塑料封装阵列引脚形式的,如塑料基板 BGA 类型[10]、LGA 类型[11]。其工艺与传统 BGA 或 LGA 相似,主要差别包括:焊线采用了如图 10.2 所示的 CSP 线弧焊线,且尽可能缩小焊线的节距;芯片边缘与封装边缘的距离较小,甚至小于 0.5mm;外引脚焊球尺寸相对较小,通常焊球或触点节距小于 0.8mm;封装厚度较薄。

采用引线键合的树脂基片 CSP 产品的典型结构示意如图 10.6 所示[11]。

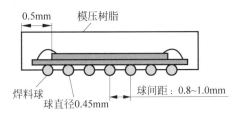

图 10.6 引线键合树脂基片 CSP 产品结构示意图

10.3.3 挠性基板式 CSP

挠性基板式 CSP 的包装结构中使用的弹性材料和聚酰亚胺薄膜组合,允许包装吸收不同材料热膨胀系数不一致带来的应力和弯曲。

根据芯片焊盘与基板的互连方式,可以分为引线键合、凸点倒装、通孔金属化连接、载带键合等类型。

1. 引线键合类型

Fujitsu 公司的 FBGA 封装[12]、TI 公司的 MicroStar CSP 封装[13] 都是引线键合类型的挠性基板 CSP,如图 10.7 和图 10.8 所示。

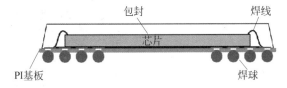

图 10.7 Fujitsu 公司的 FBGA 结构示意图[12]

以 MicroStar BGA 为例说明此类封装的工艺流程:①准备挠性基板,通常主题为 PI,上表面设置铜布线图形,并且设置有焊线区,下表面开孔露出铜布线层;②芯片电路面朝上,芯片贴装;③引线键合;④塑封;⑤涂覆助焊剂、植球回流;⑥切割分单;⑦测试、打标、包装等。

2. 凸点倒装类型

NEC 公司的小节距 BGA(FPBGA)[14-15] 和 NITTO DENKO 公司的 MCSP[16] 都属

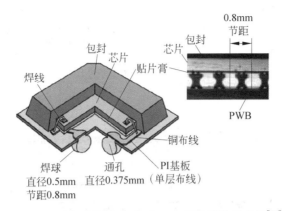

图 10.8　TI公司的 MicroStar BGA 封装结构示意图[13]

于凸点倒装类型的 CSP。FPBGA 工艺采用通孔凸点和专用的倒装焊接头,MCSP 采用金凸点热压焊接。以下以 FPBGA 为例详细介绍。

FPBGA 由日本 NEC 公司开发,主要由 LSI 芯片、载带、黏结层和金属凸点组成,其外观与图 10.9 所示,凸点节距为 0.5～1mm[14-15]。其工艺特点是采用通孔键合,没有焊线线弧和 TAB 引线弯曲,减少了焊盘间布线,因此可以缩小封装尺寸和焊盘之间的节距,更容易实现芯片尺寸。

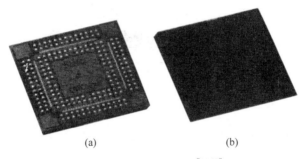

(a)　　　　　　　　(b)

图 10.9　FPBGA 外观[14-15]

其载带结构如图 10.10 所示,包括树脂基膜,芯片下方的用于芯片黏结的黏结层、穿过基膜和黏结层与芯片焊盘连接的内凸点、基膜另一边的布线层(用于转移焊盘)、阻焊层,其中阻焊层在内焊盘处开有用于通孔焊接的焊接开口和用于外引脚连接的外焊盘开口。

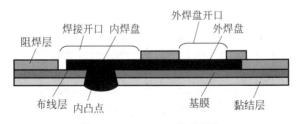

图 10.10　FPBGA 载带结构

FPBGA 的工艺流程与 TAB 一样采用卷对卷方式,其制作流程(图 10.11):①内引脚焊点焊接,见图 10.11(a);②层压,在热压作用下黏结层黏结并覆盖芯片有源区域,增加互连强度,见图 10.11(b);③模塑,见图 10.11(c);④在外引脚焊盘涂覆助焊剂、植球、回流实现外引脚凸点制备,见图 10.11(d);⑤边缘切割,见图 10.11(e)。

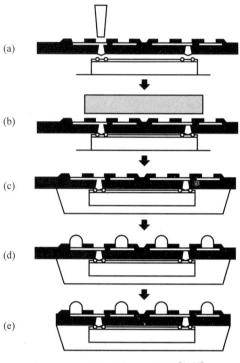

图 10.11　FPBGA 工艺流程[14-15]

3. 通孔金属化连接类型

通孔金属化连接的典型例子是 COF CSP(Chip-on-Flex CSP)[3]。COF CSP 是由 GE 公司开发的一种基于柔性薄膜的 CSP 技术。其结构如图 10.12 所示,主要包括柔性层及其上的布线、用于黏结芯片的黏附层、芯片、塑料包封、阻焊和小焊料球,以及金属焊盘。其工艺特点是柔性层内部有通孔,以及柔性层焊球一侧布线与芯片焊盘通过通孔连接。该封装的封装边缘到芯片边缘最小距离为 0.25mm。

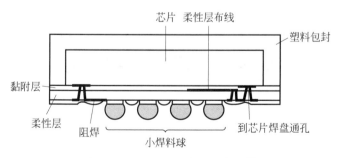

图 10.12　COF CSP 剖面示意图[3]

COF CSP 的工艺过程与 TAB 不同,不是卷对卷方式,而是用边框或者载体将柔性薄膜固定起来然后开始后续工艺流程。柔性薄膜为厚度 $25\mu m$ 的聚酰亚胺。柔性薄膜的一面或双面设置 $4\sim8\mu m$ 厚的金属图案,形成布线和焊盘。COF CSP 工艺流程(图 10.13):①在柔性薄膜表面喷涂或旋涂 $10\sim15\mu m$ 热塑性黏附层,将芯片有源层面向柔性薄膜贴装上去,热压实现键合,见图 10.13(a);②模塑,见图 10.13(b);③用激光钻通孔到芯片、金属 1、金属 2,溅射和电镀实现孔金属化,见图 10.13(c);④在表面施加阻焊并开口,定义输入/输出端口,见图 10.13(d)。⑤用 $0.15\sim0.2mm$ 厚的钢网印刷焊膏,回流形成焊球,焊球直径为 $0.25\sim0.3mm$,高度为 $0.15\sim0.18mm$;⑥切割形成单个封装。

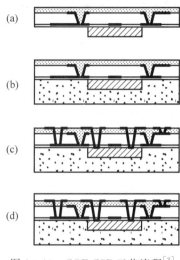

图 10.13　COF CSP 工艺流程[3]

4. 载带键合类型

载带键合类型 CSP 的典型是 Tessera 公司开发的一种命名为 Micro BGA(μBGA)的柔性载带 CSP,被广泛采用,其结构如图 10.14 所示[17-18]。

这种 CSP 采用类似于 TAB 工艺中的聚酰亚胺-Cu 挠性基板制作。载带的图形化和 Cu 布线预先制作好,其后整体工艺主要分为以下步骤:

(1) 条带转化。将载带的条带(通常为聚酰亚胺)一面朝上,通过钢网印刷在芯片贴装的区域制作上低模量弹性小块;聚酰亚胺条带、弹性小块和后续的低模量包封一起可以有效地吸收由于芯片和 PWB 热膨胀系数不一致带来的应力。

(2) 芯片贴装。在塑性小块表面喷滴液体胶,贴芯片,150℃下 3min 的烘烤。

(3) 内引脚键合。采用特殊设计的键合头在选定的位置将内引脚通过热压键合在芯片的铝 PAD 上。

(4) 包封。先通过上下两层临时覆盖层将完成芯片和引脚键合的载带覆盖,然后通过压力辅助注射的方式将树脂的液体注射进所覆盖的空间内,裹覆完毕后通过分段加温

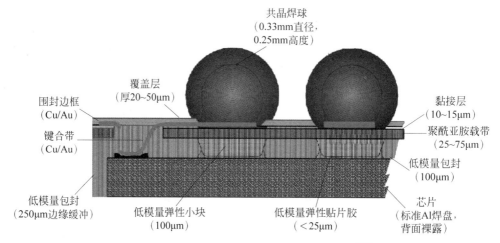

图 10.14　Tessera 公司的 μBGA 结构示意图[17]

的方式固化形成弹性包封体。

（5）植球。通过丝网印刷在外引脚焊盘处涂敷一层 $20\mu m$ 厚的助焊剂,然后将直径约 $300\mu m$ 的焊球放置在助焊剂上,回流实现焊球与焊盘的牢固键合。

（6）电性测试与激光打标。

（7）切单,检查与包装。

完成测试后,将条带上的所有封装单元一一切割,再次检查并包装。

10.3.4　晶圆级 CSP

晶圆级 CSP(Wafer-Level Chip Scale Package,WLCSP)是在圆片前道工序完成后,直接对圆片利用半导体工艺进行后道封装,再切割分离成单个器件。WLCSP 的芯片面积与封装面积之比为 100%。

按照芯片上焊盘连接到封装外引脚的方式,WLCSP 可以初步分为以下四种类型:

（1）芯片焊区上凸点(Bump On Pad,BOP) WLP;

（2）电极再分布(Redistribution Layer,RDL) WLP;

（3）包封式 WLP;

（4）柔性载带 WLP。

此部分内容将在第 11 章详细介绍。

10.3.5　基于 EMC 包封的 CSP

除以上四种类型之外,还有一些其他不同结构的 CSP,这里介绍两种基于 EMC 包封的 CSP,即芯片焊盘与外部引脚的凸点借助包封或穿过包封实现。

1. 薄树脂包封的 CSP

1995 年,Mitsubishi Electric 公司的 Masatoshi Yasunaga 等报道了一种薄树脂包封的 CSP[19]。其结构如图 10.15 所示,主要由 IC 芯片、薄的树脂包封和外电极焊料凸点组成。

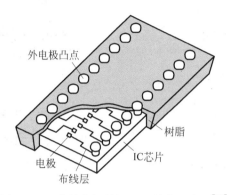

图 10.15　薄树脂包封的 CSP 结构示意图[19]

其具体工艺过程(图 10.16):①芯片工艺完成后,晶圆表面为焊盘和钝化层,见图 10.16(a);②在芯片上制作金属再布线层,$7\mu m$ PI 钝化及蒸发剥离共 $40\mu m$ Pb/Sn 焊料金属层,减薄切割芯片,完成后芯片表面结构示意图如图 10.16(b);③如图 10.16(c),芯片转移到制作有内凸点的不锈钢基底框架上,内凸点主体为 $100\mu m$ Cu,表面闪镀有 NiAu;④如图 10.16(d),不锈钢基底框架带着芯片一起模塑成型;⑤如图 10.16(e),模塑完成后基底框架与芯片分离,内凸点转移到封装上;⑥如图 10.16(f),在内凸点上涂覆助焊剂,植球,回流完成焊料球外引脚安装,整个封装形成,最后测试、打标、包装;⑦形成的凸点的截面图如图 10.16(g)。

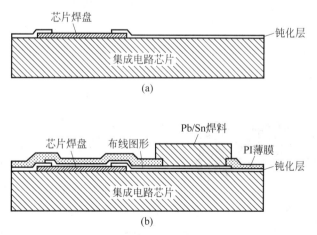

图 10.16　薄树脂包封的 CSP 的工艺流程

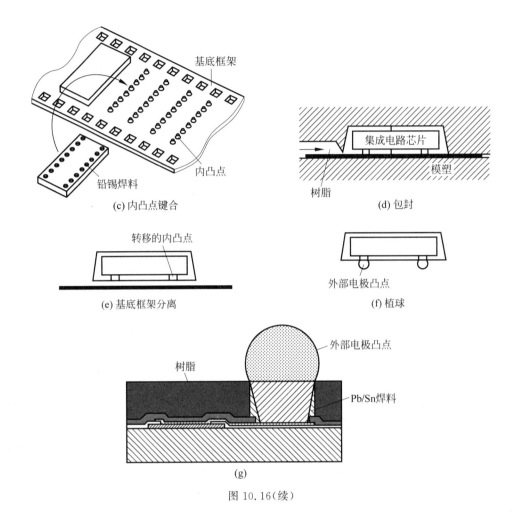

(c) 内凸点键合

(d) 包封

(e) 基底框架分离

(f) 植球

(g)

图 10.16(续)

2. BCC CSP

1996 年,Fujitsu 公司的 J. Kasai 等报道了一种凸点式片式载体(Bump Chip Carrier, BCC)CSP 封装,其内部结构如图 10.17 所示。

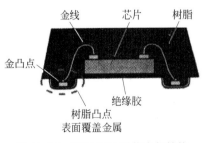

图 10.17　BCC CSP 封装内部结构

BCC CSP 封装的具体工艺流程(图 10.18): ①通过半蚀刻处理在铜合金引线框架材料上形成凹坑,并通过在凹坑上镀 PdNiPdAu 金属膜,如图 10.18(a)所示;②将芯片键合到引线框架上,通过引线键合连接芯片上的焊盘和引线框架凹坑上的镀层,如图 10.18(b)所示;③腐蚀去除铜合金引线框架,形成单个封装,如图 10.18(c)所示。

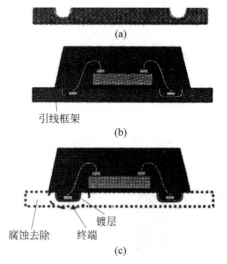

图 10.18　BCC CSP 封装的具体制作工艺流程示意图

10.4　堆叠 CSP 的结构与工艺

除了以上基本类型的 CSP 结构外,将 CSP 内部芯片进行堆叠或者封装本身进行堆叠,可以进一步发展出堆叠 CSP 类型[20]。根据堆叠互连的方式,可以分为芯片堆叠 CSP、引线框架堆叠 CSP 和焊球堆叠 CSP 等类型。

10.4.1　芯片堆叠 CSP

封装内部芯片堆叠可以分为基于焊线的芯片堆叠、基于倒装＋焊线的芯片堆叠、基于硅通孔技术的芯片堆叠。

Sharp 公司于 1998 年推出了 2 芯片堆叠的 CSP,1999 年量产 3 芯片堆叠的 CSP[21],该封装都基于焊线的芯片堆叠。之后更多厂商推出更多芯片堆叠的 CSP。图 10.19 为三芯片堆叠 CSP 结构。

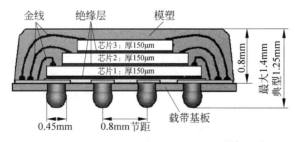

图 10.19　三芯片堆叠 CSP 结构[21]

更多的堆叠芯片封装结构及工艺可参考第 12 章"3D 封装技术的介绍"。

10.4.2　引线框架堆叠 CSP

Fujitsu 公司的小外形 C 形引脚堆叠 CSP 由 LOC-CSP 发展而来,可实现多个引线框架的堆叠,如图 10.20 所示。

此外,还可以有多种其他堆叠方式,如图 10.21 所示的基于 LOC 的四重堆叠,其中两个芯片为电路面朝上,两个芯片电路面朝下,在芯片键合和引线键合后,各引线框架采用焊料键合,然后整体进行塑封,之后按照常规引线框架封装工艺完成后续工艺。

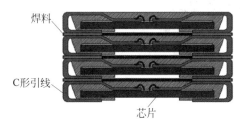

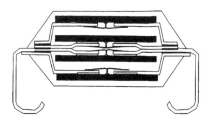

图 10.20　引线框架堆叠 CSP 　　　　　　图 10.21　基于 LOC 的四重堆叠[20]

10.4.3　载带堆叠 CSP

如图 10.22 是一种 TAB 堆叠 CSP 的结构示意图[22]。堆叠的每一个 TAB 需要不同的引脚形状,因此需要用不同的模具进行切筋成型。引脚通过热压形成键合。由于单层 TAB 封装后很薄,因此堆叠后的封装仍然可以有很薄的外形。

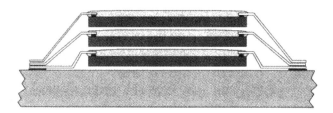

图 10.22　TAB 堆叠 CSP 结构[22]

10.4.4　焊球堆叠 CSP

如图 10.23 为 NEC 公司开发的四层堆叠存储器,芯片倒装键合到载体上,外围有大的焊料凸点,用于层间互连[20]。

10.4.5　3D 封装

以上仅仅是少数堆叠结构 CSP 技术的例子,属于 3D 封装的范畴。随着 3D 封装技术的发展,越来越多不同的芯片或者封装 3D 堆叠结构出现,更多的 3D 封装内容将在第 12 章展开。

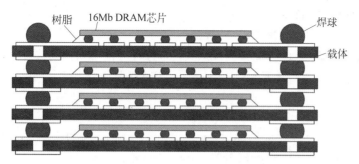

图 10.23 基于焊球与倒装焊互连的堆叠 CSP

10.5 CSP 的发展趋势

CSP 产品在 20 世纪 90 年代就已经超过 100 种,现在还在持续增长中。作为仍在快速发展中的技术,CSP 产品的标准化仍然是一个问题。不同厂家在生产不同 CSP 产品的同时推出了自己的产品标准,包括产品的尺寸(长度、宽度、厚度)、焊球间距、焊球数等。产品标准化有利于开拓 CSP 市场,而竞争力提升的核心是要解决 CSP 基板的技术问题,如线路精度控制、介电常数与特性阻抗控制、CTE 控制、表面平整度控制等。

CSP 封装拥有众多 TSOP 和 BGA 封装所无法比拟的优点,它代表了微小型封装技术发展的方向。一方面 CSP 将继续巩固在存储器(如闪存、SRAM 和高速 DRAM)中的应用,并且成为高性能内存封装的主流;另一方面逐步开拓新的应用领域,尤其在网络、数字信号处理器、专用集成电路、电子显示屏等方面;此外,CSP 在无源器件的应用也正在受到重视,研究表明,CSP 的电阻、电容网络由于减少了焊接连接数,封装尺寸大大减小,且可靠性明显得到改善。就目前来看,终端产品的尺寸仍会影响未来便携式产品的市场,同时也会驱动 CSP 的市场发展。如果要为用户提供性能最高和尺寸最小的产品,那么 CSP 将会是最优的封装形式。由于现有封装形式各有优势,实现各种封装的优势互补及资源有效整合是目前可以采用的快速、低成本的提高 IC 产品性能的一条途径。CSP 今后的发展进程,主要依赖于两个要素:一是该技术自身的不断发展成熟;二是在技术成熟的基础上赢得应有的市场。从目前分析来看,CSP 技术在可靠性方面、工艺的难易程度以及成本方面占有优势,所以未来 CSP 的发展将会不断取得进步并在社会生活中广泛应用。

习题

1. 写出 CSP 英文缩写对应的英文全称和中文名称。
2. 简要说明 JEDEC 对 CSP 的定义。
3. 简述 CSP 相比 BGA 封装的优势。
4. 简述 CSP 与倒装芯片封装对比的优势与不足。

5．列举四种 CSP 封装形式。

6．按照基片种类，如何对 CSP 进行分类？

7．挠性基板 CSP 有什么优势？按照其内部互连方法可以如何进行分类？

参考文献

[1] Implementation of Flip Chip and Chip Scale Technology：J-STD-012［S］. IPC-Association Connecting Electronics Industries，1996. https：//www. ipc. org/TOC/J-STD-012. pdf.

[2] Greig W J. Integrated Circuit Packaging，Assembly and Interconnections［M］. Boston：Springer Verlag，2007.

[3] Fillion R，Burdick B，Shaddock D，et al. Chip Scale Packaging Using Chip-on-flex Technology ［C］. 47th Electronic Components and Technology Conference（ECTC）：IEEE，1997：638-642.

[4] Taketani N，Hatano K，Sugimoto H，et al. CSP with Loc Technology［J］. The International Journal of Microcircuits and Electronic Packaging，1997，20：96-101.

[5] Ringor R，Castaneda J. Chip Scale Package（CSP）Wire Bonding Capability Study ［J/OL］. https：//www. smallprecisiontools. com/file/products/bonding/capillaries/brochures/Chip％ 20Scale％ 20Package％ 20（CSP）％ 20Wire％ 20Bonding％ 20Capability％ 20Study％ 20-％ 20Brochure％ 20-％ 20English. pdf.

[6] Moon J T，Hong S H，Yoon S W，et al. Fabrication Process of Copper Lead Frame Chip Scale Package（LF-CSP）［C］. Proceedings of the 49th Electronic Components and Technology Conference，San Diego，Ca，1999：1235-1240.

[7] Master R N，Jackson R，Ray S K，et al. Ceramic mini-ball grid array package for high-speed device［C］. Proceedings of the 45th Electronic Components and Technology Conference，Las Vegas，Nv，1995：46-50.

[8] Iwasaki H. CSTP（Chip Scale Thin Package）［J］. Journal of Japan Institute of Electronics Packaging，1995，11：26-31.

[9] Itagaki M，Amami K，Tomura Y，et al. Packaging Properties of Alivh-csp Using Sbb Flip-chip Bonding Technology［J］. IEEE Transactions on Advanced Packaging，1999，22(3)：366-371.

[10] Uno T，Kitamura O，Terashima S，et al. $50\mu m$ Fine Pitch Ball Bonding Technology［J］. Nippon Steel Technical Report，2001：24-29.

[11] Chou T，Lau J. A Low-cost Chip Size Package-Nucsp［J］. Circuit World，1998，24(1)：34-38.

[12] Hiraiwa K，Minamizawa M. Advanced LSI Packaging Technologies［J］. Fujitsu Scientific & Technical Journal，2000，36(1)：99-107.

[13] MicroStar BGA™ Packaging Reference Guide［EB/OL］. https：//www. ti. com/lit/pdf/ssyz015.

[14] Matsuda S，Kata K，Nakajima H，et al. Development of Molded Fine-pitch Ball Grid Array （FPBGA） using Through-hole Bonding Process ［C］. Proceedings of the 46th Electronic Components and Technology Conference，Orlando，Fl，1996：727-32.

[15] Matsuda S，Kata K，Hagimoto E，et al. Simple-structure，Generally Applicable Chip-Scale Package ［C］. Proceedings of the 45th Electronic Components and Technology Conference，Las Vegas，Nv，1995：218-223.

[16] Tanigawa S，Igarashi K，Nagasawa M，et al. The Resin Molded Chip Size Package（MCSP）［C］. 17th IEEE/CPMT International Electronics Manufacturing Technology Symposium on

Manufacturing Technologies—Present and Future，Austin，TX，USA，1995：410-415.

[17] Strickland M，Johnson R W，Gerke D. 3-D Packaging：A Technology Review[J]. Report，Auburn University，2005.

[18] Solberg V. CSP Package Development：the 4. 0 Manufacturing Process for μBGA[C]. Proceedings of the Technical Program ELECTRO 99 (Cat No99CH36350)，Boston，MA，USA，1999：91-103.

[19] Yasunaga M，Baba S，Matsuo M，et al. Chip Scale Package—a Lightly Dressed Lsi Chip[J]. IEEE Transactions on Components Packaging and Manufacturing Technology Part A，1995，18(3)：451-457.

[20] Ghaffarian R. Chip Scale Package Implementation Challenges[C]. 1999 Proceedings. 49th Electronic Components and Technology Conference (cat. No. 99ch36299)：IEEE，1999：619-626.

[21] Fukui Y，Yano Y，Juso H，et al. Triple-chip Stacked CSP[C]. Proceedings of the 50th Electronic Components & Technology Conference (ECTC 01)，Las Vegas，NV，2000：385-389.

[22] Al-Sarawi S F，Abbott D，Franzon P D. A Review of 3-D Packaging Technology[J]. IEEE Transactions on Components Packaging and Manufacturing Technology Part B-advanced Packaging，1998，21(1)：2-14.

第11章

晶圆级封装

11.1 概述

晶圆级封装一般定义为直接在晶圆上进行大多数或者全部的封装测试程序,再进行切割制成单颗组件的封装技术。WLP 现在已经成为一种主流的先进封装技术。此前封装技术中封装工艺步骤主要是在裸片切割后进行的,WLP 则有着显著不同。

WLP 于 2000 年左右问世,电极转移与晶圆级凸点技术为其 I/O 引线的一般选择。从 20 世纪 60 年代起 IBM 公司开始在倒装芯片工艺中使用晶圆级凸点技术,WLP 则是晶圆级凸点技术的自然发展。

标准意义上的晶圆级封装由于封装大小和芯片尺寸一致,是一种真正的本质意义上的芯片尺寸封装,又称为晶圆级芯片尺寸封装(WLCSP)。WLP 为芯片制造、封装、测试以及老化的真正的晶圆级集成铺平道路,使一个器件从硅片到客户交付的制造流程效率更高。

WLCSP 采用晶圆级焊料凸点,与同样采用晶圆级焊料凸点倒装相比,WLCSP 与焊料凸点倒装有很大的相似性,也有较为明显的差别。WLCSP 与焊料凸点倒装相比其主要优势:① WLCSP 的焊料凸点直径和高度焊料凸点比倒装大,其凸点节距也大;②相比通常需要封装基板的倒装,WLCSP 用凸点作为外引脚,封装工艺完成后直接贴到 PCB 上,工艺更简单;③相比不需要封装基板的倒装直接芯片黏结,WLCSP 更牢固;④对 WLCSP 来说,底部填充更容易实现且不是必需的,因此其工艺更简单,灵活性更高。WLCSP 与倒装比其不足是 I/O 数受到限制。

一般来说,WLP 具有较小封装尺寸,具有较小的寄生电阻、电容、电感,从而具有较佳电性表现,因此满足便携、高速的应用需求。但是,较小的封装面积也限制了其引数目的增加,较小的尺寸也对材料之间的应力匹配、散热和可靠性带来了挑战,因此目前多用于低脚数消费性 IC(引脚数不大于 200),小芯片尺寸(不大于 6mm × 6mm)的封装应用[1]。

WLCSP 受限于芯片面积,I/O 数有限,在芯片切割后增加间隙重新按照晶圆尺寸周期排布,然后通过模压重组晶圆,实现了扇出型晶圆级封装(Fan-Out Wafer-Level Package,FOWLP),在面积扩展的同时,还可以通过嵌入方式实现复杂的异构集成,进一步提高集成度、降低成本、提升性能。异构集成是晶圆级封装的一个重要发展趋势。与 FOWLP 对应,WLCSP 又称为扇入(Fan-in)型晶圆级封装(FIWLP)。

为了提高生产率和降低成本,需要引入更大的晶片尺寸,除了遵循晶圆级路线图走向 450mm 晶圆外,面板级封装可能是下一个重大变化。

11.2 WLCSP 技术的分类

最早版本的晶圆级封装是简单地在芯片焊区上沉积 UBM,将焊接球直接放置在 UBM 上。然而,随着芯片复杂性的增加,有必要添加金属重布线层,或称为电极再分布层(RDL),以便将焊球从芯片原本焊盘上转移到合适的凸点位置。

根据电极转移相关的方式,晶圆级封装可粗略分为焊区上凸点(BOP)WLP、电极再分布 WLP、包封式 WLP 和柔性载带 WLP 四种[2],其中电极再分布 WLP 是目前晶圆级封装技术的最主要形式。

11.3　WLCSP 工艺流程

11.3.1　BOP 技术

如图 11.1 所示,BOP 技术还需要根据是否需要聚合物做再钝化,再分为氮化物上凸点(Bump on SiN,BON)和再钝化上凸点(Bump on Repassivation,BOR)。BOP 广泛应用于模拟/功率器件封装,由于电流是直接垂直流过,没有横向 RDL,所以对于功率器件封装很有优势,成本也很低。

BOP 的工艺流程与倒装中的 UBM 和凸点工艺制备基本一致。

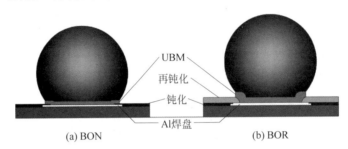

(a) BON　　　　　　　　(b) BOR

图 11.1　芯片焊区上凸点晶圆级封装截面示意图

11.3.2　RDL 技术

BOP 技术虽然成本较低,但是引脚数量比较有限。RDL＋Bump 技术可以将引脚再分布,从而增加引脚数量。BOP 是直接把 UBM/Bump 锚在芯片表面焊盘上,而 RDL＋Bump 是用聚合物(PI 或 PBO)隔离实现重布线,布线连接芯片焊区与凸点,聚合物隔离层将凸点与器件表面隔开,如图 11.2 所示。

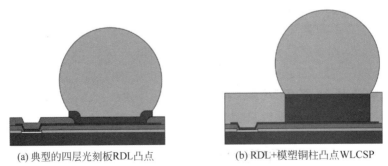

(a) 典型的四层光刻板RDL凸点　　　　　(b) RDL+模塑铜柱凸点WLCSP

图 11.2　电极再分布凸点结构示意图

图 11.3 为典型的 RDL＋铜柱凸点的工艺流程，采用四层光刻板工艺。RDL 之间的介质层用聚酰亚胺(PI)隔离。金属凸点采用电镀方法生长，电镀的籽金层采用溅射方法制备。

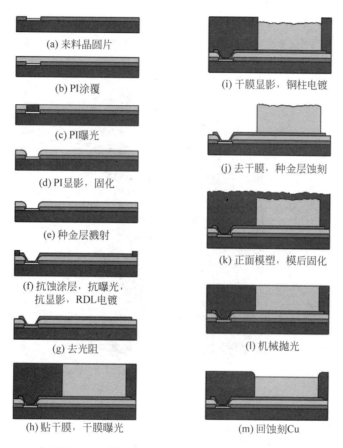

(a) 来料晶圆片

(b) PI涂覆

(c) PI曝光

(d) PI显影，固化

(e) 种金层溅射

(f) 抗蚀涂层，抗曝光，抗显影，RDL电镀

(g) 去光阻

(h) 贴干膜，干膜曝光

(i) 干膜显影，铜柱电镀

(j) 去干膜，种金层蚀刻

(k) 正面模塑，模后固化

(l) 机械抛光

(m) 回蚀刻Cu

图 11.3 典型的 RDL＋模塑铜柱凸点的工艺流程(采用四层光刻板工艺)

成型之后的 RDL＋Bump 如图 11.4 所示。

(a)　　　　　　　　　(b)

图 11.4 电极再分布晶圆级封装成品

11.3.3 包封式 WLP 技术

包封式 WLP 也有不同的形式,没有统一的标准。这里介绍以色列 Shellcase 公司开发的玻璃包封式 WLP 技术,其中又有 ShellBGA、ShellPack 和 ShellOP 三种形式[3]。ShellBGA、ShellPack 分别为 BGA 形式晶圆级 CSP 封装和四边引脚晶圆级 CSP 封装,如图 11.5 所示。ShellOP 为图像传感器点阵封装。

图 11.5　Shellcase 公司的 ShellBGA 和 ShellPack 封装[3]

Shellcase 公司的三种 WLP 工艺流程具有一定的相似性,关键工艺流程如图 11.5 所示。

具体如下:

(1) 用环氧树脂在晶圆的电气面粘贴保护玻璃晶圆 1,如图 11.6(a)所示。

(2) 将晶圆背面减薄,如图 11.6(b)所示。

(3) 刻蚀晶粒之间的划片道,将深度方向的硅完全蚀净,使相邻晶粒分开,硅片表面划片道区域上设置的焊区金属保留,如图 11.6(c)所示。

(4) 用惰性材料保护晶圆背面,在晶圆背面粘贴玻璃晶圆 2,如图 11.6(d)所示。

(5) 在玻璃晶圆 1 表面设置有机层并图案化,充当凸点下的柔性层,如图 11.6(e)所示。

(6) 在玻璃晶圆 1 表面晶粒之间刻蚀深 V 形槽,露出芯片表面焊区金属的截面,如图 11.6(f)所示。

(7) 金属布线层沉积,布线层一端与表面焊区金属的截面相连,布线层另一端延伸到凸点所在区域,如图 11.6(g)所示。

(8) 施加阻焊层,制备凸点,如图 11.6(h)所示。

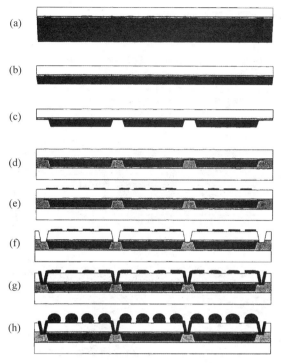

图 11.6　Shellcase 公司的 ShellBGA 和 ShellPack 封装工艺流程示意图[3]

（9）切割晶圆形成单个封装，其剖面示意图如图 11.7 所示。

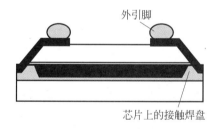

图 11.7　Shellcase 公司的 WLCSP 器件剖面示意图[3]

玻璃具有良好的透光性能，可以实现滤光、增透等功能；同时，玻璃包封对硅片的保护坚固，在图像传感等光学器件封装上具有优势。

11.3.4　柔性载带 WLP 技术

由于硅片和 PWB 之间热膨胀系数差别较大，由此会带来很大的应力和可靠性问题，采用柔性载带有助于降低由于硅片和 PWB 之间热膨胀系数不匹配导致的应力问题。柔性载带的 WLP 技术也有多种不同的技术方案[4-8]。这里介绍两种：一种是 Amkor 公司的采用焊线连接的柔性载带 WLP[4]；另一种是 Tessera 公司的广域纵向扩张（Wide Area Vertical Expansion，WAVE）封装[5,7]。

1. 基于焊线连接的柔性载带 WLP

图 11.8 为 Amkor 公司的柔性载带 WLP 结构示意图,该封装命名为 wsCSP。其工艺过程:①制作 Cu/聚酰亚胺载带,在其上设置有铜再布线层,在需要焊线的区域开孔;②将载带与晶圆对准粘贴;③焊线连接芯片周边的焊盘与载带上的内引脚焊盘;④塑封保护焊线;⑤在载带上形成阻焊图形,在外引脚焊盘上涂覆助焊剂,植球,回流。

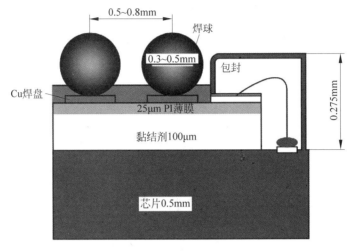

图 11.8　Amkor 公司的柔性载带 WLP

2. Tessera 公司的 WAVE 封装

图 11.9 为 Tessera 公司的 WAVE 封装结构示意图。WAVE 封装通过一层低模量包封形成的应力去耦合层连接芯片与含双层铜布线的 PI 基板,PI 基板的表面设置有焊球作为外引脚。

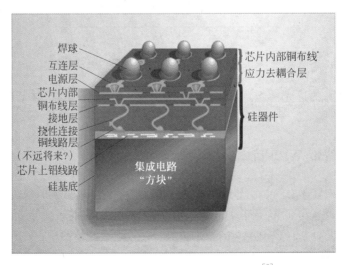

图 11.9　Tessera 公司的 WAVE 封装[7]

WAVE 封装可以在晶圆级或者单芯片级进行,其封装工艺流程如下:

(1) 晶圆凸点制作与柔性基板制作。如图 11.10(a)所示,分别制作带凸点晶圆及带布线的柔性基板。在晶圆上用化学镀方法在芯片的 Al 焊盘上形成 Zn/Ni/Au UBM 层,然后通过钢网作为掩膜在 UBM 上方印刷焊膏,回流后形成焊球。也可以在晶圆上只做 UBM,焊球在基板上制作,两种工艺都是一样的。基板为双面覆 Cu 的 PI 柔性基板,PI 厚度为 $50\mu m$。

(2) 柔性连接制备。处理 PI 基板,选择性地弱化芯片焊点连接的 Cu 导线与其下 PI 的黏结强度。将晶圆的焊球凸点与导基板表面 Cu 导线对准键合,放入模塑腔内,如图 11.10(b)所示。注入低模量包封剂,填充柔性基板和芯片之间的间隙,并将间隙扩展到 $100\sim150pm$ 的高度,固化。在这一过程中,可剥离铜导线转变为柔性连接,如图 11.10(c)所示。

(3) 贴焊球。在外引脚焊盘区域涂覆助焊剂,植球,回流形成焊球阵列外引脚,如图 11.10(d)所示。

WAVE 封装通过纵向的柔性层填充,大幅度降低了芯片和 PCB 之间热失配导致的应力,在无须底部填充的情况下,可以获得极高的可靠性。

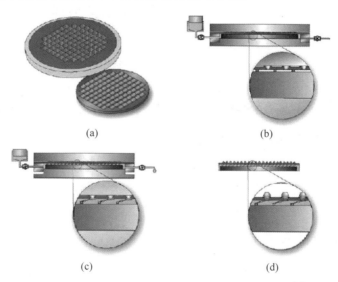

图 11.10   Tessera 公司 的 WAVE 封装流程示意图[5]

11.4   扇入型 WLP 与扇出型 WLP

传统的 WLCSP 即为扇入型封装,芯片尺寸和封装尺寸一致。伴随 IC 信号 I/O 数的增加,加上部分组件对于封装后尺寸以及信号输出脚位位置的调整需求,在芯片尺寸已经无法容纳足够的 I/O 接口,因此变化衍生出扇出型 WLP(FOWLP)封装型态。在 FOWLP 中,芯片被埋入环氧树脂材料或其他材料中,形成一个塑料模压重组晶圆,其"晶圆级"工艺是在重组的晶圆而不是标准硅片上进行的。扇出型封装在面积扩展的同时,还可以加入有源和/或无源器件,形成系统级封装(SIP)。图 11.11 为扇入型 WLP 与扇出型 WLP 的对比示意图。

FOWLP 给晶圆级封装技术带来了众多的技术优势:通过嵌入方式提高了可靠性,可以有更多的再布线;通过不同功能的芯片的嵌入集成可以实现更多的功能和更高的功能密度;更小的面积、高度和重量;多芯片集成互连短,具有优良的电性和散热性能;无衬底嵌入技术降低了制造成本。

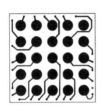

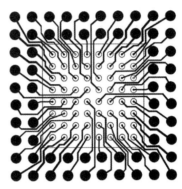

(a) 扇入型WLP   (b) 扇出型WLP

图 11.11　扇入型 WLP 与扇出型 WLP 的布线与焊球对比示意图

注:方框为芯片边界,大的圆点为焊球位置。

11.5　FOWLP 工艺流程与技术特点

扇出型封装的开发始于 20 世纪 90 年代初。最早的 FOWLP 技术论文由 Infineon 公司和他们的合作伙伴于 2006 年发表[9]。Infineon 公司将该项技术命名为嵌入式晶圆级焊球阵列封装(Embedded Wafer Level Ball Grid Array,eWLB)[10]。直到 2009 年 5 月 Infineon 公司的 eWLB 产品才进入量产阶段。

11.5.1　FOWLP 的基本工艺流程

FOWLP 的制作主要有重构晶圆、再布线、植球、切割等工艺步骤,其基本工艺流程如图 11.12 所示[11]。FOWLP 制作工艺中最关键的技术是重构晶圆技术,RDL 技术及凸点技术与 WLCSP 相近。

根据 FOWLP 的重构晶圆所用的主要材料不同,FOWLP 又可以分为树脂型 FOWLP[10]、玻璃基 FOWLP[12] 和硅基 FOWLP[13-14]。于大全教授提出硅基扇出型晶圆级封装(embedded Silicon Fan-out,eSiFO),经过近 5 年的研发,2020 年已进入小批量试生产阶段[15]。

树脂型 FOWLP 是目前 FOWLP 的主流形式,按照其工艺可以分为芯片先装/面朝下(Chip-first/Face-down)、芯片先装/面朝上(Chip-first/Face-up)和芯片后装/先 RDL(Chip-last/RDL first)。

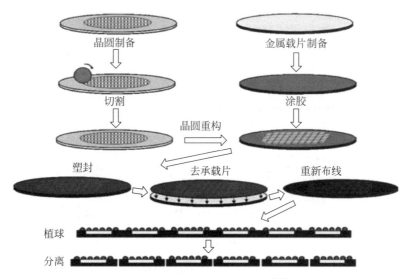

图 11.12　FOWLP 工艺流程[11]

1. 芯片先装/面朝下

芯片先装/面朝下 FOWLP 的工艺流程如图 11.13 所示,主要包括:①在临时载板上涂覆黏结层,见图 11.13(a);②然后将测试过的芯片面朝下排布到载板上,见图 11.13(b);③用 EMC 材料采用模压成型方法制作重构晶圆,模后固化,见图 11.13(c);④去除载板和黏结层,见图 11.13(d);⑤制作再布线层和贴焊球,见图 11.13(e);⑥划片,将重构晶圆分割成单个封装,见图 11.13(f)。

Infineon 公司最早报道的 eWLB 即采用这种工艺[9-10]。

芯片先装/面朝下 FOWLP 工艺简单,可以直接埋入不同厚度的芯片和无源器件。

2. 芯片先装/面朝上

芯片先装/面朝上 FOWLP 的工艺流程如图 11.14 所示,主要包括:①在晶圆的芯片焊盘上制作 UBM 和铜柱接触焊垫,减薄切割晶圆,见图 11.14(a);②在临时载板上涂覆黏结层,见图 11.14(b);③将测试过的芯片面朝上排布到载板上,见图 11.14(c);④用 EMC 材料采用模压成型方法制作重构晶圆,模后固化,见图 11.14(d);⑤磨削 EMC,露出铜柱接触焊垫,见图 11.14(e);⑥制作再布线层和贴焊球,见图 11.14(f);⑦去除载板和黏结层,划片,将重构晶圆分割成单个封装,见图 11.14(g)。

该工艺中的一个难点是露铜工艺,在该工艺过程中对 EMC 磨削减薄等工艺会导致产生铜污迹或者铜表面有 EMC 沾污,这些都严重影响后续工艺的对准以及互连强度。2017 年,江阴长电科技有限公司和香港 ASM 公司联合报道了对芯片先装/面朝上 FOWLP 工艺的研究,采用在铜柱焊垫完成之后在晶圆表面涂覆一层 PI 的方法,可以完美解决露铜工艺的铜污迹和表面沾污问题[16]。

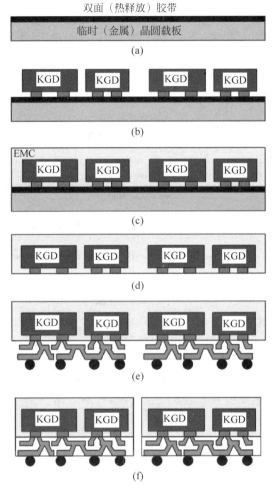

双面（热释放）胶带

临时（金属）晶圆载板

(a)

(b)

(c)

(d)

(e)

(f)

图 11.13　芯片先装/面朝下 FOWLP 工艺流程

　　芯片先装/面朝上工艺封装厚度更薄，且背面散热较好，得益于载板支持可以改善工艺过程中的翘曲问题。缺点是无法埋入不同高度的器件；另外，芯片上预制铜柱，涂覆PI膜等都导致生产周期长，成本较高。

　　3. 芯片后装/先 RDL

　　2010 年，Yoichiro Kurita 等报道了芯片后装/先 RDL 的 FOWLP，其工艺流程如图 11.15 所示，主要包括：①将光敏 PI 沉积在硅承载片上，并设置格栅阵列状的开口，用于外部连接；②使用半加成法制作 Cu RDL；③为多层 RDL 形成了更多的 PI 和 Cu 布线层，铜布线为 $15\mu m$ 宽、$10\mu m$ 间距和 $5\mu m$ 厚。在顶部铜线的相关位置形成了带有 Sn-Ag 焊料帽的铜柱凸点，如图 11.15(a)所示；④高精度(芯片到晶圆 $3\mu m$)倒装键合芯片到晶圆上，芯片的焊盘表面有化学镀 Ni/Pd/Au，如图 11.15(b)所示；⑤晶圆模压，如图 11.15(c)所示；⑥移除硅承载片；⑦切割分离成单个封装，如图 11.15(d)所示。

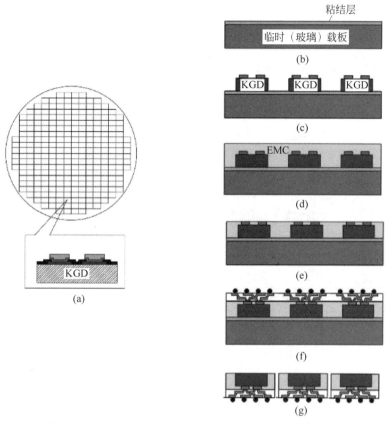

图 11.14 芯片先装/面朝上 FOWLP 工艺流程

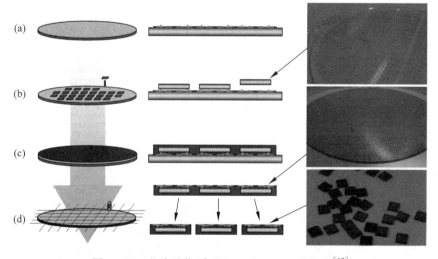

图 11.15 芯片后装/先 RDL FOWLP 工艺流程[17]

芯片后装/先 RDL 工艺比芯片先装工艺的 RDL 精度更高,产出率更高,且适合集成不同高度的器件,其生产过程中由于硅承载片支持,改善了翘曲问题。

11.5.2　FOWLP 的优点

扇出型封装采取布线出来的方式,可以埋入多种不同芯片,形成重构晶圆过程后布线的过程,即相当于一次性实现了多个芯片的互连,从而减小了封装尺寸和降低了成本。相比于倒装芯片球栅阵列(FC-BGA)封装,FOWLP 在凸点制备完成后,不需要使用封装基板便可直接焊接在印刷电路板上,技术优势非常明显。

对于无源器件如电感、电容等,FOWLP 技术在塑封成型时衬底损耗更低,电气性能更好,外形尺寸更小,带来的好处是能耗更低,发热更少,且速度更快,在相同的功率下工作温度更低,或者说相同的温度时 FOWLP 的电路运行速度更快。

在 FOWLP 技术中,铜互连形成在铝 PAD 上,应用于扇出型区域以制造出高性能的无源器件如电感和电容。与直接封装在衬底的片式电感器相比,厚铜线路的寄生电阻更小,衬底与塑封料间的电容更小,衬底损耗更少。电感与塑封料越接近损耗因子越小,Q 值越高。

此外,FOWLP 封装方式中"消失的"的基板层减小了整体尺寸,缩短了热流通路径,降低了热阻。

11.5.3　FOWLP 面临的挑战

技术优势和市场预测表明,FOWLP 会成为未来 3D 封装、未来 IP 重用模式小芯片的系统级封装等技术的优选,是下一代移动设备首选的先进封装技术。虽然 FOWLP 可满足更多 I/O 数的需求。然而,如果要大量应用 FOWLP 技术,首先必须应对以下挑战:

(1)焊接点的热机械行为。FOWLP 中焊球的关键位置在硅晶片面积的下方,其最大热膨胀系数不匹配点会发生在硅晶片与 PCB 之间。

(2)晶片位置精确度。在重新建构晶圆时,必须要维持晶片从拾取及放置于载具上的位置不发生偏移,甚至在铸模作业时,也不可发生偏移。因为介电层开口,导线重新分布层与焊锡开口制作,皆使用光学光刻技术,掩模对准晶圆及曝光都是一次性的,所以对于晶片位置的精确度要求非常高。

(3)晶圆的翘曲。人工重新建构晶圆的翘曲行为也是一项重大挑战,因为重新建构晶圆含有塑胶、硅及金属材料,其硅与胶体的比例在 X、Y、Z 三方向不同,铸模在加热及冷却时热胀冷缩会影响晶圆的翘曲行为。翘曲是基于扇出技术的关键挑战。当使用较薄的封装时,除了异质材料和更多铜层之外,在 FOWLP 制作工艺中有多次热过程影响翘曲[16]。

(4)胶体的剥落。经过 220～260℃ 回流焊时,聚合物内吸收的水分会瞬间汽化,进而产生高的内部蒸汽压,如果胶体组成不良,则易产生胶体剥落的现象。

(5)芯片移位。芯片放置在载板晶圆上和包覆成型过程中会产生轻微移动,对工艺有不利影响。

（6）采用扇出式封装仍然存在因分割而引起的损坏。不过相对而言,WLCSP 中分割引起的损伤更严重。

11.6 WLP 的发展趋势与异构集成

11.6.1 WLP 的应用发展趋势

扇入型产品被限制在大约 200 个 I/O 和 0.6mm 的尺寸。扇入型产品是小体型的低价解决方案,可作为理想的模拟芯片、电源管理芯片和射频器件。智能手机制造商不断使用更多的扇入型 WLP。

对于目前和下一代移动的设备,需要超薄和高密度封装技术的支持。可利用FOWLP 的市场应用领域包括汽车(包括自主驾驶)、云计算、消费性电子产品、移动设备和医疗设备等。其他一些对于更小的外形尺寸、更高的性能、更密集的集成以及更低的拥有成本的应用领域和市场,也是 FOWLP 的应用范围。

11.6.2 WLP 的技术发展

1. WLCSP 的异构集成

WLP 发展的一个重要方向是异构集成,包括多芯片封装、封装中的无源组件集成、封装上的封装等方法。

WLCSP 在 2000 年左右开始大批量生产,当时的封装主要局限在单芯片封装。为了得到更小的外形尺寸、更高性能,人们开发了新的工艺、材料和架构,从而允许在现有焊球之间的裸片下侧至少安装一个额外的减薄裸片,这成为第一批"异构"WLP 之一,如图 11.16 所示。

图 11.16　WLP 与第二个裸片安装在底面

随着 TSV 技术的发展,后通孔(Via last)工艺用来将裸片顶部连接到通常位于裸片底部的焊区上,如图 11.17 所示,这成为另一种可用于扇入型 WLP 异构集成的工艺。

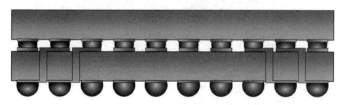

图 11.17　具有 TSV 的 WLP(用于双面连接)

2. FOWLP 的异构集成

随着 TSV、集成无源器件(IPD)、扇出等封装技术的引入,WLP 产品使用的集成方案应用广泛,这些封装也为 WLP 开创了新的机遇。

从 2012 年起,台积电(TSMC)陆续推出一系列的晶圆级集成扇出(Integrated Fan-Out,InFO)技术[18],包括集成电感[19]、阵列天线[20]、封装上封装(InFO-PoP)[21]、3D MIM[22]等。InFO-WLP 的主要技术特征有高密度的 RDL、利用一部分再布线层延伸到扇出区域进行异质元件的晶圆级制作、利用过扇出区域的通孔(Through-InFO-Via,TIV)等。InFO 系列技术使封装性能显著进步,且成本较 TSV 等有优势。如 InFO 技术集成电感具有更高的 Q 因子、更高的串联谐振频率和更低的衬底耦合损耗[19]。2016年,台积电推出了一个约 15mm×15mm 的 InFO-PoP,带有 1300 多个焊料球,在晶圆尺寸(300mm)上实现了高密度芯片封装。InFO-POP 组合了一个扇出底部封装和一个通过 TIV 安装在顶部的 DRAM。

图 11.18 是 InFO-POP 工艺流程[18],具体包括:①在载板上制作带铜柱的 RDL,芯片面朝上贴装,见图 11.18(a);②模压重构晶圆,见图 11.18(b);③表面磨削,露出铜柱和芯片上的铜焊垫,见图 11.18(c);④制作 RDL,见图 11.18(d);⑤贴焊球,表面贴装,见图 11.18(e);⑥去载片,贴装顶部封装器件,见图 11.18(f)。

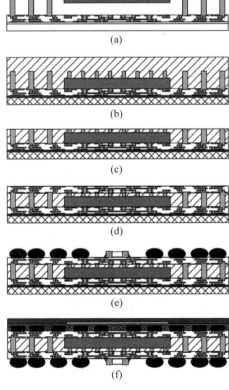

图 11.18　InFO-POP 工艺流程

InFO 最初应用于苹果的 A10 处理器上,其成功表明,高密度扇出是一种可行和成功替代传统异质封装的方法,并将封装行业带入半导体行业竞争的中心。

InFO 和晶圆级系统集成(Wafer-Level-System-Integration,WLSI)[23]引发了对芯片封装系统协同设计的重新思考。台积电将这一概念再向前推进了一步,采用了 3D 多栈(MUST)系统集成技术,3D MUST in-MUST(3D-MiM)扇出封装的先进结构,该结构将多个 SoC 和存储器整合到多层堆栈中[22]。图 11.19 就是这样一个例子。

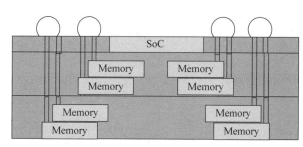

(a) 结构示意图

(b) 剖面照片

图 11.19　3D-MiM FOWLP 封装的结构[22]

3. 面板级封装

WLP 过去一直使用直径为 200mm 或 300mm 的晶圆片或重构晶圆片形式生产,这些规格可以利用现有的大型工厂和设备基础设施进行加工。

但是,由于最后得到的封装体是矩形的,因此圆形硅片不能提供最高的加工效率和最有效的面密度。同时,考虑到制造成本,可以处理单片的面积越大,按设备定价的单个封装成本就越低。300mm 晶圆是目前批量生产中最大的晶圆规格,为了提高生产率和降低成本,需要引入了更大的尺寸。除了遵循晶圆级路线图至 450mm 之外,面板厂正在批量生产尺寸更大的矩形面板,面板级封装可能是下一个重大变化。因此,多家供应商正在将 FOWLP 的制造方法扩展到矩形面板形式。2017 年,力成半导体有限公司报道第一个建立了面板级精细线扇出封装全自动化生产线[24]。三星公司则利用扇出型面板级加工(FOPLP),在降低成本的基础上实现高密度芯片封装。2018 年,三星公司也报道了FOPLP 研究,在尺寸 415mm×510mm 的面板上成功形成 $2/2\mu m$ 线和空间的图案,这意味着一些需要精细图案的应用也可以通过面板级封装技术覆盖[25]。

习题

1. 写出下列英文缩写对应的英文全称和中文名称：WLP，WLCSP，Redistribution，Fan-in WLP，Fan-out WLP，InFO-WLP。

2. 写出四类 WLCSP 名称。

3. 简述 WLCSP 的优缺点。

4. 简述 FOWLP 的优点。

5. FOWLP 根据工艺顺序可以分为哪几种？各有什么优缺点？选取一种 FOWLP 方式，简述其工艺流程。

6. 调研分析 FOWLP 技术的一种最新发展和产品应用。

参考文献

[1] Lau J H. Fan-in Wafer-Level Packaging (WLP) [M]. Springer Singapore，2018：70.

[2] Harper C A. Electronic Packaging and Interconnection Handbook [M]. New York：McGraw-Hill，2004：482.

[3] Badihi A. ShellCase Ultrathin Chip Size Package [C]. Proceedings of the Proceedings International Symposium on Advanced Packaging Materials Processes，Properties and Interfaces (IEEE Cat No99TH8405)，1999：236-240.

[4] Hoffman P. Amkor/Anam wsCWP[C]. Proc. Nikkei Microdevices Wafer Level CSP Sem，1998.

[5] Fjelstad J，DiStefano T，Faraci A. Wafer Level Packaging of Compliant，Chip Size ICs[J]. Microelectronics International，2000，17(2)：23-27.

[6] Garrou P. Wafer Level Chip Scale Packaging (WL-CSP)：An Overview[J]. IEEE Transactions on Advanced Packaging，2000，23(2)：198-205.

[7] Li D，Light D，Castillo D，et al. A Wide Area Vertical Expansion(WAVETM) packaging process development[C]. Proceedings of the 51st Electronic Components and Technology Conference (ECTC)，Orlando，Fl，2001：367-371.

[8] Hotchkiss G，Amador G，Edwards D，et al. Wafer Level Packaging of a Tape Flip-chip Chip Scale Packages[J]. Microelectronics Reliability，2001，41(5)：705-713.

[9] Brunnbauer M，Furgut E，Beer G，et al. An Embedded Device Technology Based on a Molded Reconfigured Wafer [C]. Proceedings of the 56th Electronic Components and Technology Conference，San Diego，CA：IEEE，2006：547-+.

[10] Meyer T，Ofner G，Bradl S，et al. Embedded Wafer Level Ball Grid Array (eWLB)[C]. Proceedings of the 10th Electronics Packing Technology Conference，Singapore，SINGAPORE，2008：994-998.

[11] 郭昌宏，李习周. 扇出型晶圆级封装技术及其在移动设备中的应用[J]. 电子工业专用设备，2018，47(05)：1-4.

[12] Shi T，Buch C，Smet V，et al. First Demonstration of Panel Glass Fan-out (GFO) Packages for High I/O Density and High Frequency Multi-Chip Integration[C]. Proceedings of the IEEE 67th Electronic Components and Technology Conference (ECTC)，Lake Buena Vista，FL，2017：

41-46.

[13] Yu D, Huang Z, Xiao Z, et al. Embedded Si Fan Out: A Low Cost Wafer Level Packaging Technology Without Molding and De-bonding Processes[C]. Proceedings of the IEEE 67th Electronic Components and Technology Conference (ECTC), Lake Buena Vista, FL, 2017: 28-34.

[14] Kelkar A, Sridharan V, Tran K, et al. Novel Mold-free Fan-out Wafer Level Package using Silicon Wafer [J]. International Symposium on Microelectronics, 2016, 2016 (1): 000410-000414.

[15] 吉勇,王成迁,李杨. 扇出型封装发展、挑战和机遇[J]. 电子与封装, 2020, 20(08): 3-8.

[16] Hua X, Xu H, Zhang L, et al. Development of Chip-First and Die-up Fan-out Wafer Level Packaging[C]. Proceedings of the 19th IEEE Electronics Packaging Technology Conference (EPTC), Singapore, SINGAPORE, 2017.

[17] Kurita Y, Kimura T, Shibuya K, et al. Fan-Out Wafer-Level Packaging with highly flexible design capabilities [C]. Proceedings of the 3rd Electronics System Integration Technology Conference ESTC, Berlin, Germany, 2010: 1-6.

[18] InFO (Integrated Fan-Out) Wafer Level Packaging [EB/OL]. https://3dfabric. tsmc. com/ english/dedicatedFoundry/technology/InFO. htm.

[19] Liu C C, Chen S-M, Kuo F-W, et al. High-Performance Integrated Fan-Out Wafer Level Packaging (InFO-WLP): Technology and System Integration[C]. Proceedings of the IEEE International Electron Devices Meeting (IEDM), San Francisco, CA, 2012.

[20] Tsai C H, Hsieh J S, Liu M, et al. Array Antenna Integrated Fan-out Wafer Level Packaging (InFO-WLP) for Millimeter Wave System Applications[C]. Proceedings of the 2013 IEEE International Electron Devices Meeting, Washington, DC, USA, 2013: 25. 1. 1-25. 1. 4.

[21] Wang C T, Yu D, Soc I C. Signal and Power Integrity Analysis on Integrated Fan-out PoP (InFO_PoP) Technology for Next Generation Mobile Applications [C]. Proceedings of the 66th IEEE Electronic Components and Technology Conference (ECTC), Las Vegas, NV, 2016: 380-385.

[22] Su A-J, Ku T, Tsai C-H, et al. 3D-MiM (MUST-in-MUST) Technology for Advanced System Integration [C]. Proceedings of the 69th IEEE Electronic Components and Technology Conference (ECTC), Las Vegas, NV, 2019: 1-6.

[23] Yu D C H. New System-in-Package (SiP) Integration Technologies[C]. Proceedings of the 36th Annual IEEE Custom Integrated Circuits Conference (CICC)—The Showcase for Integrated Circuit Design in the Heart of Silicon Valley, San Jose, CA, 2014.

[24] Fann D, Fang D, Chiang J, et al. Fine Line Fan Out Package on Panel Level[C]. Proceedings of the International Conference on Electronics Packaging (ICEP), Tendo, JAPAN, 2017: 23-25.

[25] Kim J, Choi I, Park J, et al. Fan-out Panel Level Package with Fine Pitch Pattern [C]. Proceedings of the 68th IEEE Electronic Components and Technology Conference (ECTC), San Diego, CA, 2018: 52-57.

第12章

2.5D/3D封装技术

12.1　3D封装的基本概念

12.1.1　3D封装的优势与发展背景

近年来,随着移动通信与便携式智能设备需求的快速增长和性能的持续提升,市场对半导体集成电路性能需求的不断提高,而随着集成电路芯片特征尺寸持续下降到几十纳米乃至最新的量产5nm以下,摩尔定律进一步发展将遇到瓶颈,传统2D封装也因为互连长度较长,速度、能耗和体积难以满足市场需求。因此,基于转接板技术的2.5D封装和基于引线互连的3D、基于TSV互连的3D封装等出现并得到了快速发展。

3D封装采用不同于2D封装的横向互连的特点,降低了互连的长度,其具有如下优点:

(1)可有效利用立体空间,提高封装密度,缩小封装体积;封装往Z方向发展,节省了XY平面上的封装的面积;与传统封装相比,使用3D技术可缩短尺寸、质量减小为原来的$1/50\sim1/40$。

(2)可以集成多种芯片和微电子机械系统(MEMS)器件等,有利于实现多功能、更大规模的集成。

(3)缩短引线长度,寄生性电容和电感得以降低,提高了信号传输速度。

(4)寄生性电容和电感的降低使性能提升的同时进一步能耗。

(5)节省封装、组装以及系统需要的材料。

总体而言,在未来的集成电路制造业中,3D封装技术仍将持续发展,有着巨大的优势和美好的前景。

12.1.2　3D封装的结构类型与特点

从互连的结构来看,3D封装可以分为封装堆叠、芯片堆叠、芯片埋入、封装内封装、双面封装、通过转接板互连等基本实现形式。这几种基本的形式可以组合,比如堆叠的封装内某个封装体内部可以由多个芯片堆叠,其封装基板内可以埋入有芯片。

1. 封装堆叠

封装堆叠包括引线框架堆叠、无引脚陶瓷片式载体堆叠、TAB引线堆叠、堆叠BGA或基于焊球互连的堆叠、柔性载带折叠封装、侧面图形互连堆叠等形式。

高密度的3D堆叠最适合于内存或者底部有一个高I/O数的器件(微处理器、DSP、ASIC)的内存。

封装堆叠的优点是单层的封装经过测试,有利于提升3D封装的良率,且基于现有封装平台较容易实现。封装堆叠对单层封装的要求是薄,如果采用回流方式堆叠,封装需能耐受多次回流的高温。

因为封装堆叠需要单个芯片的完整封装,因此在封装过程中没有节约成本。

对于周边引脚类型封装,堆叠后信号仍绕通过封装的边缘进行互连,其信号路径缩短的效果相比芯片堆叠等形式差。

2. 芯片堆叠

芯片堆叠是指在单个封装体内部堆叠多颗芯片。芯片堆叠的互连方式主要包括基于焊线的堆叠、基于倒装＋焊线的堆叠、基于硅通孔的芯片堆叠、薄芯片集成、芯片堆叠后埋入。

芯片堆叠的主要挑战是芯片良率和热管理。"已知良好的芯片"相比封装体测试更加困难,以及封装堆叠的产热密度更高。

手机和其他便携式产品的多个芯片堆叠正在大量生产,堆叠芯片的数量也呈上升趋势。随着芯片变薄,堆叠芯片封装不比传统的单芯片封装厚。与单独封装后互连相比,芯片堆叠减少了信号路径长度。

3. 芯片埋入

芯片埋入是指在封装基板结构内部埋入芯片,可以通过模压[1-2]或塑封[3]等方式实现芯片埋入。

模压成型工艺见第 6 章,模压芯片埋入的具体工艺过程同 FOWLP 的工艺。层压工艺在第 14、15 章具体介绍。

塑封芯片埋入采用环氧树脂模塑料实现对芯片的包封,通常用模压成型工艺进行塑封,模压芯片埋入后通过再布线、扇出通孔(TIV)实现垂直互连。层压工艺中使用半固化片,层压工艺芯片埋入后通过激光钻孔和布线工艺实现垂直互连。

采用埋入方式可以进一步提供封装的集成度,缩小封装尺寸,大幅度缩短互连尺寸和提高器件性能。

4. 封装内封装

封装成品率取决于已知良好芯片的测试。封装内封装(Package in Package,PiP)是指将预测试封装集成到 3D 堆叠中。导线键合用于将顶部封装连接到底部封装基板。2004 年 Flynn Carson 和 Young-Cheol Kim 报道了 PiP 形式的 3D 封装[4],如图 12.1 所示,两个测试好的封装堆叠,上面封装的背面焊盘与下面封装基板上的焊盘通过焊线互连,然后进一步塑封和植球形成 BGA 或 FPBGA 封装。图 12.1 中上面封装内部为芯片堆叠结构。

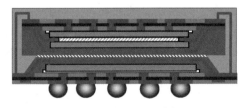

图 12.1　PiP 封装[4]

5. 双面封装

双面封装是指将芯片贴装在同一个引线框架或者基板的正面和背面的封装结构。引线框架塑料封装的双面封装为双面引线键合。基板型双面封装可以为双面引线键合、双面倒装或引线键合与倒装混合。

对于双面塑料封装,需要在正面塑封完成后再进行反面封装。

6. 混合类型 3D 以及其他封装

互连形式多种多样,以上分类可能不够详尽。此外,在使用过程中也不是采取单一形式,而是根据需求和工艺特点灵活运用,经常会组合使用。

下面将介绍封装堆叠、芯片堆叠、芯片埋入等封装类型。

12.2 封装堆叠

12.2.1 基于引线框架堆叠的 3D 封装技术

图 12.2 为 Fujitsu 公司的 C 形引脚的引线框架[6]。上一层引线框架的 C 形引脚(外引脚)的下表面与下一层引线框架的 C 形引脚(外引脚)的上表面通过焊料焊接。图 12.3 是 2000 年现代公司 Soon-Jin Cho 等报道的另一种基于 LOC 的双层堆叠封装[5]。图 12.4 是基于 LOC 的四重堆叠[6]。各引线框架的引脚长度和引脚弯曲都分别设计,在芯片键合和引线键合后,各引线框架按照各自的朝向堆叠,对应引脚间采用焊料键合,然后整体进行塑封,之后按照常规引线框架封装工艺完成后续工艺。

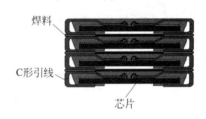

图 12.2 C 形引脚的引线框架堆叠

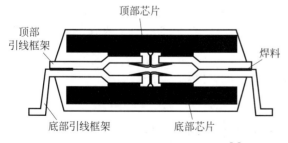

图 12.3 基于 LOC 的双层堆叠封装[5]

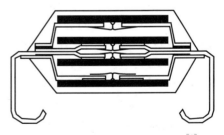

图 12.4 基于 LOC 的四重堆叠[6]

图 12.5 和图 12.6 是基于 TSOP、SOJ 的封装堆叠[6]。

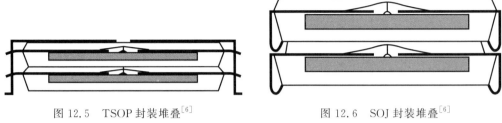

图 12.5　TSOP 封装堆叠[6]　　　　　　　图 12.6　SOJ 封装堆叠[6]

12.2.2　载带堆叠封装

图 12.7 是 TAB 堆叠 CSP 的互连示意图[7]。有两种堆叠互连方式：一种是 TAB 通过热压与 PCB 键合；另一种是 TAB 引线之间键合。堆叠的每个 TAB 需要不同的引脚形状，因此需要用不同的模具进行切筋成型。单层 TAB 封装后很薄，因此堆叠后的封装仍然可以有很薄的外形。

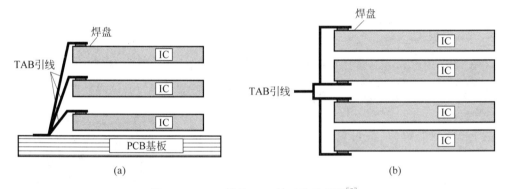

图 12.7　TAB 堆叠 CSP 的互连示意图[7]

12.2.3　基于焊球互连的封装堆叠

图 12.8 为两种基于焊球互连的封装堆叠。基于焊球互连的封装堆叠（或 BGA 堆叠）结构中，单个 BGA 封装内部可以是倒装或者焊线，单个封装的芯片所在面与层间互连的焊球可以在同一侧或者两侧[8]。

12.2.4　柔性载带折叠封装

柔性载带折叠封装将平面装配通过折叠转化为 3D 装配，如图 12.9 所示[9]。芯片叠层方法处理不同尺寸的芯片叠层（如 ASIC 和 SRAM）较为方便，处理相同或相近尺寸的芯片时，需要增加一个较厚的中介层方便给足够空间用于焊线，因而成本较高。相比于芯片叠层的方法，这种折叠方法对各种芯片尺寸和高度都适用。

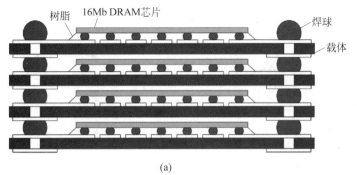

树脂　16Mb DRAM芯片　焊球　载体

(a)

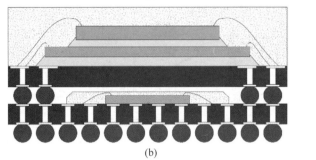

(b)

图 12.8　基于焊球互连的封装堆叠

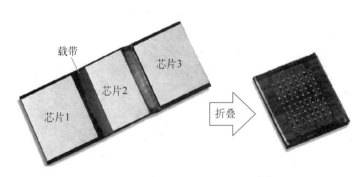

载带　芯片3　芯片2　芯片1　折叠

图 12.9　柔性载带折叠 3D 封装[10]

12.2.5　基于边缘连接器的堆叠

基于边缘连接器的堆叠技术是一种更接近 3D 组装的技术,主要包括三种类型:①浸锡垂直互连金属框,如图 12.10(a)所示;②封装基板和垫片通孔填锡,如图 12.10(b)所示;③双面 PCB 框焊料连接上下基板,如图 12.10(c)所示。

12.2.6　侧面图形互连堆叠

将多层封装堆叠后,在侧面制作互连图案,将不同层之间互连起来,称为侧面互连。这种工艺可以实现更高密度的堆叠封装。

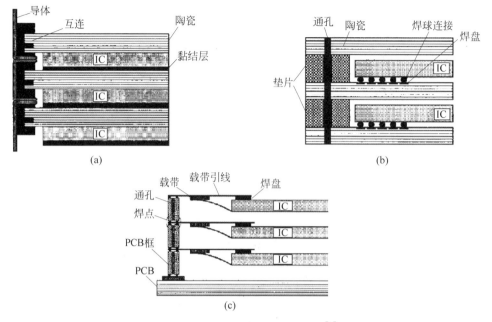

图 12.10 基于边缘连接器的堆叠[7]

1990 年,Christia Val 和 Thierry Lemoine 报道了一种侧面 3D 互连的堆叠封装结构[11]。其主要工艺流程如下:①在载带上实现芯片与载带的一级互连,如图 12.11(a)所示;②测试/老化单个 IC;③芯片堆叠和环氧树脂胶合,如图 12.11(b)所示;④裁切形成一个包含多个芯片的长方体,其侧面如图12.11(c)所示;⑤在立方体侧面上实现芯片

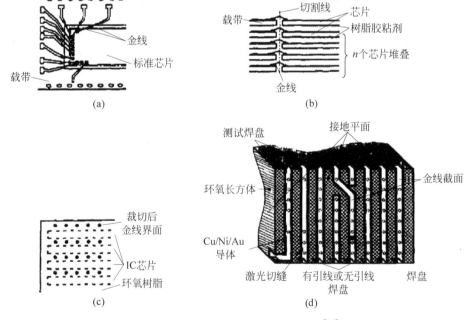

图 12.11 侧面互连 3D 封装工艺流程[11]

之间的二级互连,沉积 Cu/Ni/Au 薄膜,用激光形成图形,如图 12.11(d)所示;⑥封装,将长方体通过焊线或者焊料连接方式与封装基板/框架键合,形成有引脚或无引脚的封装体。

1994 年,GE 公司报道了一种侧面互连的高密度多芯片模组(MCM)[12],结构示意图如图 12.12 所示。其单层制作工艺与平面 MCM 工艺类似,其特别之处是将金属图形化工艺扩展到了侧面,包括溅射种金层、利用电泳保形涂覆阻挡层、用 45°镜面反射激光实现同时对表面和侧面阻挡层图形化、利用电镀工艺增厚互连金属等;然后将单层层叠黏结,进一步在侧面层压硅聚酰亚胺(SPI),侧面开孔和制造互连。

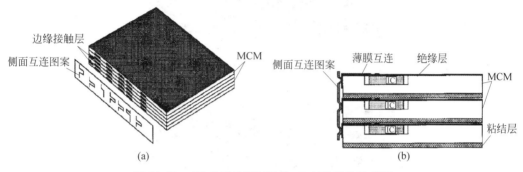

图 12.12　GE 公司的侧面互连 3D 封装结构示意图

1998 年,IRVINE SENSORS 公司的 Keith D. Gann 等报道了一种 NEO 堆叠技术,实现将不同尺寸或多个芯片的焊盘连接转移到侧边的晶圆级 NEO 层,实现了在 50 层的 NEO 层、200 个大型闪存芯片堆叠在 0.75in×1.2in 面积和 0.5 in 高度[13]。两个长的侧面总线实现高水平互连。其结构和实物如图 12.13 所示。

1999 年,IBM 公司也报道了一种侧面互连的 3D 叠层存储器件。该器件的片间层由三层 PI 层和一层再布线层组成,再布线层同时实现层内通孔转移到侧面通孔,进一步在侧面做再布线和焊球实现对外连接。其实物照片如图 12.14 所示[14]。

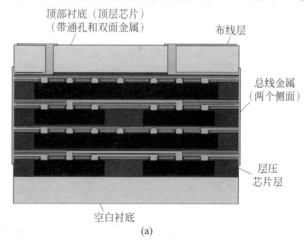

图 12.13　IRVINE SENSORS 公司的闪存长方体示意图和实物[10]

(b)

图 12.13(续)

图 12.14　IBM 公司的 3D 堆叠存储长方体照片[14]

12.3　芯片堆叠

12.3.1　基于焊线的堆叠

　　基于焊线堆叠是一种成本较低、良率较高的芯片堆叠方式。根据芯片大小和堆叠的方式,可以分为金字塔形堆叠、台阶互连、十字交错互连、基于隔离硅片的互连、采用芯片黏结膜作为隔离层的互连、采用具有焊线穿透能力的芯片黏结膏(DAP)或芯片黏结薄膜(DAF)作为隔离层的互连[15-18]。其中除金字塔形堆叠外,其他都适合同尺寸芯片。焊线堆叠的结构示意图如图 12.15 所示。从互连的焊点来看,不同层芯片间互连一种是通过焊线直接连接的;另一种是基板互连,不同层的芯片都连接到基板上的焊盘上,通过基板上的布线实现组合互连。

　　其不足之处在于:随着堆叠层数变大,引线密度和长度都需要增加,从而导致寄生电感增加,功率增加,带宽降低;此外,引线键合的数量和芯片的厚度都受到限制。

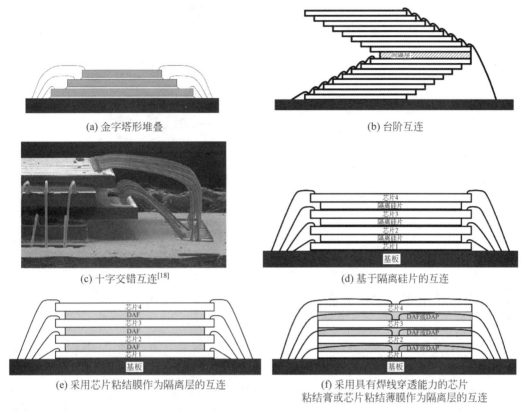

(a) 金字塔形堆叠　　　　　　　　(b) 台阶互连

(c) 十字交错互连[18]　　　　　　(d) 基于隔离硅片的互连

(e) 采用芯片粘结膜作为隔离层的互连　　(f) 采用具有焊线穿透能力的芯片
粘结膏或芯片粘结薄膜作为隔离层的互连

图 12.15　引线键合的芯片堆叠

12.3.2　基于倒装＋焊线的堆叠

在 3D 封装中,倒装互连也会和引线互连结合使用,如图 12.16 所示,可以倒装在上,也可以倒装在下。

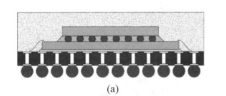
(a)

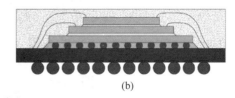
(b)

图 12.16　基于倒装焊＋焊线的 3D 堆叠

12.3.3　基于硅通孔的 3D 封装

硅通孔技术是指通过在硅圆片上制作出通过布线连接的垂直互连孔,孔中用铜、多晶硅或钨等导电物质填充实现电信号的贯通,芯片与芯片之间叠层同时实现垂直互连。

图 12.17 为硅通孔的结构和使用硅基板和硅通孔的三维堆叠图。图（b）中堆叠 DRAM 等就是采用了硅通孔芯片堆叠。

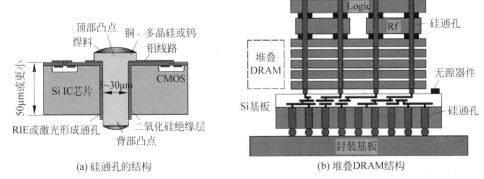

(a) 硅通孔的结构　　　　　　　　(b) 堆叠DRAM结构

图 12.17　硅通孔的结构和使用硅基板及硅通孔的三维堆叠图

12.3.4　薄芯片集成 3D 封装

TSV 技术是目前一种先进并且极具潜力的 3D 封装互连方法，但是 TSV 技术成本高，工艺困难，因此研究人员也发展了其他的 3D 互连结构。M. Topper 等基于晶圆级工艺发展了一种薄芯片集成(Thin Chip Integration, TCI)工艺，如图 12.18 所示[19]。主要工艺步骤包括：①在厚的基座晶圆上在焊盘上形成第一层金属化 TiW/Cu；②在基座晶圆上形成第一层图案化的 BCB，粘贴一个或一个以上的超薄芯片，超薄芯片厚度只有 $20\sim40\mu m$；③涂覆并图形化第二层 BCB，该层为平坦化层；④制作第二层金属化 Cu 布线；

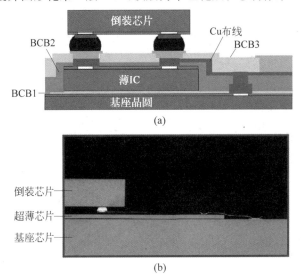

图 12.18　薄芯片集成的结构和剖面[19]

⑤涂覆并图形化第三层 BCB；⑥在 BCB 开口处形成第三层金属 Cu-Ni-Au 焊盘；⑦进一步在焊盘上倒装其他器件。TCI 模组制作的关键工艺为芯片减薄、电镀、凸点制作、介质薄膜涂覆与光刻等，与常规的晶圆级封装工艺兼容，其本质是将一个超薄的芯片埋入在底座晶圆表面后再布线互连。薄膜导线技术与 CMOS 工艺兼容，能实现无源器件的集成、高互连密度以及相邻元器件之间的短互连，能有效控制线路阻抗，其温度循环可靠性较好，是一种可行的 3D 封装方法。

12.3.5　芯片堆叠后埋入

2008 年，Vaidyanathan Kripesh 等报道了一种多芯片堆叠的扇出式晶圆级封装工艺，称为多芯片埋入式微晶圆级封装（Embedded Micro Wafer Level Package，EMWLP）[20]，也称为 3D EMWLP[2]。其本质是一种多芯片堆叠的芯片先装 FOWLP，芯片在堆叠、模压前其焊盘上制作了铜柱。其工艺流程如图 12.19 所示，具体包括：①在承载晶圆片上贴黏结载带，见图 12.19（a）；②预先制作好多种不同晶圆，每个晶圆中的芯片 I/O 设置电镀的铜柱，不同晶圆带 DAF 切割成不同尺寸的芯片，将不同芯片由大到小依次堆叠到承载晶圆上，见图 12.19（b）；③模塑，见图 12.19（c）；④研磨露铜，见图 12.19（d）；⑤分离承载晶圆，见图 12.19（e）；⑥剥离黏结载带，见图 12.19（f）；⑦制作再布线和植球，见图 12.19（g）。

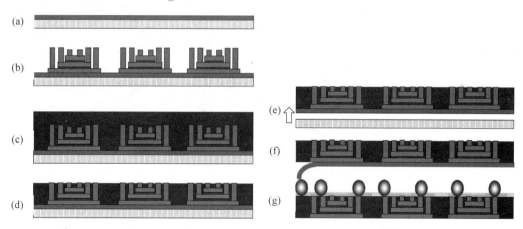

图 12.19　多芯片埋入式微晶圆级封装的工艺流程[20]

12.4　芯片埋入类型 3D 封装

12.4.1　塑封芯片埋入

FOWLP 由 Infineon 公司发明，当初被命名为"嵌入式晶圆级焊球阵列封装"（eWLB），其本质是通过塑封嵌入 IC 芯片重构晶圆。塑封芯片埋入的主要方式也就是

FOWLP 工艺方法。塑封芯片埋入的 3D 封装主要是基于 FOWLP 工艺的 3D 封装,主要分为三种类型。

1. 芯片堆叠 EMWLP

如图 12.19 所示,芯片堆叠后埋入类型 3D 封装是一种基于塑封的芯片埋入的 3D 封装。

2. 3D eWLB、eWLB-POP 和 InFO-POP

这几种封装是不同厂家的封装命名,其结构类似,都是以埋入 IC 芯片的 FOWLP 为基板,进一步在其上方堆叠芯片或者封装。3D eWLB 和 eWLB-POP 的结构如图 12.20 所示[21]。

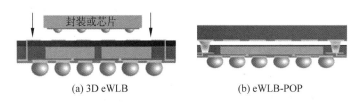

图 12.20　3D eWLB 和 eWLB-POP 的结构[21]

InFO-POP[22] 的结构如图 11.18 所示。

3. 3D-MiM

3D-MiM 是台积电 An-Jhih Su 等 2019 年报道的一种封装结构,基于台积电的 InFO 技术,用多个内部埋入有多芯片堆叠的封装进一步堆叠而成,其结构如图 11.19 所示[23]。

12.4.2　层压芯片埋入

2017 年,Infineon 公司的 Andreas Munding 等报道了层压芯片埋入技术[3],研究结果表明,通过对材料和工艺的研究和正确选择,芯片埋入层压板材料是一种稳定可靠的技术。采用的层压芯片埋入的工艺属于"芯片先装"类型的埋入工艺,流程如图 12.21 所示,具体包括:①芯片贴装到铜引线框架上,芯片厚度典型值为 $60\mu m$;然后进行引线框架铜表面粗化以增强层压的结合强度;芯片移位检查,见图 12.21(a)。②依次放置待层压材料,在引线框架两边放置半固化片,在芯片上方半固化片为多层结构,紧贴芯片的一层或多层在芯片和对准结构上有开口,半固化片上再覆盖粗化的铜箔,见图 12.21(b)。③层压,见图 12.21(c)。④定义通孔位置并用激光钻孔,见图 12.21(d)。⑤铜电镀填孔,再布线制作,封装切割分离,见图 12.21(e)。

层压后的基板内部含有 IC 芯片,并可以作为基板,在其上方安装芯片或封装,从而形成 3D 封装结构。

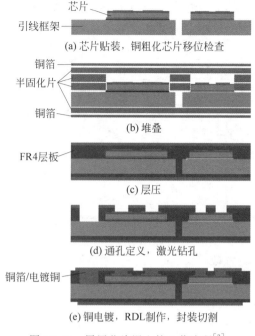

(a) 芯片贴装，铜粗化芯片移位检查

(b) 堆叠

(c) 层压

(d) 通孔定义，激光钻孔

(e) 铜电镀，RDL制作，封装切割

图 12.21 层压芯片埋入的工艺流程[3]

12.5 2.5D 封装和封装转接板

12.5.1 2.5D 封装结构

　　2.5D 封装是指通过在共享基座上并排组装，将多个 IC 芯片组合到一个封装中。基座是通常是一个转接板，提供多个 IC 芯片之间的互连以及连接到外部的线路。该方法对于性能和低功耗至关重要。芯片之间的通信使用硅、玻璃或有机转接板来完成，通常是具有 TSV 的芯片。术语"2.5D"起源于带有 TSV 的三维集成电路(3D IC)非常新且实现难度很高时，最早是指通过 TSV 转接板互连的封装，相比带 TSV 的 IC 堆叠的三维集成电路(3D IC)，2.5D IC 更容易实现。3D IC 的许多优点可以通过将裸芯片并排放置在中介板上而不是垂直堆叠来近似实现。图 12.22 是 2.5D 封装和 3D 封装对比示意图。

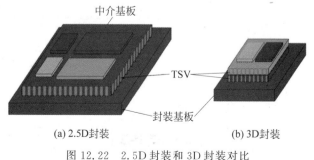

(a) 2.5D封装　　　　　　(b) 3D封装

图 12.22 2.5D 封装和 3D 封装对比

2.5D 封装与可比较的 2D 电路板组件相比,具有更好的尺寸、重量和功率特性。2.5D 体系结构与堆叠内存模块(特别是高带宽内存)相结合,可以进一步提高性能。

2.5D 封装已经证明不是仅仅作为通往 3D IC 的阶梯,与 3D 封装相比,2.5D 封装的面积要大,互连长度要长。2.5D 封装具有的优点:①可以支持不同节距、尺寸、材料、工艺节点的芯片的异质集成;②将 IC 芯片并排放置比 3D 堆叠能够减少热的积累;③升级或修改 2.5D 组件较为容易,只需更换对应 IC 芯片和修改转接板,比修改整个 3D IC 或者片上系统(SOC)要快得多;④2.5D 的成功使"小芯片"技术得以快速发展,小芯片技术是一种像搭积木一样重用、组合不同类型模块化芯片的技术。

2.5D 封装结构主要通过转接板来实现,也可以通过 FOWLP 等无转接板方式实现。

12.5.2　转接板的主要类型和作用

有机基板具有低介电常数、易机械加工、易大批量生产和成本低的优点,在封装中受到欢迎,是常用的封装基板。但是,有机基板的布线密度较低,已不能满足越来越多的半导体封装的要求。2.5D 的转接板成为适应芯片的高布线密度并连接到有机板的解决方案。2.5D 的转接板主要包括硅通孔转接板、玻璃通孔(Through Glass Via,TGV)转接板、埋入式转接板。此外,超高密度的 2.5D 有机基板也在研究中[24]。

转接板包含用于将多个 IC 芯片彼此连接和连接到外部的线路,并且可以包括 TSV 以穿过转接板传送信号。一些转接板层可以在其上下两个表面上承载 IC 芯片。

转接板上可能有任意数量的独立器件,每一个都可以是标准 2D 芯片、为 2.5D 组装定制的专用"芯片"、3D IC 或任何其他类型的 IC 芯片,然后将整个组件包封在一个封装中。

12.5.3　TSV 转接板 2.5D 封装

TSV 转接板是结合了 RDL、TSV 技术的晶圆级 Si 基板。业内先进的 2.5D TSV 转接板 RDL 线宽小于 $1\mu m$,直径低至 $5\mu m$,TSV 深宽比可做到 10∶1。有研究报道直径低至 $3\sim5\mu m$,深宽比大于 17∶1[25]。

TSV 转接板 2.5D 封装以台积电的芯片转接板键合基板(Chip on Wafer on Substrate,CoWoS)技术为代表,在 CIS、3D 内存堆叠、CPU、GPU、FPGA、RF 滤波等高性能芯片封装中被广泛应用[26]。图 12.23 是 CoWoS 结构示意图[27],该结构中在转接板中还集成了深沟电容。

12.5.4　TGV 转接板 2.5D 封装

玻璃基板具有极高电阻率、与 Si 接近且可调的热膨胀系数,适合大尺寸制造、透光性好、渗透率低等优点,是理想的 2.5D 转接板材料。TSV 转接板价格高,绝缘性能差。

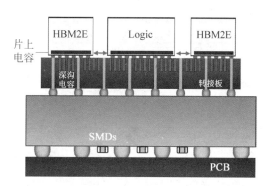

图 12.23　CoWoS结构示意图[27]

TGV转接板克服了TSV的以上不足,受到了重视,其不足在于其制造基础设施远不及Si成熟。玻璃的热膨胀系数可调,可改善封装堆叠的翘曲情况。此外,现有的玻璃成型工艺可以提供原始表面、低总厚度变化和优良的平整度的低于厚$100\mu m$的各种尺寸玻璃,因此通过在目标厚度下形成TGV基板,省去了昂贵的后处理步骤。

　　TGV的一个挑战是在超薄玻璃上通孔加工,在过去数年得到改善。2013年,John Keech等报道使用厚$300\mu m$的玻璃制造了多于100 000个通孔(直径$20\sim30\mu m$)的全填充晶圆[28]。2016年,Satoru Kuramochi等报道了100 000个通孔(直径$50\mu m$)的全填充晶圆,Cu布线线宽为$2\mu m$,间距为$2\mu m$,并验证了其良好的可靠性[29]。

12.5.5　无通孔的转接板2.5D封装

　　由于TSV/TGV制造工艺复杂、良率低、成本高,因此可以替代TSV技术的硅转接板技术受到关注并得到了发展,其代表是Intel公司主推的埋入式多芯片桥连(Embedded Multi-Die Interconnect Bridge,EMIB)技术[30]。

　　2016年,Intel公司的Ravi Mahajan等报道了EMIB技术。其结构与原理如图12.24所示,采用高密度RDL的Si转接板(厚度小于$75\mu m$),局部埋入有机基板中,实现了芯片间的高密度互连。

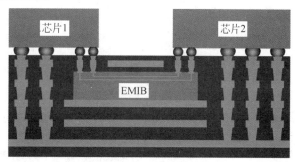

图 12.24　EMIB封装技术

其工艺特点：①IC 芯片上设置有不同大小和节距的凸点(图 12.25)，小直径高密度的用于与埋入式 Si 转接板连接，大直径低密度的凸点用于与有机基板互连；②Si 转接板上设置有高密度布线，埋入有机基板中，且无需 TSV。

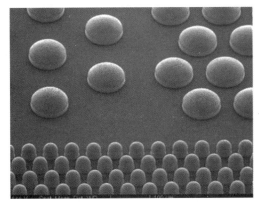

图 12.25　混合尺寸/混合节距凸点[30]

EMIB 封装的主要优点：①良率较高，在一般封装的良率范围；②没有 TSV，成本较低；③易于设计。

12.5.6　无转接板的 2.5D 封装

FOWLP 可以实现多芯片及被动元件的并排封装，配合多层重布线层替代 2.5D TSV 转接板，并封装到有机基板上，这种结构也可称为 2.5D 封装[31]。其结构如图 12.26 所示，这种结构也称为扇出芯片键合基板(Fan-Out Chip on Substrate，FOCoS)[32]。目前市面上已经可以量产 3.5 层金属重布线层的 FOCoS 封装产品，重布线的线宽、线距最小可低至 $2\mu m$。

图 12.26　扇出芯片键合基板结构的 2.5D 封装

12.6　TSV 工艺

2.5D/3D 封装技术是前沿和先进的封装工艺技术，其实现方案多种多样，根据不同的应用需求和技术发展而变化，应用于各种类型的封装工艺技术，如芯片减薄、芯片键合、引线键合、倒装键合、TSV、塑封、基板、引线框架、载带、晶圆级薄膜工艺等。部分工艺根据 2.5D/3D 封装的工艺要求有一定的发展，比如 3D 封装的引线键合技术，对线弧高度、焊点大小等都有进一步要求，需要有一定的工艺改良与创新。除 TSV 工艺技术外，大多数工艺技术在本书已有介绍,限于篇幅,本章不展开讨论。以下介绍 TSV 工艺技术。

12.6.1 TSV 技术概述

TSV 相比引线键合,能够极大幅度地缩短互连线长度,减少信号传输延迟和损失,提高信号速度和带宽,降低功耗和封装体积,是实现多功能、高性能、高可靠,以及更轻、更薄、更小的系统级封装的有效途径之一。TSV 技术是 2.5D/3D 封装的核心技术,与其他采用基板、薄膜布线等中介的 3D 封装相比,芯片与芯片通过导电通孔和焊料键合,热失配小,互连长度短。

TSV 结构和基于 TSV 的芯片堆叠图如图 12.20 所示。

TSV 的 3D 封装性能优良,并且具备非常好的发展潜力,因此称为第四代封装技术。

早在 20 世纪 80 年代中期,在垂直 TSV 中填充导体的概念就被清晰地提了出来,尽管当时还没能实现[33]。20 世纪 90 年代中期,Bosch 公司实现了深反应离子刻蚀(DRIE)技术[34],使得在硅晶圆上刻蚀形成垂直深孔成为现实。20 世纪末实现了填充钨或多晶硅导体的高深径比 TSV[35-36]。自 2000 年以来,深孔中电镀铜已成为填充高深径比 TSV 的主要技术。此后,晶圆键合、凸点制造、晶圆薄化和化学机械抛光等技术进步,进一步发展完善了 TSV 封装技术。ASET、Fraunhofer、IBM、IMEC、Leti、MIT、RPI、斯坦福大学等学校和机构都使用高深径比 Cu TSV 实现了 3D IC 集成[37]。

12.6.2 TSV 工艺流程

TSV 技术本质上是晶圆上的制程,因此 TSV 制作可以集成到 IC 制造工艺的不同阶段,具体可分为正面先通孔、正面中间通孔、正面后通孔及背面后通孔四种类型[38],如图 12.27 所示。

正面通孔是指在晶圆的有源电路面钻孔。正面先通孔技术就是在最初的硅衬底上先形成通孔,即在芯片前道制造工艺的有源层形成前就先形成通孔。此时 TSV 制作可以在晶圆制造厂前端金属互连之前进行。正面后通孔技术是指在芯片后道工艺完成之后再制作通孔。该方案的明显优势是可以不改变现有集成电路流程和设计。同时,该方法具有较低的种子层沉积的成本,缩短电镀时间和更高的产能等优点。目前,部分厂商已开始在高端的 Flash 和 DRAM 领域采用正面后通孔技术。当 TSV 孔在 CMOS 和芯片后段制程(Back End of Line,BEOL)之间进行制作时,称为正面中间通孔。BOEL 指芯片制造的后段制程,开始于单个器件完成后的第一层金属互连,在晶圆制造厂完成。

背面后通孔技术是指在芯片或晶圆与另一晶圆键合完成后,再在背面钻孔。

如图 12.28 为 TSV 制作的工艺流程,具体包括:①在硅片上钻深孔到超过 TSV 目标厚度,见图 12.28(a);②沉积介质层,见图 12.28(b);③在硅片表面和深孔中沉积阻挡、黏附和种子金属层,见图 12.28(c);④电镀 Cu 或用其他导电材料填孔,见图 12.28(d);

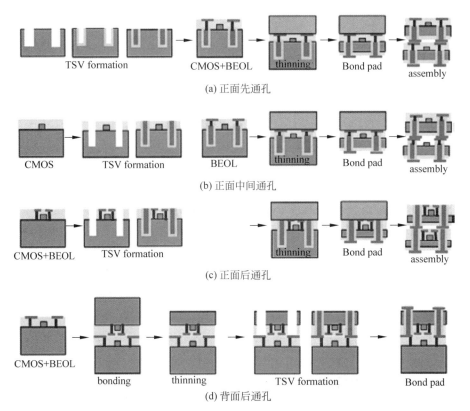

图 12.27　四种 TSV 工艺的工艺顺序[38]

⑤化学机械抛光表面平坦化和去除多余的种金层,见图 12.28(e);⑥磨削/刻蚀露铜或者通孔导电层,见图 12.28(f)。

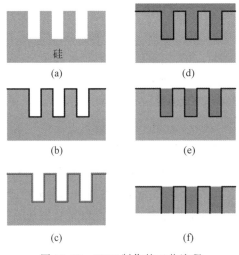

图 12.28　TSV 制作的工艺流程

12.6.3 TSV 技术的关键工艺

TSV 的关键工艺技术包括晶圆减薄、通孔和键合等。

1. 减薄

TSV 工艺要求晶圆厚度小于 $75\mu m$,而且随着 TSV 封装密度提高和孔径减小,晶圆越来越薄。晶圆减薄成为 TSV 的关键工艺之一。传统封装的减薄工艺一般只需要将晶圆减薄到 $200\sim350\mu m$,特殊封装减薄到 $150\sim180\mu m$,硅片仍然具有相当的厚度来容忍减薄工程中的磨削对硅片的损伤及内在应力,同时其刚性也可以使硅片易于搬送。而 TSV 要求减薄到 $50\mu m$ 以下,降低减薄工艺的损伤,以及搬运柔性的晶圆都是新的难题。

传统减薄工艺的粗精磨之后残留的表面损伤是造成破片的主要原因。因为磨削工艺是一种物理损伤性工艺,依靠物理施压、损伤、破裂和移除过程来去除硅。为了消除这些表面损伤及应力,人们尝试了干法抛光、湿法抛光、干法刻蚀和湿法刻蚀等方法。目前业界的主流解决方案是采用一体机思路,将硅片的磨削、抛光、保护膜去除和划片膜粘贴等工序集合在一台设备内,通过机械式搬送系统使硅片从磨片一直到粘贴划片膜为止都被吸在真空吸盘上,始终保持平整状态。当硅片被粘贴到划片膜上后,比划片膜厚还薄的硅片会顺从膜的形状而保持平整,不再发生翘曲和下垂等,从而解决了搬送的难题。

2. 通孔

1) 钻孔

晶圆上的钻孔是 TSV 工艺的核心技术,目前主要有干法刻蚀(又称 Bosch 刻蚀)和激光刻蚀。Bosch 刻蚀工艺最初为 MEMS 技术而开发,其特点是快速地交替进行去除硅的 SF6 等离子刻蚀工艺和实现侧壁钝化的 C_4F_8 等离子沉积工艺。干法刻蚀的速率可达 $50\mu m/min$,深宽比可达 $1:80$,精度为亚微米级。

激光刻蚀不需掩膜,避免了光刻胶涂敷、曝光、显影和去胶等工艺步骤。韩国三星公司已经在存储器堆叠中采用这一技术。激光刻蚀实现的深宽比约为 $7:1$,较干法要差一些[39]。激光刻蚀适合芯片上通孔相对较少的情况,如果通孔数量大于 10 000 个,用光刻和干法刻蚀效率更高;当通孔尺寸降到 $10\mu m$ 以下时,激光钻孔是否可以进一步缩小还面临着挑战。

2) 通孔绝缘

通常,氧化物(SiO_2)绝缘层采用硅烷或 TEOS 通过 CVD 工艺沉积获得。如果在芯片电路制造完成之后进行 TSV 绝缘和填充,为了避免对已完成的芯片电路部分的影响,需要选择合适的沉积温度。为了获得具有合适的功能性绝缘层,典型的 TEOS 沉积温度为 $275\sim350℃$。对于 CMOS 图像传感器和存储器等应用,则要求更低的沉积温度。一些设备制造商开发了低温氧化物沉积技术,可以在室温下进行薄膜沉积并作为 TSV 的高效有机绝缘层。

3）阻挡层、种子层和填镀

铜通孔工艺中,采用溅射来沉积 TiN 黏附/阻挡层和铜种子层。然而,要实现高深宽比(大于 4∶1)的台阶覆盖,传统的 PVD 直流磁控建设效果不理想。基于离子化金属等离子体(IMP)的 PVD 技术可实现侧壁和通孔底部铜种子层的均匀沉积。由于电镀铜成本相对较低,种子层沉积后的通孔填充一般采用电镀铜的方法实现。

TSV 电镀时,在通电情况下由于孔口处的尖端效应使得其处电力线比较集中,也就是说该处的电流密度远高于孔内,如果没有添加剂的作用,孔口处的沉积速率将远远大于孔内的沉积速率,加上孔内铜离子交换困难等因素,TSV 填充往往会出现 TSV 孔口处填满而孔内未完全沉积的现象。因此,需要通过添加剂调节孔底部、孔侧壁和表面的电镀沉积速率,实现抑制孔口沉积而加强底部沉积[40],或者采用周期反向脉冲电流电镀[41],实现完整的电镀铜填充。

无空洞镀铜完全填充需要的时间较长,降低了生产效率,这是 TSV 镀铜填充的问题。研究方面,A. C. Fischer 等于 2011 年提出了一种通过磁性组装 Ni 丝的通孔填充方法,这是一种很有参考价值的全新思路[42]。

3. TSV 键合

TSV 键合采用工艺有金属-金属键合技术和高分子黏结键合等。键合的目的是实现芯片或者元件之间的机械连接、电互连和热连通,使分立的芯片和元件结合成完整的封装产品。

根据形成键合过程不同,金属-金属键合主要分为以热压键合和共晶键合两类。如铜-铜键合采用热压键合,以铜锡、金锡共晶键合采用共晶键合。铜-铜热压键合原理:在真空环境或者保护环境下对紧密贴合的两个铜表面施加高温、高压并保持较长时间,使两个键合面间铜原子相互充分扩散并最终合为一体来实现键合。这种键合方式耗时长、工艺条件要求高。近年来,低温金属-金属键合成为封装界研究热点,人们期望找出一种较低键合温度下仍可以形成良好电学和机械互连,并且反应产物能够承受高温的键合方式,铜-锡键合因为其优良的电、热性能和较低的键合温度(锡的熔点为 232℃)而成为首选,并且铜-锡共晶键合生成的金属间化合物具有非常高的熔点,能够做到低温键合高温使用,十分适合于多芯片堆叠键合。铜-锡共晶键合利用低温金属锡的熔化,形成液态锡,使铜和锡充分接触,加速其相互扩散速率并很快形成亚稳态高熔点金属间化合物 Cu_6Sn_5 和稳态化合物 Cu_3Sn 以实现键合,其中 Cu_6Sn_5 的熔点为 415℃,Cu_3Sn 的熔点则高达 676℃。因此,在多层堆叠过程中,这种键合方式能有效避免已键合处受后续键合过程中的热量影响而熔化,这对于三维封装来说十分重要,能够保证封装产品的可靠性。

由于焊料锡具有良好的形变特性,铜-锡键合对键合表面的平整度及洁净度要求不高,即使在表面起伏相对较大或存在微小颗粒的情况下也可以形成良好键合。由于在键和过程中,锡是液态,能够加速铜和锡之间的相互扩散过程,故铜-锡键合具有较高效率。

随着互连密度的提升,最新发展混合键合技术也可能成为选择[43]。

12.6.4 TSV 应用发展情况

基于 TSV 可实现 2.5D 及 3D 封装,基于 TSV 的封装在目前 3D 封装中封装密度和互连长度都较有优势。因此 TSV 的应用发展情况在一定程度上代表了 3D 封装中较为前沿的应用发展情况。

1. CMOS 图像传感器

东芝公司 2006 年报道了世界上第一个结合了 TSV 的产品——CMOS 图像传感器 (CMOS Image Sensor,CIS)[45],并于 2007 年量产。性能和微小化是 CIS 的发展驱动力。结合 TSV 的 3D CMOS 图像传感器经历了从正面成像仪(FSI)到背面成像仪 (BSI),再到混合 3D 堆叠 BSI 的发展[44],如图 12.29 所示。

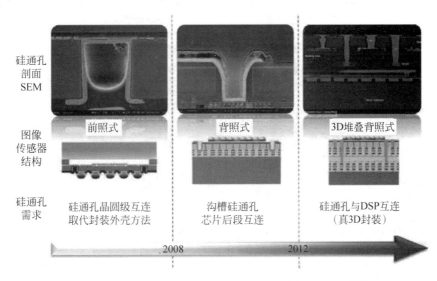

图 12.29 结合 TSV 的 3D CMOS 图像传感器的发展[44]

CIS 是目前 TSV 的最大的应用市场。

2. MEMS

20 世纪末,深反应离子刻蚀技术用于 MEMS 领域,以制造用于微悬臂梁和微机械超声换能器(Micromachined Ultrasonic Transducer,MUT)阵列的多晶硅 TSV,以及用于微引擎的 SiO_2 沟槽隔离单晶硅 TSV。自 21 世纪初以来,多家 MEMS 制造商和代工厂已经相继商业化惯性传感器产品和制造服务,其中包含用于晶圆级真空包装(Wafer-Level Vacuum Packaging,WLVP)的气隙隔离式硅 TSV。与此同时,使用空心金属 TSV 和 WLVP 的薄膜体声波谐振器(Film Bulk Acoustic Resonator,FBAR)也被商业化用于无线通信。将 TSV 和 WLVP 技术集成到 MEMS 中,可将封装尺寸和成本降低为原来的 1/10～1/5,从而加快了近十年来 MEMS 在消费电子和移动电子领域的普及。

博世公司于 2014 年开发出一种基于正面中间通孔 TSV 的集成 MEMS 传感器,并将其推向市场。此封装中使用的 TSV 采用 $10\mu m \times 100\mu m$ 的通孔(深径比为 10：1)通过铜电镀形成的。相比于其他主要的 MEMS TSV 集成封装,该封装显著减小了封装的表面积和厚度[44]。

MEMS 也是 TSV 的主要应用市场。

3. 存储器

TSV 技术可以充分利用存储器容量和带宽——通过高密度 TSV 技术垂直互连方式将多个芯片堆叠起来,提升存储器容量和性能。主要的存储器制造商都已使用 TSV 3D 堆叠技术开发存储器产品。2009 年,三星公司报道了使用 TSV 3D 封装的 8Gb 3D DDR3 DRAM,将等待和工作功率分别降低了 50% 和 25%,并使用 300 个 TSV 将 I/O 速度提高到 1600Mb/s 以上[46-47]。2014 年,三星公司报道了使用 TSV 技术的 16Gb 3D DDR4 SDRAM,将 I/O 速度提高到 2.4Gb/s,其 4 个芯片堆叠部分如图 12.30 所示[47]。

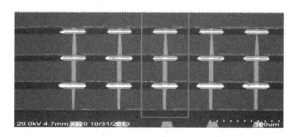

图 12.30　三星 3D DDR4 DRAM 封装[47]

TSV 技术另一个重要的应用是高宽带存储器(High Bandwidth Memory,HBM)。HBM 堆叠没有以物理方式与 CPU 或 GPU 集成,而是通过小节距高密度 TSV 转接板互连。HBM 具备的特性几乎和芯片集成的 RAM 一样,因此,具有更高速和更高带宽,适用于高存储器带宽需求的应用场合。针对高性能 CPU/GPU 应用,2.5D TSV 转接板作为平台型技术更为重要。存储器,特别是 HBM 产品,得益于 TSV 技术,带宽得到大幅度提升[48-50]。2014 年,海力士公司报道了一种使用 29nm 工艺和 TSV 技术的 1.2V 8Gb 8 通道 128GB/s 高带宽存储器堆叠 DRAM[48]。

存储器也是 TSV 的主要应用市场。

4. 其他

功率电子、模拟电子及通信等领域也是 TSV 的重要应用市场。2021 年,西安理工大学、西安电子科技大学和曼彻斯特大学的 Fengjuan Wang 等针对 6G 移动通信应用,提出并实现了一种基于 TSV 技术的三种五阶超小型发夹式带通滤波器[51]。

12.6.5　TSV 技术展望

随着 TSV 技术的不断进步,通孔尺寸不断缩小,叠层中的每一层芯片的厚度也会减少。而将硅片厚度减到 5μm 以下,电路的性能并不会显著变坏。可以预见,在未来的十几年里传统器件的进展将会到达其本身的物理极限,之后可能难以进一步地突破。而二维材料器件等新型器件目前还只能在实验室中实现,无法大规模商业化应用。因此,当前在封装层面持续提高集成度显得尤为重要,未来几年内硅通孔技术仍将是微电子行业的热门课题,一些目前快速发展的芯片应用,如存储器、逻辑电路和 CMOS 图像传感器等对于硅通孔的应用,将持续推动 TSV 技术不断发展与完善。另外,由于硅通孔技术还可以实现不同类型的芯片异质集成,如手机的功率放大器一般使用 GaAs 工艺,通过 TSV 集成将 GaAs 电路键合在 CMOS 电路上面,从而形成完整电路。

快速发展的同时,目前 3D 封装仍然面临一些挑战,在可靠性、散热、材料匹配、芯片测试等方面的问题仍然有待进一步的研究,从而推动硅通孔技术的商业化进程。

12.7　3D 封装的应用、面临挑战与发展趋势

1. 3D 封装的主要应用市场

由于 3D 封装可实现超大容量的存储,利用高速的信号传输,最大限度地提高存储密度,并且可能降低价格,以 TSV 为主要互连方式的 3D 封装结构,在未来的消费电子产品、人工智能、生物医学等领域将扮演重要的角色。目前 3D 封装技术主要应用于 CPU、DRAM、Flash 存储器,HBM,CMOS 图像传感器,3D-MCM 微型摄像机等。

2. 3D 封装面临的主要挑战

(1)工艺成本高。产品是否能够得到市场认可,最终决定性因素还是性价比。3D 技术作为一种发展中的新技术,也存在着预期成本高的问题。影响 3D 堆叠成本的因素有:叠层高度及复杂性;每层的加工步骤数目;堆叠前的芯片测试;硅片后处理;3D 封装与目前传统封装工艺的兼容性问题。

(2)散热困难。电路密度的提高意味着功率密度的提高,器件的整体产热也会被提高;同时堆叠界面可能会增加热阻;芯片在热流路径上会导致芯片温度的上升。因此,采用 3D 封装的散热也成为一个挑战,并关系到器件的可靠性。一般需要在两个层次进行热处理:一是系统设计,即将热能均匀地分布在 3D 元器件表面;二是采用低热阻基板,或采用强制冷风、冷却液来降低 3D 元器件的温度。

(3)垂直互连困难。垂直互连前芯片的处理、垂直互连材料和互连工艺等都较为复杂,同时不同材料的组合与堆叠带来的应力情况更为复杂,在工艺和使用温度变化下产生翘曲,并可能导致可靠性问题。非柔性材料中,即使发生微小的形变,器件的电学性能也会发生明显的变化。在三维尺度上进行封装,应力问题也必然会更大程度上影响器件的性能。随着芯片工艺节点的发展,芯片上电路密度持续提升,芯片尺寸不断缩小,结合性能提升和降低成本的要求,意味着设计复杂度的提高。

3. 3D 封装的发展趋势

3D 封装,首先是向更低成本、更高稳定性的方向发展。随着材料的发展、工艺和设

备的成熟与进步,现有的 3D 封装将会朝效率提高、良率提升、稳定性提高的方向发展,并带来性能提升和价格下降。

追求更短的互连和由此带来更高的性能。随着 IC 芯片布线密度的提高,互连导致的功率损耗和信号延迟成为影响 IC 性能的重要原因。追求更短的互连是 3D 封装发展的重要驱动力。系统从平面放置到垂直堆叠的突破堆叠缩短了互连长度,在互连方式上先后经过了引线键合、倒装芯片和 TSV,这三种技术发展过程中,互连长度不断地降低,芯片利用率不断地提高。今后追求更短的互连也还是一个大的趋势。

追求更加微缩化。除了更短的互连和更高的性能,更加微缩化也是 3D 封装发展的一个重要驱动力,这对于便携电子设备、可穿戴产品、物联网等应用越来越重要。

3D 技术与晶圆级封装结合也是一个重要的趋势。3D 晶圆级封装是在晶圆上完成封装制备,具有大幅度减小封装结构的面积、降低成本、批量制造等优势。

3D 技术与芯片工艺制程的融合借鉴是一个重要的发展方向。在 2006 年,IMEC 公司的 Eric Beyne 就提出了包含三种不同层次的 3D 技术的技术路线图[52]:第一层次为 3D 系统级封装(3D-SIP),采用芯片或封装堆叠,焊线、倒装等互连方式,更接近其他封装技术;第二层次为 3D-WLP,仍然是封装技术但是主要在晶圆级完成,主要有采用 TSV 的 3D-WLP 和采用超薄芯片堆叠的 3D-WLP;第三层次为 3D-SIC,主要采用晶圆制造厂的工艺制程,实现最紧密和最短的互连,采用 Si 通孔和 Cu 插头,也称为"Cu 钉子"技术方案,图 12.31 为一个 3 层 IC 堆叠的 3D-SIC 的结构示意图,叠层间采用铜-铜互连。该互连技术与混合键合一致。台积电、Intel 等公司都有类似技术方案。

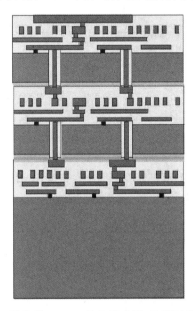

图 12.31 3 层 IC 堆叠的 3D-SIC 结构示意图(叠层间采用铜-铜互连)[52]

随着堆叠层数的增加,也因应 3D-WLP、3D-SIC 的工艺要求,3D 技术中的单层芯片变薄也是一个发展趋势。

此外,面向系统的封装,走向异质集成,也是3D封装的发展方向。3D封装的一个最大的优势是其异质集成封装的能力,在一个封装中,灵活的、小型化的集成不同的功能的器件,如信号处理、传感器、执行器等,不同工艺节点的器件,如14nm芯片、7nm芯片等,可以兼顾性能、成本与体积。该技术的发展也为小芯片技术提供了基础,使得封装设计更加灵活,芯片和芯片IP复用度提升,良率上升和成本下降。世界各国高度重视异质集成封装,它使得各种器件能够用最优势的工艺与材料,不需要性能的折中,这是电子产品小型化、实用化、多功能化的必经之路。

习题

1. 写出下列英文缩写对应的英文全称和中文名称:3D,POP,PiP,eWLB,TSV,TGV。
2. 根据互连的结构,3D封装可以分为一些基本的实现形式以及它们的组合。简述3D封装的基本结构形式。
3. 简述封装堆叠的结构形式分类。
4. 简述芯片堆叠的结构形式/互连方式分类。
5. 简述2.5D封装的定义以及2.5D封装与3D封装的相似与不同之处。
6. 列举四种2.5D封装结构。
7. 简述TSV制作的主要工艺流程。
8. 调研并描述一种3D封装结构及其工艺流程和特点。
9. 调研3D封装相关的某种工艺技术的最新进展。

参考文献

[1] Meyer T, Ofner G, Bradl S, et al. Embedded Wafer Level Ball Grid Array (eWLB)[C]. Proceedings of the 10th Electronics Packing Technology Conference, Singapore, SINGAPORE, 2008: 994-998.

[2] Kumar A, Xia D, Sekhar V N, et al. Wafer Level Embedding Technology for 3D Wafer Level Embedded Package[C]. Proceedings of the 59th Electronic Components and Technology Conference, San Diego, CA, 2009: 1289-1296.

[3] Munding A, Kessler A, Scharf T, et al. Laminate Chip Embedding Technology-Impact of Material Choice and Processing for Very Thin Die Packaging[C]. Proceedings of the IEEE 67th Electronic Components and Technology Conference (ECTC), Lake Buena Vista, FL, 2017: 711-718.

[4] Carson F, Kim Y C. The Development of a Novel Stacked Package: Package in Package[C]. Proceedings of the 29th International Electronics Manufacturing Technology Symposium, San Jose, CA, 2004: 91-96.

[5] Cho S J, Park S W, Park M G, et al. A Novel Robust and Low Cost Stack Chips Package and Its Thermal Performance[J]. IEEE Transactions on Advanced Packaging, 2000, 23(2): 257-265.

[6] Ghaffarian R. 3D Chip Scale Package (CSP)[EB/OL], 1999. https://trs.jpl.nasa.gov/

bitstream/handle/2014/17367/99-0814. pdf? sequence=1.

［7］ Al-Sarawi S F, Abbott D, Franzon P D. A Review of 3-D Packaging Technology［J］. IEEE Transactions on Components, Packaging, and Manufacturing Technology: Part B, 1998, 21(1): 2-14.

［8］ Kian T Y, Yean T W, Chai L K, et al. Stacked BGA Design, Development, and Materials Selection Considerations for Improved Testing and Stacking, Reduced Warpage and Environmental Stress, and Enhanced Thermal Qualities［C］. Proceedings of the 5th Electronics Packaging Technology Conference (EPTC 2003), Singapore, SINGAPORE, 2003: 767-772.

［9］ Kim Y G. Folded Stacked Package Development［C］. Proceedings of the 52nd Electronic Components and Technology Conference (ECTC), San Diego, Ca: 1341-1346.

［10］ Strickland M, Johnson R W, Gerke D. 3-D Packaging: A Technology Review［R］. Report, Auburn University, 2005.

［11］ Val C, Lemoine T. 3-D Interconnection for Ultra-dense Multichip Modules ［J］. IEEE Transactions on Components Hybrids and Manufacturing Technology, 1990, 13(4): 814-821.

［12］ Saia R J, Wojnarowski R J, Fillion R A, et al. 3-D Stacking Using the GE High-density Multichip-module Technology［C］. Proceedings of the International Conference and Exhibition on Multichip Modules, Denver, CO, 1994: 285-292.

［13］ Gann K D. High Density Packaging of Flash Memory［C］. Proceedings of the 7th Biennial IEEE Nonvolatile Memory Technology Conference, Albuquerque, NM, 1998: 96-98.

［14］ Caterer M D, Daubenspeck T H, Ference T G, et al. Processing Thick Multilevel Polyimide Films for 3-D Stacked Memory［J］. IEEE Transactions on Advanced Packaging, 1999, 22(2): 189-199.

［15］ Toh C H, Gaurav M, Hong T H, et al. Die Attach Adhesives for 3D Same-sized Dies Stacked Packages［C］. Proceedings of the 58th Electronic Components and Technology Conference, Orlando, FL: 1538-1543.

［16］ Qin I, Yauw O, Schulze G, et al. Advances in Wire Bonding Technology for 3D Die Stacking and Fan Out Wafer Level Package［C］. Proceedings of the IEEE 67th Electronic Components and Technology Conference (ECTC), Lake Buena Vista, FL, 2017: 1309-1315.

［17］ Yauw O, Wu J, Tan A, et al. Leading Edge Die Stacking and Wire Bonding Technologies for Advanced 3D Memory Packages［C］. Proceedings of the 19th IEEE Electronics Packaging Technology Conference (EPTC), Singapore, SINGAPORE, 2017.

［18］ Worwag W, Dory T. Copper Via Plating in Three Dimensional Interconnects［C］. Proceedings of the 57th Electronic Components and Technology Conference, Reno, NV: 842-846.

［19］ Toepper M, Baumgartner T, Klein M, et al. Low Cost Wafer-Level 3-D Integration without TSV［C］. Proceedings of the 59th Electronic Components and Technology Conference, San Diego, CA, 2009: 339-344.

［20］ Kripesh V, Rao V S, Kumar A, et al. Design and Development of a Multi-die Embedded Micro Wafer Level Package［C］. Proceedings of the 58th Electronic Components and Technology Conference, Orlando, FL: 1544-1549.

［21］ Yoon S W, Caparas J A, Lin Y, et al. Advanced Low Profile PoP Solution with Embedded Wafer Level PoP (eWLB-PoP) Technology［C］. Proceedings of the 62nd IEEE Electronic Components and Technology Conference (ECTC), San Diego, CA, 2012: 1250-1254.

［22］ Wang C-T, Yu D, Soc I C. Signal and Power Integrity Analysis on Integrated Fan-out PoP (InFO_

PoP) Technology for Next Generation Mobile Applications [C]. Proceedings of the 66th IEEE Electronic Components and Technology Conference (ECTC), Las Vegas, NV, 2016: 380-385.

[23] Su A-J, Ku T, Tsai C-H, et al. 3D-MiM (MUST-in-MUST) Technology for Advanced System Integration[C]. Proceedings of the 69th IEEE Electronic Components and Technology Conference (ECTC), Las Vegas, NV, 2019: 1-6.

[24] Oi K, Otake S, Shimizu N, et al. Development of New 2.5D Package with Novel Integrated Organic Interposer Substrate with Ultra-fine Wiring and High Density Bumps[C]. Proceedings of the IEEE 64th Electronic Components and Technology Conference (ECTC), Lake Buena Vista, FL, 2014: 348-353.

[25] Zhang Z Y, Ding Y T, Xiao L, et al. Development of Cu Seed Layers in Ultra-High Aspect Ratio Through-Silicon-Vias (TSVs) with Small Diameters [C]. Proceedings of the IEEE 71st Electronic Components and Technology Conference (ECTC), Electr Network, 2021: 1904-1909.

[26] The Chronicle of CoWoS [EB/OL]. https://3dfabric.tsmc.com/english/dedicatedFoundry/technology/cowos.htm.

[27] Chen W T, Lin C C, Tsai C H, et al. Design and Analysis of Logic-HBM2E Power Delivery System on CoWoS (R) Platform with Deep Trench Capacitor[C]. Proceedings of the 70th IEEE Electronic Components and Technology Conference (ECTC), Electr Network, 2020: 380-385.

[28] Keech J, Chaparala S, Shorey A, et al. Fabrication of 3D-IC Interposers[C]. Proceedings of the IEEE 63rd Electronic Components and Technology Conference (ECTC), Las Vegas, NV, 2013: 1829-1833.

[29] Kuramochi S, Kudo H, Akazawa M, et al. Glass Interposer for Advanced Packaging Solution [C]. Proceedings of the 6th Electronic System-Integration Technology Conference (ESTC), Grenoble, FRANCE, 2016.

[30] Mahajan R, Sankman R, Patel N, et al. Embedded Multi-Die Interconnect Bridge (EMIB) — A High Density, High Bandwidth Packaging Interconnect[C]. Proceedings of the 66th IEEE Electronic Components and Technology Conference (ECTC), Las Vegas, NV, 2016: 557-565.

[31] Yoon S W, Tang P, Emigh R, et al. Fanout Flipchip eWLB (embedded Wafer Level Ball Grid Array) Technology as 2.5D Packaging Solutions[C]. Proceedings of the IEEE 63rd Electronic Components and Technology Conference (ECTC), Las Vegas, NV, 2013: 1855-1860.

[32] Lin Y T, Hsieh B C C, Lou J W, et al. Advanced System in Package with Fan-out Chip on Substrate[C]. Proceedings of the 10th International Microsystems, Packaging, Assembly and Circuits Technology Conference (IMPACT), Taipei, CHINA, 2015: 273-276.

[33] Akasaka Y. Three-dimensional IC trends [J]. Proceedings of the IEEE, 1986, 74 (12): 1703-1714.

[34] Laermer F, Schilp A, Funk K, et al. Bosch Deep Silicon Etching: Improving Uniformity and Etch Rate for Advanced MEMS Applications[C]. Proceedings of the 12th IEEE International Conference on Micro Electro Mechanical Systems (MEMS 99), Orlando, Fl, 1999: 211-216.

[35] Ruhl G, Froschle B, Ramm P, et al. Deposition of Titanium Nitride/Tungsten Layers for Application in Vertically Integrated Circuits Technology[J]. Applied Surface Science, 1995, 91(1-4): 382-387.

[36] Ramm P, Bollmann D, Braun R, et al. Three Dimensional Metallization for Vertically Integrated Circuits[J]. Microelectronic Engineering, 1997, 37-38: 39-47.

[37] Wang Z Y. Microsystems Using Three-dimensional Integration and TSV Technologies:

Fundamentals and applications[J]. Microelectronic Engineering, 2019, 210: 35-64.

[38] Gambino J P, Adderly S A, Knickerbocker J U. An Overview of Through-Silicon-Via Technology and Manufacturing Challenges[J]. Microelectronic Engineering, 2015, 135: 73-106.

[39] Jung E, Ostmann A, Ramm P, et al. Through Silicon Vias as Enablers for 3D Systems[C]. Proceedings of the 2008 Symposium on Design, Test, Integration and Packaging of MEMS/ MOEMS, 2008: 119-122.

[40] Zhang Y Z, Ding G F, Wang H, et al. Optimization of Innovative Approaches to the Shortening of Filling Times in 3D Integrated Through-Silicon Vias (TSVs)[J]. Journal of Micromechanics and Microengineering, 2015, 25.

[41] Hofmann L, Ecke R, Schulz S, et al. Investigations Regarding Through Silicon Via filling for 3D Integration by Periodic Pulse Reverse Plating With and without Additives[J]. Microelectronic Engineering, 2011, 88: 705-708.

[42] Fischer A C, Roxhed N, Haraldsson T, et al. Fabrication of High Aspect Ratio Through Silicon VIAS (TSVs) by Magnetic Assembly of Nichel Wires[C]. Proceedings of the 24th IEEE International Conference on Micro Electro Mechanical Systems (MEMS), Cancun, MEXICO, 2011: 37-40.

[43] Jouve A, Balan V, Bresson N, et al. 1μm Pitch Direct Hybrid Bonding with <300nm Wafer-to-Wafer Overlay Accuracy[C]. Proceedings of the 2017 IEEE SOI-3D-Subthreshold Microelectronics Technology Unified Conference (S3S), Burlingame, CA, USA, 2017: 1-2.

[44] Beica R. 3D Integration: Applications and Market Trends [C]. Proceedings of the IEEE International 3D Systems Integration Conference (3DIC), Sendai, JAPAN, 2015.

[45] Sekiguchi M, Numata H, Sato N, et al. Novel Low Cost Integration of Through Chip Interconnection and Application to CMOS Image Sensor[C]. Proceedings of the 56th Electronic Components and Technology Conference, San Diego, CA: 1367-1374.

[46] Uksong K, Hoe-Ju C, Seongmoo H, et al. 8Gb 3D DDR3 DRAM Using Through-Silicon-Via Technology[C]. Proceedings of the 2009 IEEE International Solid-State Circuits Conference-Digest of Technical Papers, San Francisco, CA, USA, 2009: 130-132.

[47] Reum O, Byunghyun L, Sang-Woong S, et al. Design Technologies for a 1. 2V 2. 4Gb/s/pin High Capacity DDR4 SDRAM with TSVs[C]. Proceedings of the 2014 Symposium on VLSI Circuits Digest of Technical Papers, Honolulu, HI, USA, 2014: 1-2.

[48] Lee D U, Kim K W, Kim K W, et al. 25. 2 A 1. 2V 8Gb 8-channel 128GB/s High-Bandwidth Memory (HBM) Stacked DRAM with Effective Microbump I/O Test Methods Using 29nm Process and TSV[C]. Proceedings of the 2014 IEEE International Solid-State Circuits Conference Digest of Technical Papers (ISSCC), San Francisco, CA, USA, 2014: 432-433.

[49] Kim J, Kim Y. HBM: Memory Solution for Bandwidth-Hungry Processors [C]. Proceedings of the 26th IEEE Hot Chips Symposium (HCS), Cupertino, CA, 2017.

[50] Lee J C, Kim J, Kim K W, et al. High Bandwidth Memory(HBM) with TSV Technique[C]. Proceedings of the International SoC Design Conference (ISOCC), Jeju, SOUTH KOREA, 2016: 181-182.

[51] Wang F J, Ke L, Yin X K, et al. TSV-based hairpin Bandpass Filter for 6G Mobile Communication Applications[J]. IEICE Electronics Express, 2021, 18(15).

[52] Beyne E, 3D System Integration Technologies[C]. 2006 International Symposium on VLSI Technology, Systems, and Applications. IEEE, 2006: 1-9.

第 **13** 章

系统级封装技术

13.1　系统级封装的概念

系统级封装(System In Package,SIP)就是将多个具有不同功能的有源电子元件与可选无源器件,以及 MEMS,或者光学器件等其他件组装到一起形成单个封装件,具有一个系统或者子系统的多种功能[1]。

与 SIP 相对应的概念,还有片上系统(System On Chip,SOC,或称系统级芯片)和板上系统(System On Board,SOB,或称系统级电路板)。SOB 是基于印刷线路板组装而形成的系统。SOC 则是在单颗 IC 芯片上实现系统级功能,是高度集成的芯片产品。与板上系统相比,SIP 与 SOC 都可以实现产品的小型化和微型化。

13.2　系统级封装发展的背景

1. 电子产品的微小型化推动了 SOC 和 SIP 技术的快速发展

从个人计算机革命的兴起,到手机行业的繁荣,到移动通信和智能手机的快速发展,再到当今社会,在物联网、移动支付、移动电视、移动互联网等新生应用的引导下,一大批新型电子产品孕育而生,电子系统的发展趋势是小型化、高性能、多功能、高可靠性和低成本。从早期的军用产品、航天器材需要小型化,到目前的工业产品、消费类,尤其是便携产品(智能手机、智能穿戴为主)也要求微小型化。这一趋势反过来又进一步促进微电子技术的微小型化。

SOC 是在这一趋势下发展起来的。20 世纪 80 年代,个人计算机革命带来了系统级芯片技术重大发展和繁荣。20 世纪 90 年代手机行业带动 SOC 持续快速发展。90 年代末,ARM 公司开始将其无晶圆厂处理器设计授权给其他制造商,ARM 公司的精简指令集(RISC)CPU 非常强大,比竞争对手耗电更少,带动了嵌入式系统发展。2000 年后,移动通信和智能手机的发展带动了系统级芯片突破性发展,SOC 获得了几个 ARM 核、GPU 核、RAM 以及多媒体处理功能。

SIP 与 SOC 技术一样,也是在这一背景下发展起来的。

2. SOC 技术的局限性成就了 SIP 技术的发展空间

SOC 的发展随着摩尔定律不断演进,然而随着 SOC 发展至 10nm 以下,已经面临极大的技术发展瓶颈。SOC 在一些领域的局限和困难如下:

(1) SOC 的开发成本巨大;

(2) 设计挑战日渐加剧,研发周期长;

(3) 在射频(RF)电路、探测器、驱动器,甚至被动元件等异质元件整合上面临巨大的困难或不足。

系统级芯片目前受技术限制,只能局限于数字式逻辑产品。然而,许多系统往往需要具有混合信号功能和模拟的功能,并且在电子产品中还需要应用许多不能用 CMOS 工艺技术平台实现的器件。在这些应用方面,采用 SIP 技术来制成集成化的子系统甚至整个系统的模组,是很有竞争力的。

对于单纯的数字式电子产品市场,SIP 的重要驱动力来自逻辑电路与存储器相结合的产品。为了降低这类产品的成本、缩短互连长度以提高其性能、缩小封装的体系,需要采用 SIP 技术。通过多个芯片封装在一个封装体,减少了封装次数和元器件数量,从而节省了成本。特别是当系统内芯片之间存在大量的共同连接时,芯片间通过成本较低的焊线或倒装互连,并共用封装提供的 I/O,从而可以节省大量的成本。当采用芯片层叠式封装时,还可以大幅度缩小封装的尺寸,从而进一步大量节约电路板面积,降低电路板上互连的复杂程度。

RF 移动电话是 SIP 应用的重要市场。移动电话系统为了达到最高的性能水平,需要混合采用硅、硅锗(SiGe)和砷化镓(GaAs)以及其他无源元件。这些异种材料制造的元器件仅仅通过芯片工艺无法集成到硅单晶芯片上,而采用封装级集成则十分方便且性能优异。封装级集成也具有高度的灵活性,设计周期与样品制作周期都比较短,升级和替换也较为容易。

将新型异质器件集成到系统中的需求也是 SOC 的局限和推动 SIP 产品应用的重要动力。例如,将光学器件与电子器件集成在一个 SIP 中,或者将 MEMS 器件与其他电子元器件一起集成到一个 SIP 之中。又如,CMOS 图像传感器(CIF)中需要将光学、传感和信号处理芯片集成。

因此,近年来尺寸与 SOC 类似,但开发弹性更大、成本更低、开发周期更短,以及异质集成更灵活的系统级集成封装技术得到了广泛的重视和快速的发展。

3. SIP 技术也是超越摩尔定律的必然选择

摩尔定律确保了芯片性能的不断提升。摩尔定律是指在硅基半导体上,每 18 个月实现晶体管的特征尺寸缩小一半,性能提升 1 倍。在性能提升的同时带来成本的下降,这使得半导体厂商有足够的动力实现半导体特征尺寸的缩小。

PCB 并不遵从摩尔定律,是整个系统性能提升的瓶颈。与芯片规模不断缩小相对应的是,PCB 的特征尺寸缩小非常有限,这是由 PCB 的材料性质和工艺决定的。PCB 线宽缩小缓慢使得整个系统的性能提升遇到了瓶颈。比如,由于 PCB 线宽没有变化,所以处理器和内存之间的连线密度也保持不变。换句话说,在处理器和内存封装大小不大变的情况下,处理器和内存之间的连线数量不会显著变化。而内存的带宽等于内存接口位宽乘以内存接口操作频率。内存输出位宽等于处理器和内存之间的连线数量,受到 PCB 工艺的限制一直是 64 位没有发生变化,这就限制了整个系统的性能提升。

SIP 是解决系统桎梏的关键,把多个半导体芯片和无源器件封装在同一个芯片内,不再用线宽密度较低的 PCB 作为芯片连接之间的载体,可以解决 PCB 限制带来的系统性能瓶颈问题。以处理器和存储芯片为例,系统级封装内部走线的密度可以远高于 PCB 走线密度,从而提升位宽;另外,互连长度缩小可以提高操作频率,从而进一步提升带宽。

4. SIP 技术发展的历史与内涵

自 20 世纪 80 年代以来,SIP 以多芯片模组(Multichip Module,MCM)的形式出现。MCM 则被认为是混合集成电路的发展。随着半导体集成电路出现超高速元件,传统的以单个芯片分别封装然后组装到 PWB 上的模式,芯片之间布线引起的电气信号传输延迟,与芯片内部的延迟相比已不能忽略,实现电子设备系统整体的性能要求变得越来越困难。在这种背景下,将多块芯片同时搭载在陶瓷等高密度多层基板上实现整体封装的形式,也就是 MCM。MCM 封装形式可以大大缩短芯片间的布线长度,减小电气信号传输延迟。

MCM 是指将多个裸芯片直接贴装在布线的基板上并通过基板上的布线实现互连,形成的多芯片小型模组的封装。按照通常的定义,除多芯片封装的特征外,其技术特点是基板技术,芯片多在基板上采用水平排布。根据基板材料可分为 MCM-L、MCM-C 和 MCM-D 三大类。MCM-L 是使用通常的玻璃环氧树脂作为多层印刷基板的组件,布线密度不高,成本较低。MCM-C 是使用厚膜技术形成多层布线,以陶瓷(氧化铝或玻璃陶瓷)作为基板的组件,与使用多层陶瓷基板的厚膜混合 IC 类似,两者无明显差别,布线密度高于 MCM-L。MCM-D 是使用薄膜技术形成多层布线,以陶瓷(氧化铝或氮化铝)或硅、铝作为基板的组件,布线密度在三种组件中是最高的,但成本也高。由于确认合格裸芯片较为困难,芯片良率不足会导致 MCM 成本上升等问题,MCM 在最早的形式(通常依赖于引线键合)中仅得到有限的应用,但它们为更复杂的 2.5D 和 3D IC 系统级封装铺平了道路。[2]

SIP 实际上是一个多芯片模组,它包含完整系统所有部分。SIP 术语首次由 Amkor 公司在 20 世纪 90 年代末使用,并没有商标,以鼓励在全球范围内使用。该公司提出的系统级封装示意图如图 13.1 所示。

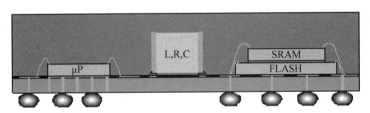

图 13.1 Amkor 公司提出的系统级封装示意图[3]

注:SIP 的横截面显示了封装在同一外壳中的微处理器(μP)、SRAM 和闪存芯片。
L、R、C 代表电感器、电阻器、电容器。

近年来 SIP 技术得到了巨大的发展,除 MCM 形式外,SIP 还涵盖了以垂直互连为主的多芯片封装(MCP)、封装上的封装(PoP)、封装内的封装(PiP)等系列 3D 封装的形式。MCP 通常是指同类型的芯片垂直堆叠,如存储芯片。而 PoP 和 PiP 则将芯片封装后再集成,能够较好地克服 KGD 问题。

芯片、无源器件及封装基板间的内部互连方式,也从仅仅采用焊线、倒装,发展到结合 TSV、Fan-out 的 RDL 以及元器件埋入等互连方式。

从 SIP 所采用的封装形式来看,早期多为 MCM 封装形式,逐步发展到无引脚的 QFN 或 LGA 形式,而随着引脚数的增加,焊球阵列的 BGA 和 CSP 形式逐步增加。

另外,系统级封装经常需要进行电磁屏蔽以消除系统电路与外界的电磁相互影响,早期封装形式可以通过简单的金属壳来实现,随着系统集成度的提升和封装体积的微缩,塑料封装的大量应用,通过塑封加金属涂层工艺来实现电磁屏蔽。

13.3 SIP 与 SOC、SOB 的比较

图 13.2 是 SIP、SOC 及 SOB 在性能、尺寸和成本等方面的比较。对生命周期相对较长的产品来说,SOC 将作为许多产品的核心;而若对产品开发周期要求高、生命周期短、面积小、灵活性较高,则应倾向于使用 SIP 或者 SOB。SOB 由于其性能和尺寸不足,局限性较大。

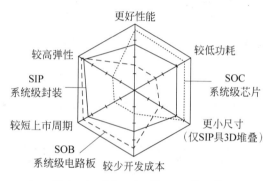

图 13.2 SIP、SOC 及 SOB 的比较

成本方面,综合来看 SIP 与 SOC 和 SOB 相比具有以下优势:

(1) 研发成本比 SOC 低,周期短,灵活性高。但 SIP 封装制造成本比封装单芯片的 SOC 产品高。

(2) 和 SOB 相比,采用 SIP 可减少 PCB 尺寸及层数,减少了零部件的数目,对于组装厂商来说,采用 SIP 技术以后,还可以简化装配过程,降低测试的复杂性与难度,提高生产效率和节省整个系统的成本。

从供应链、运营及产品销售的角度来看,系统级封装具有非常强的市场竞争力:

(1) SIP 产品开发时间较 SOC 大幅缩短,在很多新产品的开发上,产品单价会随时间推移下降。

(2) SIP 设计具有良好的电磁干扰(EMI)抑制效果,对系统整合客户而言更可减少工程时间耗费。

(3) SIP 易于实现 SOC 难以做到的异质集成。

(4) 相比 SOB,SIP 使用更少的电路板空间,让终端产品设计更加灵活,可以使终端产品做得轻、薄、短、小,易于实现时尚个性化的外观设计,增加产品的附加值。

需要特别说明的是,SIP 技术并不能作为一种高级技术完全取代具有更高集成度水

平的单芯片硅集成技术 SOC,应该把 SIP 看作 SOC 的补充技术。

13.4　SIP 的封装形态分类与对应技术方案

ITRS 2.0 执行报告对当前主要的 SIP 封装解决方案进行了总结和分类[1],如图 13.3 所示。总体来看,分为水平、堆叠和埋入三种方式,这是按照封装的互连形态来分的。水平方式是芯片与芯片在引线框架或者基板的平面内集成;堆叠方式是芯片或封装体在垂直方向集成;埋入方式是将芯片埋入基板介质内,然后在垂直方向有更多的集成。其中,堆叠方式又分为基于中介的内部互连和片间直接互连。

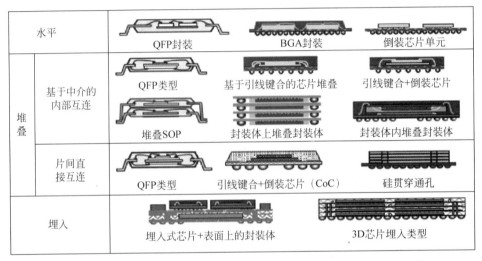

图 13.3　ITRS 2.0 执行报告对当前主要的 SIP 封装解决方案的分类[1,4]

13.5　系统级封装的技术解析

13.5.1　互连技术

从封装内部互连的方式来看,主要可以分为焊线、倒装、TSV、引线框架外引脚堆叠互连、封装基板与上层封装的凸点互连和 FO 及埋入式封装的重布线。在同一个 SiP 结构中,可以存在多种内部互连方式。比如,引线键合＋倒装芯片可以实现堆叠型的封装,包括基于中介的内部互连和片间直接互连两种堆叠型封装。

13.5.2　SIP 结构

SIP 结构由其应用需求与成本等因素共同决定,SIP 结构也决定了封装的效率和密度。

1. 引线框架形式

SOP、QFP、QFN、LGA 等封装形式可归结为引线框架结构的封装形式,芯片与引线框架的互连方式为引线键合,其结构又有水平、双面、芯片堆叠、封装堆叠及以上形式的组合等形式。

2. 基板形式封装

基板形式封装一般采用阵列引脚方式,主要包括 BGA、LGA 以及微小焊球阵列的 CSP。基板包括陶瓷基板、有机基板和挠性基板等类型。此类封装内部芯片之间及芯片与基板之间的互连方式主要有引线键合、倒装、TSV 等,辅助以重布线。其结构又可以分为 2D、2.5D 和 3D 封装形式以及在这些基本结构上的进一步混合。

2D 封装结构根据芯片间信号互连方式又可以分为焊线互连(图 13.4(a))、倒装互连(图 13.4(b))及采用球焊工艺和倒装工艺的焊线互连和倒装互连的混合互连(图 13.4(c))。

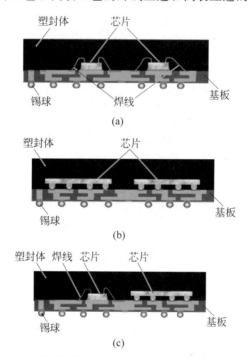

图 13.4 阵列引脚的焊线互连、倒装互连和混合互连

2.5D 封装具体结构可参见 12.5 节关于 2.5D 封装内容。

3D 封装结构包括基于基板的芯片堆叠、封装堆叠、双面封装等。芯片堆叠又可以分为焊线互连、焊线和倒装混合互连、基于 TSV 的芯片堆叠等结构,具体参见 12.3.1 节、12.3.2 节和 12.3.3 节关于芯片堆叠的内容。封装堆叠主要是基于载带互连的封装堆叠和基于焊球互连的封装堆叠,具体参见 12.2.2 节和 12.2.3 节关于封装堆叠的内容。

3. WLCSP、FOWLP 和埋入式封装结构

此类封装中重布线及凸点发挥主要的互连作用。其结构又可以分为 2D、2.5D 和 3D 封装形式以及在这些基本结构上的进一步混合。

2D 结构主要是 FOWLP 的 2D 集成，参见 11.5.1 节中 FOWLP 的结构。

2.5D 封装结构主要是扇出芯片键合基板结构的 2.5D 封装，参见 12.5.6 节内容。

3D 封装具体可参见第 11 章，特别是 11.6.2 节晶圆级封装异构集成内容，包括 WLCSP 的 3D 异构集成和 FOWLP 的 3D 异构集成，以及 12.3.4 节薄芯片集成 3D 封装、12.4 节芯片埋入封装内容。

13.5.3　无源元器件与集成技术

根据 SIP 的定义，也是为了更好地实现系统的功能，SIP 中可包含无源元器件，有时需要大量的无源元器件。

无源元器件通常包括电阻、电容、电感、滤波器、谐振器等。它可以分为分立的 SMT 类型的无源元器件，以及集成无源器件（Integrated Passive Device，IPD）。

1. 分立的无源元器件

SIP 使用的分立无源元器件为 SMT 类型无源元器件，最初来源于 PCB 组装使用的 SMT 无源元器件，目前在大部分应用中仍然相互共享。SIP 对 SMT 无源元器件的要求比一般 SMT 更高，推动了 SMT 元器件的持续微型化。表 13.1 列出系统级封装中常用的贴片电阻、电容和电感的标准尺寸参数。

表 13.1　系统级封装中常用的贴片电阻、电容和电感的标准尺寸参数

英制/in	公制/mm	长(L)/mm	宽(W)/mm	高(T)/mm
01005	0402	0.40 ± 0.02	0.20 ± 0.02	0.13 ± 0.02
0201	0603	0.60 ± 0.03	0.30 ± 0.03	0.23 ± 0.05
0402	1005	1.00 ± 0.05	0.50 ± 0.05	0.30 ± 0.10
0603	1608	1.60 ± 0.10	0.80 ± 0.10	0.40 ± 0.10
0805	2012	2.00 ± 0.20	1.25 ± 0.20	0.50 ± 0.10

SIP 集成 SMT 类型分立无源元器件的方法主要为表面贴装工艺，源于 PCB 组装所用的表面贴装工艺，其工艺内容基本一致，具体参见第 16 章。但其对贴装精度、工艺温度、残留控制更加严格。

2. 集成无源器件

分立无源元器件的缺点是占用面积大，贴装成本高。

集成无源器件技术是指以薄膜层压、晶圆制造平台和工艺、介质膜埋入或其他的方式将电阻、电容和电感等无源器件集成在基板、晶圆表面或基板内部，以及将滤波器、耦

合器和天线等射频无源器件也集成在基板或封装表面内,是 SIP 技术小型化、高性能和低价格的有效路径之一。

主要的集成方式包括集成于 LTCC[5]、MCM-D[6-7]、WLP[8-9]、FOWLP[10-11]、埋入式[12-14]、TSV[15-17] 等。

2001 年,Albert Sutono 等首次报告了基于 LTCC 的无线射频系统级封装应用组件库的开发。该库采用了紧凑的电感器和电容器拓扑,1.4nH 电感器的 Q 值高达 100。

2001 年,Geert Carchon 等报道了薄膜多层 MCM-D 技术作为集成高性能无线前端系统的一种可行方法。由于高质量的电介质和铜金属化,可以使用高质量的传输线和电感器。同时给出了带通滤波器、功率分配器、正交耦合器、微波馈通、DECT 压控振荡器和 14GHz 低噪声放大器的例子。

2007 年,Kai Zoschke 等报道了用 WLP 工艺制作电感、电容、电阻、传输线等元件,并展示了可倒装的 LC 滤波器和多个电阻集成两种 IPD[8]。如图 13.5 是 WLP IPD 低通滤波器显微镜照片。

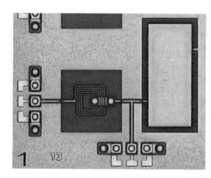

图 13.5　WLP IPD 低通滤波器显微镜照片(其中包含一个电容以及电感)[8]

2017 年,中国电子科技集团公司第五十八研究所的周秀峰等报道了基于 FOWLP 的高 Q 值 IPD[10]。通过选择玻璃作为衬底,利用 TGV 形成三维结构电感,可以制备 Q 值高达 70 的电感。结果表明,基于 eWLP 的插入器集成无源器件具有先进的异构系统集成、较小的外形尺寸和优异的电气性能等明显优势。

2010 年,Intel 公司的 Telesphor Kamgaing 等报道了在多层有机封装基板的核心层中埋入小尺寸射频 IPD。[13]

2011 年,Dzafir Shariff 等报道了将 IPD 和 TSV 集成到一个减薄的($100\mu m$)硅转接板上[15]。2020 年,台积电的 W. T. Chen 等报道了 TSV 深槽电容[16]。2021 年,西安理工大学的 Fengjuan Wang 等报道了基于 TSV 技术的三种五阶超小型发夹式带通滤波器[17]。

13.5.4　新型异质元器件与集成技术

为了更好地实现系统的功能,SIP 中还可包含其他异质元器件,如声表面波[18]或者声体波[19]器件、晶振[20]、天线[21]、MEMS[22]、LED[23]、图像传感器[24]、光波导[25]、其他半导体(GaAs、SiC、GaN、GeSi)器件[26-28]等。

13.5.5　电磁干扰屏蔽技术

为了保证电子设备不受外界电磁干扰,同时不对环境中其他电子设备造成电磁干扰,必须进行电磁屏蔽设计。电磁屏蔽设计已广泛应用在手机射频的功率放大模组、无线通信的 WiFi 模组、智能穿戴手表的内存/无线接入点/近场通信模组等领域。

SIP 实现封装级的电磁屏蔽,目前主要有两种方式[29],如图 13.6 所示。

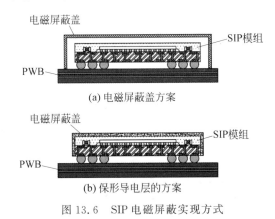

图 13.6　SIP 电磁屏蔽实现方式

图 13.6(a)为电磁屏蔽盖方案。通过回流将电磁屏蔽盖直接焊接在线路板上,覆盖所需要屏蔽的封装体。

图 13.6(b)为保形导电涂层或镀层的方案,即在封装体顶面和四个侧面通过保形涂覆一层导电材料,实现电磁屏蔽。保形导电涂层的涂覆方法有导电层喷涂[29]、导电层印刷、电镀[30-31]、化学镀[30,32]、蒸发、溅射[33]等方法。

保形导电涂层或镀层方案相比屏蔽盖方案的好处:屏蔽导电层紧贴封装体,不占额外的线路板的空间;无须额外设计制作屏蔽盖,无须额外的回流工艺,大幅度降低了成本[29]。

对于保形导电层方案,基板上通过两种方式进行镀层的接地设计:一是在基板的内层边缘打接地孔,孔中心与封装外缘重合,封装切割后露出通孔侧壁,涂层或者镀层工艺完成后即实现了保形导电层与通孔金属连接,从而实现接地;二是将接地设计延伸至基板表面边缘处,模塑尺寸设计得比接地层小,模塑后接地层露出,导电涂层或镀层工艺完成后即实现接地。

不管是通过接地孔还是边缘接地层进行接地设计,都需要一定的连接数量以及横截面积,以保证与外层镀层的连接。

对于复杂的 SIP 封装,封装内部集成天线和其他子系统,天线以外部分需要屏蔽,或者封装内部各子系统之间也会相互干扰,都需要在封装内部隔离。另外,对于大尺寸的

SIP封装,其整个屏蔽结构的电磁谐振频率较低,加上数字系统本身的噪声带宽很宽,容易在SIP内部形成共振,导致系统无法正常工作。因此,封装内部的局部屏蔽也越来越多,即在封装内部形成屏蔽墙,并与封装表面的保形屏蔽层一起将各子系统完全隔离开,如图13.7所示。屏蔽墙的具体实现方法可以用激光打穿塑封体,露出封装基板上的接地铜箔,灌入导电填料形成[34-35]。另外,划区屏蔽将屏蔽腔划分成小腔体,减小了屏蔽腔的尺寸,其谐振频率远高于系统噪声频率,避免了电磁共振,从而使得系统更稳定。

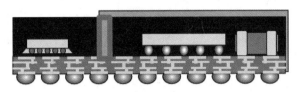

图13.7 局部屏蔽

13.5.6 封装天线技术

封装天线(AiP)技术是将一个天线(或多个天线)与收发器芯片集成在一个标准的表面贴装器件,是近年来天线和封装技术的重要成就。如图13.8所示,相较于传统的分立天线方案,AiP具有性能好、成本低、面积小等优势[36]。

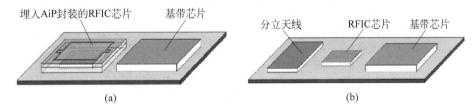

图13.8 封装天线技术与传统的分立天线对比[36]

AiP技术已被芯片制造商广泛接受,并用于60GHz无线电和手势识别雷达。它还在77GHz汽车雷达、94GHz的相控阵天线、122GHz图像传感、300GHz无线连接中得到了应用。在工作于低毫米波频段的5G及以上的通信中,可以认为AiP技术将提供更好的系统级天线封装解决方案。AiP技术将成为各种毫米波应用的主流天线和封装技术,具有广阔的应用前景[36]。

常见的AiP封装技术可分为LTCC[37]、高密度互连(HDI)[38]及FOWLP(或称eWLB)[39]三种方式,并依照电性、热机械可靠度、应用场景与成本等因素选择合适的封装方案。

13.6 SIP产品的应用

SIP封装综合运用现有的芯片资源及多种先进封装技术的优势,具有相对较小的封装体积,且较好地解决了 SOC 中诸如工艺兼容、信号混合、电磁干扰 EMI、开发成本等问题,在移动通信、蓝牙模块、网络设备、计算机及外设、数码产品、图像传感器、MEMS 封装、LED 照明等方面有很大的市场,市场规模持续扩大。

以下简单地举几个例子,了解 SIP 的应用及采用的封装结构以及演化。

1. 高带宽存储动态随机存储器

图 13.9 为高带宽存储动态随机存储器(HBM DRAM)的 SIP 内部结构示意图。系统由 HBM DRAM 堆栈、控制器(CPU)、转接板和基板组成,结合了基于转接板的 2.5D 封装和基于 TSV 的 3D 封装[40]。该结构可以提升管存储器的带宽,节省封装体积和能耗。

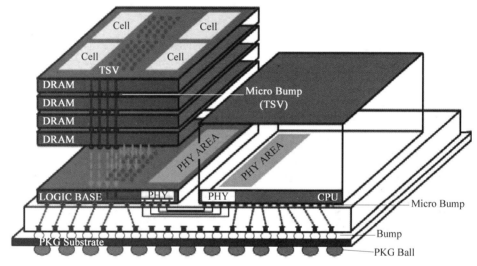

图 13.9　高带宽存储动态随机存储器的 SIP 内部结构示意图[40]

2. MEMS 惯性传感器

图 13.10 是 MEMS 惯性传感器系统级封装的形式以及其演化[41]。其主要包含一个由两部分结合而成的 MEMS 芯片以及一个 ASIC 芯片。最初采用 LCC 封装,芯片间通过焊线互连,进一步通过采用一个 TSV 基板安装 MEMS 与 ASIC(图 13.10(a));经过改进后安装到 LCC 基板上,形成 2.5D 封装结构,缩小了器件面积、高度并提高了性能(图 13.10(b));进一步改良的方案为直接用较厚的大直径通孔硅片作为基板,将 MEMS 和 ASIC 进一步集成,缩小了器件体积并降低了成本。

3. CMOS 图像传感器

CMOS 图像传感器也是一种系统级封装。其结构与演化参见 12.6.4 节[42]。

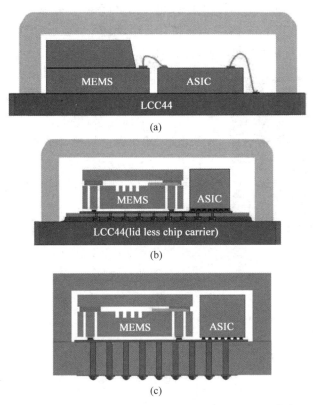

图 13.10　MEMS 惯性传感器系统级封装及其演化[41]

13.7　SIP 的发展趋势和面临的挑战

13.7.1　SIP 的发展趋势

　　SIP 是半导体封装发展的必然趋势,代表了半导体封装发展的方向,通过系统级封装的异质集成和工艺进步,持续满足各领域电子产品的小型化、多功能化、更好性能、更低成本的需求。

　　SIP 是半导体封装技术的综合,持续地应用了半导体封装的前沿发展成果,如从焊线走向倒装,从 2D 走向 2.5D 和 3D,从贴片式无源元件走向集成无源器件,从封盖式电磁屏蔽走向封装保形屏蔽、划区屏蔽,从多个封装到不同类型器件在封装中的集成、封装天线等。

　　特别值得一提的是,在 2.5D 和 3D 封装技术发展的基础上,系统级封装技术和应用快速发展的背景下,带动了小芯片技术的快速发展应用。

　　基于小芯片的 SIP 解决方案近年来受到关注[43]。AMD、Intel、Xilinx、华为海思等公司都已经发布了基于小芯片的产品。相对于单片 SOC,小芯片 SIP 可以提供更低的开发成本和更快的上市时间。整个 SOC 在单个过程节点中实现,由于较新工艺节点的 SOC 开发成本呈指数级增长,导致创新设计受限,模拟、射频、光子集成电路在新工艺节点(如 FinFET)中的开发需要更长的时间和成本,并且有更大的风险。基于小芯片的 SIP 可以化解 SOC 的开发周期和成本限制。在小芯片 SIP 中,模拟、射频、光子和逻辑存储器可以采用已优化的工艺节点开发,单个封装采用跨多个工艺节点的设计,从而提供规模经济性。基于小芯片的设计也为非常大的设计提供了好处。将低良率的大型芯片拆分为多个高良率的小芯片,可降低最终产品的总成本。

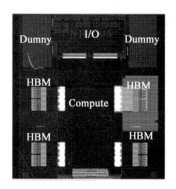

图 13.11 华为公司 Ascend 910
封装布局[44]

如图 13.11 是基于小芯片的系统的例子,该 SIP 为华为公司 2018 年发布的 Ascend 910 高性能计算人工智能芯片,包含 8 个小芯片设计,融合了 HBM 芯片,逻辑部分与 I/O 部分分离,两个假片,发布时是当时单芯片计算密度最大的芯片[44]。

13.7.2 SIP 面临的挑战

近年来,SIP 技术取得了巨大的进展,且仍在快速发展中,应用范围持续扩大。SIP 技术仍面临多方面的挑战,仍然需要持续的技术进步。面临的挑战如下:

(1) 功能进一步增加的挑战。随着功能增加协同设计变得越来越重要也越来越困难。协同设计的 EDA 工具将成为必需。

(2) 非电子的功能成为主要的功能带来的挑战。非电子的功能的设计与 EDA 工具的兼容还存在困难。

(3) 组装与互连方式的变化,从水平到垂直和全面互连,会带来众多挑战。

(4) 满足应用对可靠性的要求,面向可靠性的设计,可靠性的统计,评价方法与模型建立。

(5) 封装性能和工艺的发展对封装材料的要求持续提升。

(6) 热管理问题。

(7) 体积缩小的要求持续存在。

(8) 信号完整性变得关键。

(9) 功率/功耗增加的不可避免。随着计算能力增加、智能化、传感功能增加等,会带来功耗增加的问题。

(10) 测试与功能验证变得困难。

(11) 降成本是一个持续的挑战。

习题

1. 写出下列英文缩写对应的英文名称和中文名称：SIP，SOC，SOB，MCM，IPD，AIP。

2. 简述 SIP 对 SOC 和 SOB 的相对优势。

3. 列举 8 种以上 SIP 系统级封装结构，并按照 ITRS 2.0 的分类方法进行分类，可列表。

4. 列举 SIP 内部互连的不同方式。

5. 调研并介绍一种 SIP 封装领域的技术进展。

参考文献

[1] ITRS 2.0. https://eps.ieee.org/images/files/Roadmap/ITRSExecutiveReport2015.pdf.

[2] 13-Multichip Modules：A New Breed of Hybrid Microcircuits[M]. LICARI J J，ENLOW L R. Hybrid Microcircuit Technology Handbook（Second Edition）. Westwood，NJ：William Andrew Publishing，1998：526-64.

[3] System in Package. https://www.pcmag.com/encyclopedia/term/system-in-package.

[4] 胡杨，蔡坚，曹立强，等. 系统级封装（SiP）技术研究现状与发展趋势[J]. 电子工业专用设备，2012，41(11)：1-6,31.

[5] Sutono A，Heo D，Chen Y J E，et al. High-Q LTCC-based Passive Library for Wireless System-on-Package（SOP）Module Development[J]. IEEE Transactions on Microwave Theory and Techniques，2001，49(10)：1715-1724.

[6] Carchon G，Vaesen K，Brebels S，et al. Multilayer Thin-film MCM-D for the Integration of High-performance RF and Microwave Circuits[J]. IEEE Transactions on Components and Packaging Technologies，2001，24(3)：510-519.

[7] Pieters P，De Raedt W，Beyne E，et al. MCM-D Technology for Integrated Passives Components[C]. Proceedings of the 11th International Conference on Microelectronics（ICM99），Kuwait，Kuwait，1999：137-140.

[8] Zoschke K，Wolf M J，Toepper M，et al. Fabrication of Application Specific Integrated Passive Devices Using Wafer Level Packaging Technologies[J]. IEEE Transactions on Advanced Packaging，2007，30(3)：359-368.

[9] Han M，Luo L，Wang S F，et al. Suspended of High-Q Integrated Inductors Using Wafer Level Packaging Technologies[C]. Proceedings of the 14th International Conference on Electronic Packaging Technology（ICEPT），Chinese Inst Elect，Dalian，PEOPLES R CHINA，2013：648-650.

[10] Zhou X F，Ming X F，Ji Y，et al. Fabrication of High Q Factor Integrated Passive Devices Based on Embedded Fan-out Wafer Level Package[C]. Proceedings of the 18th International Conference on Electronic Packaging Technology（ICEPT），IEEE，Harbin，PEOPLES R CHINA，2017：601-604.

[11] Guan L T，Ho D S W，Ching E W L，et al. FOWLP Design for Digital and RF Circuits[C].

Proceedings of the 69th IEEE Electronic Components and Technology Conference (ECTC), Las Vegas, NV, 2019: 917-923.

[12] Golonka L J, Wolter K J, Dziedzic A, et al. Embedded Passive Components for MCM[C]. Proceedings of the 24th International Spring Seminar on Electronics Technology (ISSE 2001), Politehnica Univ Bucharest, Calimanesti, Romania, 2001: 73-77.

[13] Kamgaing T, Vilhauer R, Nair V, et al. Embedded RF Passives Technology Using a Combination of Multilayer Organic Package Substrate and Silicon-Based Integrated Passive Devices[C]. Proceedings of the 60th Electronic Components and Technology Conference, Las Vegas, NV, 2010: 1547-1551.

[14] Li H Y, Khoo Y M, Khan N, et al. High Performance Embedded RF Passive Device Process Integration[C]. Proceedings of the 58th Electronic Components and Technology Conference, Orlando, FL, 2008: 1709-1713.

[15] Shariff D, Marimuthu P C, Hsiao K, et al. Integration of Fine-Pitched Through-Silicon Vias and Integrated Passive Devices[C]. Proceedings of the IEEE 61st Electronic Components and Technology Conference (ECTC), Lake Buena Vista, FL, 2011: 844-848.

[16] Chen W T, Lin C C, Tsai C H, et al. Design and Analysis of Logic-HBM2E Power Delivery System on CoWoS (R) Platform with Deep Trench Capacitor[C]. Proceedings of the 70th IEEE Electronic Components and Technology Conference (ECTC), Electr Network, 2020: 380-385.

[17] Wang F J, Ke L, Yin X K, et al. TSV-based Hairpin Bandpass Filter for 6G Mobile Communication Applications[J]. IEICE Electronics Express, 2021, 18(15).

[18] Jones R E, Ramiah C, Kamgaing T, et al. System-in-a-package Integration of SAW RF Rx Filter Stacked on a Transceiver Chip[J]. IEEE Transactions on Advanced Packaging, 2005, 28(2): 310-319.

[19] Aigner R. High performance RF-Filters Suitable for Above IC Integration: Film Bulk-Acoustic-Resonators (FBAR) on Silicon[C]. Proceedings of the 25th Annual Custom Integrated Circuits Conference, San Jose, Ca, 2003: 141-146.

[20] Shih J-Y, Chen Y-C, Chiu C-H, et al. Quartz Resonator Assembling with TSV Interposer Using Polymer Sealing or Metal Bonding[J]. Nanoscale Research Letters, 2014, 9(1): 541.

[21] Tsai M, Chiu R, He E, et al. Innovative Packaging Solutions of 3D System in Package with Antenna Integration for IoT and 5G Application[C]. Proceedings of the 20th IEEE Electronics Packaging Technology Conference (EPTC), Singapore, SINGAPORE, 2018: 1-7.

[22] Lau J H. Design and Process of 3D MEMS System-in-Package (SiP)[J]. Journal of Microelectronics and Electronic Packaging, 2010, 7(1): 10-15.

[23] Gielen A W J, Hesen P, Swartjes F, et al. Development of an Intelligent Integrated LED System-in-Package[C]. Proceedings of the 18th European Microelectronics & Packaging Conference (EMPC), Brighton, ENGLAND, 2011.

[24] Sekiguchi M, Numata H, Sato N, et al. Novel Low Cost Integration of Through Chip Interconnection and Application to CMOS Image Sensor[C]. Proceedings of the 56th Electronic Components and Technology Conference, San Diego, CA: 1367-1374.

[25] Iyer M K, Ramana P V, Sudharsanam K, et al. Design and Development of Optoelectronic Mixed Signal System-on-Package (SOP)[J]. IEEE Transactions on Advanced Packaging, 2004, 27(2): 278-285.

[26] Wu J, Coller D, Anderson M J, et al. RF SiP Technology: Integration and Innovation[C].

Proceedings of the International conference on compound semiconductor manufacturing，Citeseer，2004.

[27] Liang Z X，Lu B，van Wyk J D，et al. Integrated CoolMOS FET/SiC-diode Module for High Performance Power Switching[J]. IEEE Transactions on Power Electronics，2005，20(3)：679-686.

[28] Ferreira A J，Popovic J，van Wyk J D，et al. System Integration of GaN Technology[C]. Proceedings of the International Power Electronics Conference (IPEC-ECCE-ASIA)，Hiroshima，JAPAN，2014：1935-1942.

[29] Karim N，Mao J，Fan J，et al. Improving Electromagnetic Compatibility Performance of Packages and SiP Modules Using a Conformal Shielding Solution[C]. Proceedings of the Asia-Pacific International Symposium on Electromagnetic Compatibility/Technical Exhibition on EMC RFIMicrowave Measurements and Instrumentation，Beijing，CHINA，2010：56-59.

[30] Mukai K，Magaya T，Eastep B，et al. A New Reliable Adhesion Enhancement Process for Directly Plating on Molding Compounds for Package Level EMI Shielding[C]. Proceedings of the 10th International Microsystems，Packaging，Assembly and Circuits Technology Conference (IMPACT)，Taipei，CHINA，2015：200-203.

[31] Mukai K，Eastep B，Kim K，et al. A New Reliable Adhesion Enhancement Process for Directly Plating on Molding Compounds for Package Level EMI Shielding[C]. Proceedings of the 66th IEEE Electronic Components and Technology Conference (ECTC)，Las Vegas，NV，2016：1530-1537.

[32] Jiang F K，Li M，Gao L M. Research on Conformal EMI Shielding Cu/Ni Layers on Package [C]. Proceedings of the 15th International Conference on Electronic Packaging Technology (ICEPT)，Chinese Inst Elect，Chengdu，CHINA，2014：227-230.

[33] Su J，Wang Y P，Tsai M，et al. EMI Shielding Solutions for RF SiP Assembly[C]. Proceedings of the 14th International Microsystems，Packaging，Assembly and Circuits Technology Conference (IMPACT)，Taipei，CHINA，2019：46-50.

[34] Kuo-Hsien L，Chan A C-H，Hsien S C，et al. Novel EMI Shielding Methodology on Highly Integration SiP Module[C]. Proceedings of the 2nd IEEE Leading International Components，Packaging，and Manufacturing Technology Symposium (CPMT)，Kyoto，JAPAN，2012.

[35] Hong X，Zhuo Q Z，Cao X P，et al. Compartmental EMI Shielding with Jet-Dispensed Material Technology [C]. Proceedings of the 69th IEEE Electronic Components and Technology Conference (ECTC)，Las Vegas，NV，2019：753-757.

[36] Zhang Y P，Mao J F. An Overview of the Development of Antenna-in-Package Technology for Highly Integrated Wireless Devices[J]. Proceedings of the IEEE，2019，107(11)：2265-2280.

[37] Wi S-K，Kim J-S，Kang N-K，et al. Package-level Integrated LTCC Antenna for RF Package Application[J]. IEEE Transactions on Advanced Packaging，2007，30(1)：132-141.

[38] Hong W，Baek K-H，Goudelev A. Multilayer Antenna Package for IEEE 802.11ad Employing Ultralow-Cost FR4 [J]. IEEE Transactions on Antennas and Propagation，2012，60(12)：5932-5938.

[39] Zhu C M，Wan Y L，Duan Z M，et al. Co-Design of Chip-Package-Antenna in Fan-out Package for Practical 77 GHz Automotive Radar [C]. Proceedings of the IEEE 71st Electronic Components and Technology Conference (ECTC)，Electr Network，2021：1169-1174.

[40] Lee J C，Kim J，Kim K W，et al. High Bandwidth Memory(HBM) with TSV Technique[C].

Proceedings of the International SoC Design Conference（ISOCC），Jeju，SOUTH KOREA，2016：181-182.

[41] Steller W，Meinecke C，Gottfried K，et al. SIMEIT-Project：High Precision Inertial Sensor Integration on a Modular 3D-Interposer Platform[C]. Proceedings of the IEEE 64th Electronic Components and Technology Conference（ECTC），Lake Buena Vista，FL，2014：1218-1225.

[42] Beica R. 3D Integration：Applications and Market Trends［C］. Proceedings of the IEEE International 3D Systems Integration Conference（3DIC），Sendai，JAPAN，2015.

[43] Farjadrad R，Vinnakota B. A Bunch of Wires（BoW）Interface for Inter-Chiplet Communication ［C］. Proceedings of the 26th IEEE Annual Symposium on High-Performance Interconnects （HOTI），Intel，Santa Clara，CA，2019：27-30.

[44] Liao H，Tu J J，Xia J，et al. Ascend：a Scalable and Unified Architecture for Ubiquitous Deep Neural Network Computing ：Industry Track Paper［C］. Proceedings of the 2021 IEEE International Symposium on High-Performance Computer Architecture（HPCA），2021：789-801.

第

14

章

印制电路板工艺

14.1　印制电路板的基本概念

印制电路板(Printed Circuit Board,PCB)是指在绝缘基板上有选择地加工安装孔、连接导线和装配焊接电子元器件的焊盘,以实现元器件间的电气连接的组装板,指一种互连元件。有时也把组装有元器件的线路板称为印制电路板。而印制线路板(PWB)则专指互连元件。

印制电路板是承载电子元器件并连接电路的桥梁,是电子工业重要的电子部件之一,广泛应用于通信、消费电子、计算机、汽车电子、工业控制、医疗器械、航空航天以及国防等领域,是电子信息产品中不可缺少的电子元器件。

印制电路板产值与电子设备产值之比称为印制电路板的投入系数。据公开报道,2019年全球印制电路板产值为613亿美元,全球电子设备产值达2.9219万亿美元,投入系数约为2.1%。

自20世纪90年代末以来,中国大陆PCB产值增长迅速,成为全球PCB产值增长最快的区域。2006年,中国大陆首次超过日本,成为全球第一大PCB生产基地。2019年,中国大陆PCB全年产值约为329亿美元,当年全球总体PCB产业产值为613亿美元,中国大陆占比达53.6%。

14.2　印制电路板的功能

印制电路板具有以下功能:

(1)提供集成电路等各种电子元器件固定、组装和机械支撑的载体。

(2)实现集成电路等各种电子元器件之间的电连接或电绝缘,并提供所要求的电气特性,如特性阻抗等。

(3)印制电路板表面印刷有阻焊和字符,为自动锡焊提供阻焊图形,为元器件安装(包括插装及表面贴装)、检查、维修提供识别字符和图形。

14.3　印制电路板的分类

14.3.1　按照层数分类

印制电路板按照层数可以分为单面板、双面板和多层板。

单面板是在厚度为0.2～5mm的绝缘基板上,只有一个表面敷有铜箔,通过印制和腐蚀的方法在基板上形成印制电路。单面板制作简单,器件安装密度低。

双面板是在厚度为0.2～5mm的绝缘基板两面均印制电路。它适用于一般要求的电子产品,如电子计算机、电子仪器和仪表等。

在绝缘基板上印制3层以上印制电路的印制电路板称为多层板。它是由几层较薄的单面板或双面板组合而成,其厚度一般为 1.2～2.5mm。多层板所用的元件多为贴片式元件,它可使设计人员能够制作出非常高密度和高复杂性的设计。其特点如下:

(1) 缩小了元器件间距,配合多输入/输出端的集成电路,使整机小型化;

(2) 缩短了信号传输长度,降低了电路损耗,提高了电路的性能;

(3) 增设了电源层和接地层,为电路提供电力供应,降低了电路的电磁干扰和信号失真;

(4) 接地散热层可减少局部过热现象,提高整机工作的可靠性。

PWB 基板多层布线时,为了减少多层布线的层间干扰,特别是高频应用下的层间干扰,两层间的走线应互相垂直;电源层应布置在内层,它和接地层应与上下各信号层相近,并尽可能均匀分配,这样既可以防止外部对电源的扰动,也避免了电源线走线过长而影响信号传输。

多层板又可以进一步分为常规多层板和积层多层板(Build-up Multilayer Board,BUM)。积层多层板积层部分介质层较薄,采用微孔工艺,微孔像芯片工艺中一样只连接相邻两层,孔密度更高且线路排布效率极高,信号线长度更短。

14.3.2　按照基材分类

印制电路板按照基材可以分为陶瓷基底印制板、金属芯基印制板及有机基板等。有机基板又分为纸基印制板、玻璃布基印制板、合成纤维印制板、挠性基板、积层多层板等。

按适用频率可将印制电路板分为低频印制电路板和高频印制电路板两种。随着信息和通信电子的高速发展,信号处理和传输的速度越来越快,电子设备内部信号频率越来越高,新产品对印制电路板适用频率要求越来越高,高频印制电路板的基材与低频不同,可由聚四氟乙烯、聚乙烯、聚苯乙烯、聚四氟乙烯玻璃布等介质损耗及介电常数小的材料构成。

14.3.3　按照硬度分类

印制电路板按照硬度可以分为刚性板、挠性板和刚挠结合板。

刚性板为用刚性基材制作的基板。挠性基板使用具有柔软、可折叠的有机材料制成的薄膜作为绝缘基材。挠性印制板与刚挠印制板的主体结构都是挠性材料。

14.4　PCB 的技术发展进程

自诞生以来,PCB 一直处于迅速发展之中。20 世纪 80 年代家用电器产品的出现,90 年代信息产业的崛起,都极大地推动了 PCB 在其产品(品种与结构)、产量和产值上的急速发展。自 2009 年以来,伴随着下游智能手机、平板电脑、智能穿戴等新型电子产品消费的兴起,新型 PCB 的产值迅速增加。

PCB 经历了以下三个发展阶段：

（1）通孔插装技术用 PCB 阶段

该阶段器件以 DIP 器件为代表，时间跨度为 20 世纪 40 年代出现 PCB 直到 80 年代末。这一阶段镀（导）通孔起着电气互连和支撑元件引腿的双重作用，由于元件引腿尺寸已确定，所以提高 PCB 密度主要是以减小导线宽度/间距为特征。随着印制电路板技术的提高，线宽/间距在持续减小。

（2）表面贴装技术用 PCB 阶段

该阶段器件先后以 QFP 和 BGA 器件为代表，时间跨度为 20 世纪 90 年代，其中镀（导）通孔仅起着电气互连作用，因此，提高 PCB 密度以尽量减小镀（导）通孔直径尺寸和采用埋盲孔结构为主要途径。

（3）芯片级封装用 PCB 阶段

该阶段具有代表性的为 CSP，典型产品是新一代的积层式多层板，其主要特征是从线宽/间距（<0.1mm）、孔径（<0.1mm）到介质厚度（<0.1mm）等全方位地进一步减小尺寸，使 PCB 达到更高的互连密度，来满足 CSP 的要求。

14.5　印制电路板的基本工艺概述

14.5.1　加成法、减除法和半加成法

印制电路板工艺根据 Cu 图形的形成工艺分为减除法和加成法两大类，其中加成法又分为全加成法和半加成法。

减除法：先用光刻方法形成图形化的掩膜层；再利用掩膜保护进行化学刻蚀，去除铜层不必要的部分，留下需要的电路图形。

全加成法：完全用化学沉铜方法形成电路图形和孔金属化互连。它适合制作超精细线路，但制作成本高。

半加成法：钻孔后用化学沉铜工艺使孔壁和板面沉积一层薄金属铜（约 $5\mu m$ 以上），然后光刻方法形成图形化抗镀干膜，进行图形电镀铜加厚，然后去抗镀干膜，蚀刻去掉非图形部分的薄铜层，留孔金属化的印制板。

三种工艺示意图如图 14.1 所示。

半加成法还可进一步细分出改良型半加成法。与一般半加成法不同的是，改良型半加成法有基铜，一般半加成法没有基铜而是完全依靠表面活化然后化学镀铜，化学镀铜厚度为 $1.5\mu m$ 以下。改良型半加成法的基铜厚度一般为 $3\sim9\mu m$，一般通过覆铜箔层压板减薄铜得到[1]。

14.5.2　主要原物料介绍

1. 干膜

干膜是光阻材料，经过一定剂量的紫外线辐照后发生交联反应，形成一种不溶于显

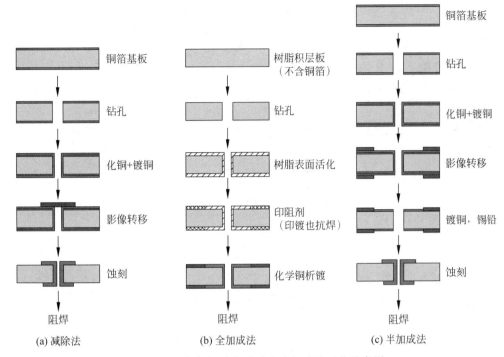

图 14.1　减除法、全加成法和半加成法工艺示意图

影液的物质附着于板面,而未被光照的地方不发生交联反应,溶于显影液。通过干膜的光刻过程将图形从光刻版(胶片)转移到样品表面,从而进一步用于图形化镀膜和蚀刻等。

　　干膜的厚度一般有 0.8mil、1.2mil、1.5mil 和 2.0mil。厚度越薄,图形精度越高。

2. 覆铜板

　　覆铜板也称为覆铜箔层压板(Copper Clad Laminate,CCL),是将电子玻璃纤维布或其他增强材料浸树脂,然后一面或双面覆以铜箔并经热压而制成的一种板状材料,简称覆铜板。

3. 半固化片

　　半固化片(Prepreg,PP)是树脂与玻璃纤维载体合成的一种片状黏结材料。其主要作用是多层板内层板间的黏结和调节板厚。
　　树脂具有三个生命周期:
　　A 型:液态的环氧树脂。
　　B 型:部分聚合反应,成为固体胶片,是半固化片。
　　C 型:经过层压工艺,半固化片经过高温熔化成为液体然后发生高分子聚合反应,成为固体聚合物,将铜箔与基材黏结在一起。成为固体的树脂为 C 型。

4. 铜箔

铜箔的主要作用是作为多层板顶、底层形成导线的基铜材料。其主要特点是在一定温度与压力作用下,与半固化片黏结在一起。

5. 阻焊和字符

阻焊的主要作用是防焊,避免焊接短路;同时还起保护内部布线、绝缘和抗酸碱的作用。

字符主要起标识作用,方便插件、贴片与修理。

阻焊和字符一般是通过丝印形成的,在光照或加温下发生固化。

14.5.3 涉及的主要制作工艺

制作工艺涉及光刻、蚀刻、钻孔、孔金属化、树脂表面敏化、电镀、化学镀、有机材料涂敷、薄膜固化、层压、薄膜沉积等工艺/工序。下面按照不同的印制电路板分别介绍。

14.6 单面、双面刚性 PCB 的典型工艺流程

图 14.2 为单面 PCB、减除法和半加成法双面 PCB、全加成法双面 PCB 和多层板 PCB 的典型工艺流程。

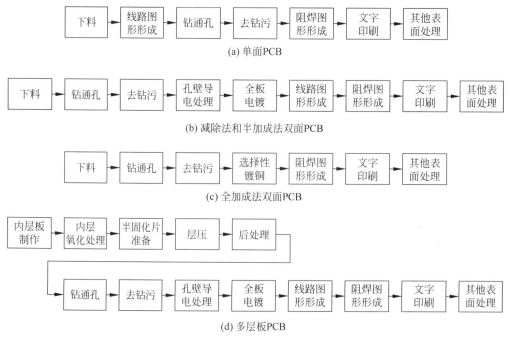

图 14.2 不同类型 PCB 的典型工艺流程

14.6.1 半加成法双面 PCB 制作工艺

半加成法双面 PCB 工艺最具代表性,其他类型 PCB 工艺可以参考半加成法双面 PCB 工艺,并在部分工艺步骤和方法上有所调整得到。下面以半加成法双面 PCB 工艺为基础详细展开。其具体制作工艺特别是孔金属化有多种方法,工艺流程如图 14.3 所示。

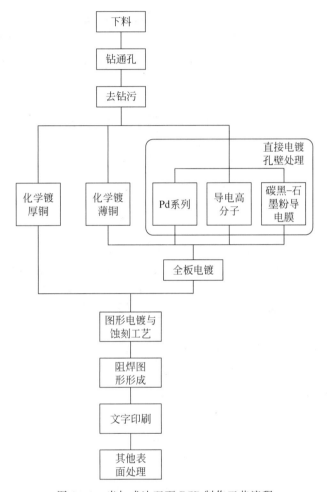

图 14.3 半加成法双面 PCB 制作工艺流程

1. 下料

将原本大面积的材料裁切成所需要的工作尺寸。

2. 钻通孔

通孔有两个作用:一是用作各层间的电气连接;二是用作插装器件如 IC、电子、电容的固定或定位。

目前,印制电路板通孔的加工方法有数控机械钻孔、机械冲孔、等离子体蚀孔、激光钻孔、化学蚀孔等。

化学蚀孔方法比等离子等离子体蚀孔、激光蚀孔法便宜,能蚀刻 $50\mu m$ 以下的孔。但所能蚀刻的材料有限,主要针对聚酰亚胺材料,用于柔性电路板。

3. 去钻污

PCB 钻孔工序中,通常会有钻屑不能完全排出而留在孔内,并且钻孔时的高温造成钻屑与孔壁紧密结合。板材越厚,孔径越小,留下的钻屑越多。这些钻屑如不清除或清除不净,会大大影响化学沉铜的结合力,甚至会形成塞孔、孔内开路等致命缺陷。

4. 孔金属化中的孔壁导电处理

孔金属化工艺是印制电路板制作技术中最重要的工序之一。孔金属化是指在印制板上钻出所需要的过孔,在孔中用化学镀和电镀方法使绝缘的孔壁上镀上一层导电金属,印制板的各层印制导线通过孔壁导电金属互相连通的工艺。

孔壁导电化处理主要包括化学镀铜和直接电镀两类。

1)化学镀铜

化学镀铜流程可以分为前处理和化学镀铜两部分。

前处理即用活化剂处理,使绝缘基材表面吸附上一层活性的粒子,通常用金属钯粒子;然后铜离子在这些活性的金属钯粒子上被还原,而这些被还原的金属铜晶核本身又成为铜离子的催化层,使铜的还原反应继续在这些新的铜晶核表面上进行。

除直接镀厚铜外,通常会在化学镀铜的基础上电镀铜,实现层间可靠的互连以及性能更优的布线。

2)直接电镀铜的孔壁导电处理

化学镀铜工艺仍然存在一些缺点:①镀液属自身氧化还原体系,容易自发分解,镀液管理难度高;②镀前处理工艺繁杂;③化学沉铜速度较低;④化学镀铜层物理性能差、可靠性低等;⑤化学沉铜过程会释放氢气产生气泡,导致小孔开路;⑥化学镀铜液使用甲醛作还原剂,危害人体健康,污染环境;⑦化学镀铜废水中含有大量络合剂,不易生物分解,处理困难。因此,人们一直致力于开发替代工艺。最早的直接电镀思想见于 1963 年 IBM 公司的 Radovsky 和 Ronkese 的一项获得美国专利局授权的发明专利。直接电镀经过近几十年的发展,已形成了成熟的工艺技术,其化学品也相继商品化,在印制板行业得到了广泛应用。

直接电镀工艺是指通过短时间的处理,选择性地在孔壁基材表面形成导电层,经正常的全板电镀和图形电镀就能达到孔金属化目的的工艺。

直接电镀法主要有以下三种工艺方法:

(1)以钯盐或钯化合物作为导电物质。其技术原理为印制板非导体的孔壁通过吸附 Pd 胶体或钯离子获得导电性,为后续电镀提供了导电层。

(2)以导电性高分子聚合物作为导电物质。其技术原理:首先孔壁表面在高锰酸钾碱性水溶液中发生化学反应生成二氧化锰层；然后在酸溶液中，单体吡咯或吡咯系列杂环化合物在孔壁表面生成覆盖聚吡咯膜聚合物导电膜；最后在导电膜上直接电镀完成金属化。

（3）以炭黑-石墨粉导电膜作为导电物质。其技术原理是将精细的炭黑和石墨粉浸涂干燥后附着在孔壁形成导电层进行直接电镀。该工艺又称黑孔工艺。黑孔液主要由精细的石墨和炭黑粉（颗粒直径为 $0.2 \sim 0.3 \mu m$）、去离子水和表面活性剂等组成。通过表面活性剂将精细的石墨和炭黑粉分散到去离子水中。干燥后实现附着。该工艺生产周期短，生产效率大幅提高，同时污水处理简单。

通过以上不同系列的孔壁导电处理后，即可以进行全板电镀。

5. 全板电镀铜

镀铜用于全板电镀和图形电镀，其中全板镀铜是紧跟在化学镀铜或直接电镀的孔壁导电处理之后进行，而图形电镀是在图形转移之后选区电镀。

化学镀铜后续的全板电镀铜的作用与目的是保护刚刚沉积的化学铜，作为孔的化学镀铜层的加厚层。

镀液的成分和作用如下：

（1）硫酸铜。硫酸铜是镀液中主盐，它在水溶液中电离出铜离子，铜离子在阴极上获得电子沉积出铜镀层。硫酸铜浓度控制在 $60 \sim 100 g/L$。

（2）硫酸。硫酸的主要作用是增加溶液的导电性。硫酸的浓度影响镀液的分散能力和镀层的机械性能。

（3）添加剂。添加剂在 PCB 电镀液中有不可替代的作用，能有效改善电镀过程中的电流分布，提高镀液的均镀能力，影响铜离子从溶液本体到反应界面的输运与电结晶过程，从而改变板面微观凹处和微观凸处的电化学沉积速率。PCB 电镀铜添加剂一般包括氯离子、加速剂、抑制剂和整平剂。添加剂的作用效果并不是各组分作用的简单叠加，而是存在着复杂的协同作用或对抗竞争作用。

6. 图形转移与线路形成

半加成法主要采用图形电镀蚀刻工艺实现图形转移与线路形成。

该工艺通过光刻形成电镀窗口，电镀 Cu 和 Sn 后去光阻层，用电镀 Sn 层作掩膜腐蚀非图形区域的薄铜，然后去锡露出铜线路图形。

图形电镀铜的目的是加厚线路及孔内铜厚，从而满足各线路额定的电流负载。

主要流程如下：

（1）光刻：采用耐电镀干膜或光阻形成电镀窗口。

（2）图形电镀铜：与前述镀铜工艺基本一致，厚度根据实际需要。

（3）镀锡预浸工艺：镀锡前需要用稀硫酸除去铜表面的轻微氧化；维持镀锡缸的酸度，减小镀锡缸各主要成分变化。

（4）镀锡：在酸性硫酸亚锡镀液中进行，亚锡离子不断得到电子被还原为金属锡，沉积在已经镀铜的板面及孔内，直至达到所需的厚度。镀液成分主要为硫酸、硫酸亚锡。

(5) 退膜:去除光阻,该制程所使用的化学药液以 NaOH 为主。

(6) 蚀刻:蚀去除非线路铜获得成品线路图形。

(7) 退锡(铅):选择性腐蚀去除锡(铅),露出铜表面。

7. 阻焊图形制备

印制板的表面涂覆阻焊油墨起源于 20 世纪 60 年代末。阻焊的种类有热固型阻焊油墨、UV 固化型、干膜感光型阻焊、液态感光型阻焊油墨。其中热固型阻焊应用受到 PCB 耐热限制,UV 固化型因此出现。热固阻焊油墨和 UV 固化型阻焊油墨,图形形成方法均为丝网印刷,精度受限。干膜感光型阻焊材料昂贵,操作工序复杂。目前,液态感光型使用最为广泛。以下工艺均基于液态感光型阻焊油墨。

阻焊图形制备工艺流程(图 14.4)如下:

(1) 前处理:去除板面的氧化物、油脂和杂质,清洁并粗化表面,使版面与阻焊有良好的结合力。

(2) 涂敷:主要采用丝网印刷方法。

(3) 预烘:使油墨中溶剂挥发。

(4) 曝光:光照部分油墨发生交联反应,强度增加且不会被显影液去除。双面板可用不同掩膜对准同时曝光。

(5) 显影:未被光照部分的树脂被 Na_2CO_3 溶液溶解而去除。

(6) 后烘和紫外固化:使油墨彻底固化,形成稳定的网状结构。

8. 文字印刷

目前业界有的将文字印刷放在喷锡后,也有放在喷锡前。文字油墨分为热固化文字油墨和紫外固化文字油墨。

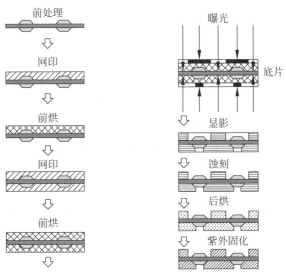

图 14.4　阻焊图形制备工艺流程

9. 其他表面处理

表面处理有不同的工艺方法,主要为表面喷锡。

1）表面喷锡工艺

喷锡作为电路板板面处理的一种最为常见的表面涂敷形式,广泛应用于线路的生产。喷锡的主要作用:①防治裸铜面氧化;②保持焊锡性。

2）其他

除喷锡外,其他的表面处理的方式还有热熔锡铅、有机保焊膜、化学镀锡、化学镀银、化学镀镍金、电镀镍金等。

有时候同一块 PCB 上不同区域可以做不同的表面处理,如元器件焊接区域采用喷锡工艺,插头部分的金手指采用电镀镍金工艺。实际工艺过程中,通过贴膜保护实现选择区域表面处理。

14.6.2 减除法双面 PCB 制作工艺

典型的减除法双面 PCB 制作工艺。与半加成法相比,其主要的差别是减除法线路图形是通过掩膜腐蚀得到的,半加成法是通过图形电镀得到的,半加成法的铜腐蚀仅发生在非线路图形处。半加成法仅需要腐蚀较薄的铜,因此线路精度可以更高。

减除法双面 PCB 制作工艺如下:

（1）下料。

（2）钻通孔。

（3）去钻污。

（4）孔壁导电处理。

（5）全板电镀。

减除法可以通过较厚的铜箔得到较厚的铜层。一般通过全板电镀也可以得到加厚的铜导电层。

（6）图形转移与线路形成:

① 光刻与刻蚀工艺。在洁净的覆铜板上均匀地涂布一层感光胶或粘贴光致抗蚀干膜,通过照相底版曝光、显影、坚膜、蚀刻、获得电路图形,如图 14.5 所示。双面板为双面进行。

② 丝网印刷蚀刻工艺。丝网印刷是一种有着悠久历史的印刷方法,在 PCB 制程与组装等工艺中也发挥和重要的作用。丝网印刷是指利用网版的图形部分的网孔可透过油墨,非图形部分的网孔封闭不能透过油墨的基本原理进行印刷。电路板中常用的网布材质为尼龙、聚酯或不锈钢,网布的主要参数包括网目

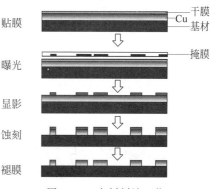

图 14.5 光刻刻蚀工艺

数、网布厚度、线径、开口尺寸等。图 14.6 为网布的参数以及其对印刷结果的影响示意图。PCB 工艺中丝网印刷油墨的厚度通常为 $10\sim30\mu m$。受限于线径大小和开孔尺寸，PCB 丝网印刷图形精度低，网印 0.1mm 以下的导线易出锯齿状、质量较差。

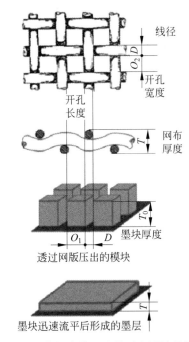

图 14.6　网布的参数以及其对印刷结果的影响

将事先制好的具有所需电路图形的网板置于洁净的覆铜板的铜表面上，印刷时在网版的一端倒入油墨，用刮板对网版上的油墨部位施加一定压力，同时朝网版另一端匀速移动，油墨在移动中被刮板从图形部分的网孔中挤压到电路板表面，如图 14.7 所示。

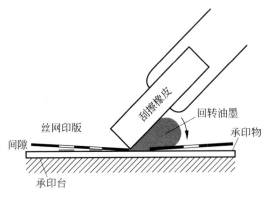

图 14.7　丝网印刷涂布油墨示意图

涂布的油墨干燥后即成为蚀刻铜的掩膜，蚀刻去除无掩膜部分的铜后，去除油墨，即实现电路图形。

（7）板面处理：阻焊膜涂覆。

（8）板面处理：文字印刷。

（9）其他表面处理。

14.6.3 单面印制电路板制作工艺

单面印制电路板制作工艺流程可参考减除法双面板工艺流程，与双面板不同的是，单面板的钻孔一般在图形转移与蚀刻完成之后进行，且不需要孔金属化工艺。单面板去钻污的要求也比双面板低。

单面 PCB 制作工艺流程如下：

（1）下料：采用单面覆铜板，铜箔较厚。

（2）图形转移与线路形成：形成单面线路。

（3）钻通孔。

（4）去钻污。

（5）阻焊膜涂覆。

（6）文字印刷。

（7）表面处理。

14.6.4 加成法双面 PCB 制作工艺

加成法双面 PCB 制作工艺流程如下：

（1）下料：采用没有铜箔的基材。

（2）钻通孔。

（3）去钻污。

（4）选择性镀铜。

① 化学镀厚铜。去钻污后，进行调整、预浸、表面和孔壁活化工艺，与普通化镀铜工艺一致。之后，印制抗镀也抗蚀的光阻，化学镀铜，退膜。其完全用化学沉铜方法形成电路图形和孔金属化互连，属于全加成法，适合制作超精细线路，但制作成本高。

② 选择性直接电镀工艺。光刻后用直接电镀方法实现仅在需要的孔和布线区域直接电镀。

（5）阻焊图形形成。

（6）文字印刷。

（7）其他表面处理。

14.7 刚性多层板及其工艺流程

多层印制电路是包含三层以上的导电图形层的印制板，其层间的导电图形按要求互连。多层印制板具有以下特点：

(1) 多层板利用三维空间互连,单位面积的布线密度与组装密度高。

(2) 多层板可供布线的层数多,导线布通率高;两点之间互连可以实现最短走线,减少多层板在高频传输时的延迟和衰减。

(3) 多层板导电层数多,可以把信号线之间的导电层做成接地层,起到屏蔽作用,减少信号串扰;也可以将多层板表面导电层做成散热图形,用于高密度组装件的均匀散热。

(4) 多层板的信号线与接地层的结合,可做成具有一定特性阻抗值的微带线或带状线。

多层板布线时应尽可能将相邻层的走线方向呈正交结构,避免将不同的信号线在相邻层走同一方向,以减少不必要的层间串扰;当由于板结构限制必须走同一方向,且信号速率较高时,应考虑用地平面隔离各布线层,用地信号线隔离各信号线。

多层板的制作工艺流程与双面板的制作流程有较多相通之处。其工艺流程不同是包括内层板的制作与内层氧化处理,层压工艺步骤。层压后的多层板内部有多层布线,表面为铜箔,与双面板工艺前一致,然后可按照双面板工艺路程处理,制作外层布线,涂敷阻焊膜及进行其他板面处理后即形成成品。

内层板的制作工艺也与双面板的部分工艺流程相通,具体如下：

(1) 内层板的制作。根据产品不同主要有三种流程。

① 冲对位孔后腐蚀图形：下料→对位孔→前处理→图形转移→蚀刻→去膜。

② 腐蚀图形后冲对位孔：下料→前处理→图形转移→蚀刻→去膜→对位孔。

③ 孔金属化后形成线路图形：下料→钻孔→孔金属化→电镀→图形转移→蚀刻→去膜。

多层板的内层与半固化片都需要制作定位孔,以方便层压工艺中各层对准。以上三种内层板制作流程中,前两种的差别仅在于对位孔与铜图形的制作顺序。第三种则是有埋孔时的流程。

以上前两种工艺中前处理工艺的目的是去铜面污染,增加铜面粗糙度。前处理方法包括喷砂法、化学微蚀法、机械研磨法等。

图形转移与蚀刻工艺与前述双层板的图形转移与蚀刻工艺方法一致。

第三种工艺中的钻孔,即孔金属化等工艺与前述双面板的钻孔、孔金属化等工艺基本一致。

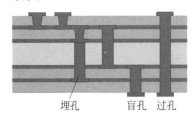

图 14.8 多层板中埋孔、盲孔和过孔

目前,金属化孔主要有埋孔、盲孔和过孔三类,如图 14.8 所示。

(2) 内层氧化处理。内层氧化处理的主要目的是增加铜表面与树脂接触的表面积,增加铜面对树脂的浸润性,从而加强二者之间的附着;同时,在裸铜表面产生一层致密的钝化层,以阻绝高温下液态树脂中胺类对铜面的影响。

(3) 半固化片准备。半固化片准备包括裁切、打定位孔等。

(4) 层压。层压是指将外层铜箔、半固化片与氧化处理后的内层电路板压合成多层板的工艺过程。在多层板内层之间以及内层与外层铜箔之间通过叠放半固化片,半固化片在一定温度下熔化,填充图形之间的空间,形成绝缘层;然后进一步加热后逐步固化,形成稳定的绝缘材料,连接成一个整体的多层板。

首先进行预叠。4层以上的板存在多个内层板,需要将多个内层以及半固化片铆合起来,然后进行叠层。图14.9为层压叠层的结构示意图。其中钢质载盘、盖板起均匀传热作用。牛皮纸起到均匀施压的效果,且可防止滑动。可以一次层压多个多层板,不同多层板用镜面钢板隔离,防止表层铜箔皱褶凹陷,且便于拆板。此外,还可以有脱模纸及压垫等。

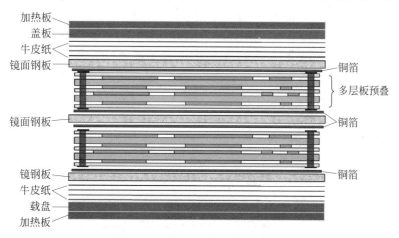

图14.9 层压叠层的结构示意图

层压的工艺条件主要包括:
① 温度:提供半固化片从固态变为液态,然后发生聚合反应所需的温度。
② 压力:提供液态树脂流动填充线路空间所需要的压力。
③ 真空:提供使挥发成分流出板外所需要的真空度。
(5)后处理。后处理主要是板子的周边处理,剪掉周边溢胶的部分,边角磨圆等。
(6)钻孔及孔金属化。
(7)图形转移与线路形成。
(8)阻焊。
(9)文字印刷。
(10)表面处理。

14.8 积层多层板

14.8.1 积层多层板的历史

积层多层板是指在绝缘基板或传统的双面板、多层板表面制作绝缘层、导电层和层间连接孔,如此多次叠加,累积形成所需层数的多层印制板。1967年,R. L. Beadles提出在绝缘树脂上交替、逐层制作导电层的多层板工艺[2]。20世纪90年代初,IBM日本分公司Yasu开发了在芯板上涂覆感光树脂,利用光致成孔形成导通互连微孔,用加成法形成布线图形的新工艺方法,制作了高密度电路板,此种高密度电路板被大量用于Thinkpad 型笔记本电脑,并于 1991 年最早将此新技术公开发表,从此揭开了 PCB 发展史上的 BUM 时代[3]。

欧美国家后来提出了高密度互连(High Density Interconnect,HDI)概念并大力发展HDI,实际上这两个名词表达的概念内涵几乎相同。1994 年,美国 PCB 业中成立了合作性组织——互连技术研究协会(ITRI)。同年,该组织还制定出一份有关高密度互连的印制电路板开发的共同合作计划。

BUM 适应了电子产品轻薄短小的发展趋势,满足了新型封装技术(如 BGA、CSP、MCM、FCP 等)的高度集成化、I/O 数快速增加、高密度芯片级组装的需求,发展非常迅速,主要应用于便携式电子产品,如手提电脑、移动电话、数码相机,以及高密度芯片级/多芯片封装基板上。

14.8.2　有芯板和无芯板

BUM 板按结构可分为有芯板和无芯板两大类。

(1) 芯板是指经表面和/或通孔处理过的 PCB 内层板。"芯板"的一面或两个表面积层 1～4 层或更多层而形成的更高密度互连的多层板即为有芯板结构。

(2) 无芯板结构是指在半固化片上制作的 BUM 板。如任意层内导通孔(Any Layer Inner Via Hole,ALIVH)技术和嵌入凸块互连技术(Buried Bump Inter-connection Technology,B^{2}it)制作的 BUM 都属于无芯板结构。

14.8.3　积层多层板关键技术

积层多层与传统 PCB 制作工艺最主要的差别是成孔方式,BUM 关键技术主要包括绝缘介质材料、成孔技术、孔金属化技术、电镀与图形制作技术等。

1. 绝缘介质材料

具有代表性且应用比较成熟的绝缘介质材料(工艺)主要有涂树脂铜箔(Resin Coated Copper,RCC)、热固化树脂(干膜或液态)和感光性树脂(干膜或液态)三种。后两种工艺一般通过加成法实现,对材料和相应技术要求高。

积层板用的涂树脂铜箔是由表面经过粗化层、耐热层、防氧化层处理的铜箔,在粗化面涂布半固化绝缘树脂组成。铜箔厚度为 9～18μm,树脂层厚度为 60～100μm。RCC工艺采用减成法工艺完成线路化,适应传统的多层 PCB 制作工艺,而且成品 BUM 板具有良好的可靠性。

2. 成孔技术

成孔技术包括光致法成孔、等离子体成孔、激光成孔、喷砂成孔等。

光致成孔法是指用感光干膜或液态感光树脂分别经贴压/涂覆于芯板上而形成绝缘层,通过曝光、显影来形成导通孔。其最大优点是整版工艺,一次成孔产量高;缺点是小孔显影不易干净,导通孔直径不宜过小。

涂树脂铜箔多采用激光成孔法。

部分工艺技术如嵌入凸块互连技术不需要成孔技术。

3. 孔金属化技术

孔金属化技术包括电镀法和导电胶塞孔法等。

4. 电镀和图形制作

积层板的电镀工艺有使用铜箔的全板电镀法和图形电镀法,以及不使用铜箔的全板电镀半加成法和全加成法。涂树脂铜箔多采用全板电镀法,该方法镀层厚度均匀。

部分工艺如嵌入凸块互连技术不需电镀,直接采用减除法制作布线图形。该技术于1996年发表,其全部层都采用积层法制作,采用导电性银膏在铜箔的粗化面上形成凸块,利用凸块实现层间互连[4],是一种独特的无芯板技术,将独特的导电胶经过模板漏印到已处理过的铜箔面上,烘干后形成导电凸块,放上半固化片和处理过的铜箔,经过高温、高压来实现导电凸块穿透熔融的半固化片与另一面的铜箔完成导电互连,然后在其两面铜箔上制出导电图形,即成双面板,以此类推而制成多层板。最大优点是不需要任何成孔工艺,也不需要孔化电镀,因此大大简化了PCB工艺和降低了成本,难点是层压时温度的控制和导电胶的独特要求。嵌入凸块互连技术也是印制电路技术的一个重大变革,使印制电路的生产过程简化,获得很高密度,明显降低成本。

14.8.4 积层多层板的特点

积层多层板的主要特点如下:

(1)具有更高的板面安装密度,持续适应迅速发展进步的发展情况。HDI板初期的最小线宽/线距为0.10mm/0.10mm以下,微导通孔直径0.15mm。到2018年,HDI板线宽/线距0.075mm/0.075mm,微导通孔直径0.10mm已是普遍化;线宽/线距0.05mm/0.05mm,微导通孔直径0.075mm也已进入批量化生产。

(2)在保证BUM板刚性和平整度的同时,还可减少层数和达到薄层化的要求。由于内层是采用常规PCB工艺或有增强材料的半固化片来形成的,因而保证了BUM板的基本刚性和平整度要求。外部积层技术的多层线路每层介质很薄($<70\mu m$),而且布线密度高,因而使PCB层数减少并减薄。

(3)生产成本低。随着安装密度的迅速增加,导通孔尺寸已由小于0.3mm迅速地减小到小于0.1mm。传统多层板采用机械的数控钻孔,其成本的费用将急剧上升。而采用感光树脂或激光所形成的导通孔成本仅为机械钻孔的几十分之一甚至几百分之一。

14.9　挠性印制电路

14.9.1　挠性印制电路板基本概念

挠性印制电路(Flexible Printed Circuit,FPC)又称柔性印制电路,采用柔软、可折叠的有机材料薄膜作为绝缘基材制作,具有轻、薄、结构灵活、可静态与动态弯曲、折叠的优点。挠性印制板与刚挠印制板都是以挠性材料为主体结构,其制作工艺与刚性基板有一定的相通之处。

挠性印制电路板的功能可分为引脚线路、电路元件、连接器和功能整合系统。从功能上,挠性印制电路板具有以下优点:

(1) 体积小、重量轻;

(2) 可静态与动态弯曲与折叠,用于刚性印制板无法安装的任意几何形状的设备机体中;

(3) 挠性电路减少了内连所需的硬件,使电子产品具有更高的装配可靠性和生产效率;

(4) 利用三维空间,提高了电路和结构设计的自由度;

(5) 挠性印制电路板除有普通电路板功能外,还可以有多种用途,如可用作电感线圈、电磁屏蔽等;

(6) 挠性电路具有优良的电性能、介电性能及耐热性。

14.9.2　挠性印制电路板的主要材料

1. 基材

挠性印制电路板的基材包括聚酰亚胺型基材、聚酯型基材、环氧聚酯玻璃纤维混合型基材、芳香族聚酰胺型基材、聚四氟乙烯介质薄膜等类型。

2. 挠性黏结薄膜

传统的挠性印制电路板中,通常采用挠性黏结薄膜将铜箔和基材黏结在一起。生产挠性及刚挠印制板的黏结薄膜主要有丙烯酸类、环氧类和聚酯类。用挠性黏结薄膜在挠性介质薄膜的单面或双面黏结上一层铜箔,形成布线图形。

3. 铜箔

印制板采用的铜箔主要有电解铜箔(ED)和压延铜箔(RA)。电解铜箔只适用于刚性印制电路板。挠性覆铜基材多选用压延铜箔,能适应多次挠曲。

4. 覆盖层

为了保护挠性印刷电路和增加基板强度,在挠性印制电路板表面铜箔上会黏结或涂敷覆盖层。覆盖层通常采用与基材相同材料的绝缘薄膜,覆盖层起阻焊作用,同时保护挠性电路不受尘埃、潮气、化学药品的侵蚀以及减小弯曲过程中应力的影响,能忍耐长期的挠曲。覆盖层材料根据形态可分为干膜型和油墨型,根据是否感光分为非感型和感光型。

阻焊膜的覆盖方法有以下四种:

(1) 预先在覆盖膜上打孔,用粘贴方法覆盖;

(2) 采用丝网印刷阻焊膜;

(3) 粘贴光敏性干膜,然后曝光、显影、热(光)固化;

(4) 涂覆液态感光胶(油墨),然后曝光、显影、热(光)固化。

前两种工艺的阻焊窗口尺寸较大。随着挠性印制电路的密度增加,有时需要在表面为组装电子元器件的焊脚开出 0.3mm 以下的窗口,就需要采用后两种感光型阻焊。液态感光胶的厚度比干膜更薄,形成的最小窗口可达 0.1mm 以下。

5. 增强板

增强板是黏合在挠性板局部位置起支撑加强作用的板材。增强板材料根据用途不同而选择,常用的增强板有酚醛纸板、环氧树脂玻璃布板、聚酰亚胺板、聚酯板、金属板等。图 14.10 为带增强板的挠性印制电路的基本结构。

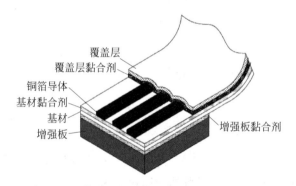

图 14.10　带增强板的挠性印制电路的基本结构

6. 刚性层压板

用于生产刚挠印制板的刚性层压板主要有环氧玻璃布层压板和聚酰亚胺玻璃布层压板。

14.9.3　单面挠性电路板的制作

图 14.11 为单面挠性印制电路的结构。

挠性 PCB 与刚性 PCB 的工艺流程和原理基本相同。具体工艺上,由于挠性 PCB 具有挠性,又呈现出一些不同:①基材的挠性可以使其除可采用与刚性 PCB 相同的单片间

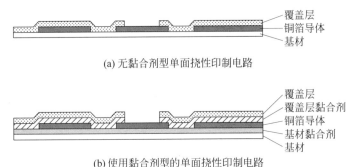

(a) 无黏合剂型单面挠性印制电路

(b) 使用黏合剂型的单面挠性印制电路

图 14.11　单面挠性印制电路

断式生产方式外,可以采用滚辊连续式生产;②基材的挠性使挠性 PCB 在生产过程中易起皱褶、不易固定,易被划伤,因此需要引导板或框架结构的特殊夹具。

其制作工艺的主要类型如下:

1. 印制和蚀刻加工法(减除法)

印制和蚀刻加工法是挠性板制作最常用的工艺方法。在绝缘薄膜基材上覆盖有铜箔,在铜箔表面光刻或丝网印刷产生掩膜图形,再经化学蚀刻去除未保护的铜,留下的铜形成电路,然后去除掩膜。

2. 模具冲压加工法

模具冲压加工法是用专门制作的模具,在成卷铜箔上冲切出电路图形,并同步把导体线路压合到有黏合胶的薄膜基材上。

3. 加成和半加成加工法

(1) 采用聚合物厚膜技术的加成法工艺。该方法用丝网印制工艺将聚合物厚膜导电浆料印刷在薄膜基材表面上,再通过紫外光固化或热固化形成线路图形。

(2) 挠性板制作中也可以采用与刚性 PCB 类似的半加成法工艺,即先全板形成薄的铜箔,再图形镀铜与蚀刻图形区的铜形成线路。

根据工艺需要,单面挠性电路板还可以通过预冲薄膜基材层压铜箔法、聚酰亚胺的化学蚀刻法、激光加工法等方法露出背面的铜层。

14.9.4　双面挠性电路板的制作

挠性印制板不同的制作方法有不同特点,最普通的制作方法是非连续法(片材加工法)。

双面挠性电路板制作流程可参考双面刚性 PWB 制作流程。它的特别之处是,除与刚性双面 PWB 类似工艺外,其阻焊膜(覆盖膜)还可以采用冲孔或钻孔后直接层压的方式形成。

14.9.5 多层挠性电路板的制作

挠性多层板由三层或更多层导体层构成,可以获得高密度和高性能的电子封装。其制作流程与多层双面 PWB 类似,也是内层制作后层压,然后钻孔、孔金属化、图形转移与线路形成,最后是阻焊膜覆盖。

14.9.6 刚挠结合板制作工艺

刚挠结合板的制作结合了刚性和挠性电路两者的制作技术。每块刚挠印制板上有一个或多个刚性区和一个或多个挠性区。其制作流程与多层 PWB 类似。以挠性板为主体,将刚挠多层层压,然后在刚性区域钻孔以及表面电路形成、表面处理。

14.10 印制电路板的发展趋势与市场应用

表 14.1 是 2019—2020 年全球 PCB 产值和 2025 年预测。从产品结构来看,未来单/双面板的比例将逐步下降。封装基板、HDI 板增长强劲,市场需求旺盛。

表 14.1 2019—2020 年全球 PCB 产值和 2025 年预测

种类	2019 年 PCB 产值/ 亿美元	2020 年 PCB 产值/ 亿美元	2020/2019 年 增长率/%	2025 年 PCB 产值预测/ 亿美元	2025/2020 年 增长率预测/%
单/双面板	80.9	78.3	-3.2	93.4	3.6
多层板	238.8	247.6	3.7	316.8	5.1
HDI 板	90.1	99.5	10.5	137.4	6.7
挠性板	122.0	124.8	2.4	153.6	4.2
封装基板	81.4	101.9	25.2	161.9	9.7
合计	613.1	652.2	6.4	863.3	5.8

注:数据来源于 Prismark。

从技术发展趋势来看,高密度基板与封装基板也是未来 PCB 基板技术发展的热点和前沿。先进基板需要兼顾工艺尺寸缩小和功能性需求。

半导体产业的发展趋势是影响半导体封装基板技术以及组装电路板技术的关键因素。物联网、汽车、5G、增强现实/虚拟现实(AR/VR)和人工智能(AI)等新的应用方向,正与个人电脑和智能手机等应用一起成为牵引半导体产业性能提升的因素。各种新应用催生了海量数据,也意味着更好的数据处理性能和更小的尺寸方面的需求将持续作为半导体产业的驱动力。

先进的半导体封装技术已经提高半导体产品性能和降低成本的有效方法,为此,PCB 已经不再仅仅是一个连接器,还是一种集成解决方案。

　　随着性能的持续提升,高端智能手机中的工艺正从减成法向改良型半加成法
(mSAP)过渡,而 PCB 正向基板式 PCB 过渡。

　　基板式 PCB 表示产品中的电路板逐渐转向具有类似封装基板的特点。标准的 HDI
及非 HDI 电路板采用了变化的减成法制造工艺,而封装基板(如 FC/WB CSP/BGA)采
用了 mSAP 或 SAP 工艺。基板式 PCB 实际上是一种采用 mSAP 或 SAP 工艺制作,具
有电路板尺寸和功能的大型基板。未来基板式 PCB 还将走向加成法工艺进一步缩小线
宽[5]。基板式 PCB 相比标准或 HDI 电路板具有更高的线分辨率,更好的电气性能,以及
潜在的能耗和尺寸优势,而这些对于空间和能耗有限的智能手机等应用而言非常重要。

　　基板式 PCB 的出现打开了一个全新的市场,并将改变当前的供应链。随着技术进
步,基板式 PCB 市场规模预期将快速增长。从技术成熟度的角度来看,尽管 mSAP 工艺
处理封装基板已经很成熟,但是对于制作 PCB 尺寸的基板还存在挑战。

习题

1. 简述印制电路在电子设备中的地位和功能。
2. 将印制电路板从硬度、层数进行分类。
3. 根据导电层图形的形成工艺,印制电路板的工艺如何分类?
4. 画出半加层法制作 PWB 的主要工艺流程,列出部分工艺的主要平行路径。
5. 画出刚性多层板的工艺流程图。
6. 多层板中的金属化孔主要有哪三类? 分别解释其含义。
7. BUM 板制作工艺与层压多层板有何区别?
8. 从组装类型简述印制电路板的三个发展阶段。
9. 写出以下英文缩写对应的英文全称和中文名称:PCB,PWB,CCL,BUM,HDI。

参考文献

[1] Lee K, Cha S, Shim P. Form Factor and Cost Driven Advanced Package Substrates for Mobile and
IOT Applications [C]. Proceedings of the China Semiconductor Technology International
Conference (CSTIC), Shanghai, PEOPLES R CHINA, 2016.

[2] Beadles R L. Integrated Silicon Device Technology. Volume XIV. Interconnections and
Encapsulation[R]. Research Triangle Inst Durham NC, 1967.

[3] Tsukada Y, Tsuchida S, Mashimoto Y, et al. Surface Laminar Circuit Packaging[C]. Proceedings
of the 42nd Electronic Components and Technology Conf, San Diego, Ca, 1992: 22-27.

[4] Fukuoka Y. New High Density Printed Wiring Board Technology Named B^2it[J]. The Journal of
Japan Institute for Interconnecting and Packaging Electronic Circuits, 1996, 11(7): 475-478.

[5] Acharya S, Chouhan S S, Delsing J. An Additive Production Approach for Microvias and
Multilayered Polymer Substrate Patterning of 2.5μm Feature Sizes[C]. Proceedings of the 2020
IEEE 70th Electronic Components and Technology Conference (ECTC), Orlando, FL, USA,
2020: 1304-1308.

第

15

章

封装基板工艺

15.1　封装基板的基本概念

基板在封装中起着芯片载体、散热、保护、绝缘及与外电路互连的重要作用。

随着电子封装朝高频、多功能、高性能、小体积和高可靠性方向发展,基板材料在封装中发挥着越来越重要的作用。传统上,基板按照材料不同可分为陶瓷基板、金属基板和有机树脂基板。近年来,随着柔性电子技术特别是可穿戴电子技术的迅速发展,也引起了基板材料的重新分类。封装基板主要分为无机基板、刚性有机基板和挠性有机基板[1-2]。

无机基板主要有陶瓷基板,还包括玻璃基板等。

刚性有机基板为一般工艺的单面、双面和多层板及积层法的多层板,多用于 WB-PBGA、FC-PBGA 封装中,也用于 PPGA、刚性 CSP 和 SIP 封装中。

挠性有机基板的基材主要包括聚酰亚胺(PI)、聚对苯二甲酸乙二酯(PET)和聚萘二甲酸乙二醇酯(PEN)基板,以及近年来兴起的可降解有机基板[2],主要应用在挠性基板 CSP 和 TBGA 等封装形式中。

封装基板在制造工艺上与 PCB 存在类似之处,基板的工艺借鉴了 PCB 行业的经验,体现了封装技术与组装技术的融合。另外,封装基板尺寸更小、电气结构更加复杂,因此其制造技术难度要高于 PCB。目前,封装基板已经成为封装材料细分领域销售占比最大的原材料,占封装材料比例超过 50%。

15.2　陶瓷基板及制作工艺

封装陶瓷基板按照陶瓷基板层数可以分为平面陶瓷基板和多层陶瓷基板,按照制作工艺可以分为薄膜陶瓷基板、厚膜陶瓷基板和共烧多层陶瓷基板。陶瓷基板具有介电常数低、低介电损耗、功能多、高热导率、适宜的热膨胀系数、可靠性高、化学性能好等优点,适合高速、高密度、大功率的要求,得到了广泛应用。

厚膜和薄膜陶瓷基板早期主要用于混合集成电路,混合集成电路是在基片上制作厚膜或薄膜元件及其互连线,并在同一基片上将分立的半导体芯片或微型元件混合组装,再外加封装而成。MCM 是混合集成电路的进一步发展,薄膜陶瓷基板 IC 封装可归类为MCM-D,而共烧多层陶瓷基板,包括高温共烧陶瓷(HTCC)和低温共烧陶瓷(LTCC)基板的 MCM 封装归类为 MCM-C。

15.2.1　厚膜陶瓷基板

1. 厚膜工艺的定义与厚膜陶瓷基板的特点

厚膜工艺是指通过丝网印刷将金属浆料、介质材料和电阻材料等涂覆在陶瓷基片上，干燥后经高温烧结制备电路板的工艺。厚膜陶瓷基板是指采用厚膜工艺制作的陶瓷基板。

厚膜陶瓷基板通常为单面或双面布线，也可以制作多层布线厚膜陶瓷基板。金属线路层厚度一般为 $10\sim20\mu m$，增加金属层厚度可多次丝网印刷。此外，厚膜陶瓷基板，特别是多层厚膜陶瓷基板可以集成厚膜电阻、电感、电容等无源器件。厚膜陶瓷基板制备工艺简单，生产效率高、成本低。其缺点是线路精度较低（最小线宽/线距一般大于 $100\mu m/100\mu m$）。此外，为了降低金属层烧结温度和提高金属层与基片结合的强度，通常在金属浆料中添加少量玻璃相，会导致金属层电导率和热导率下降。因此，厚膜陶瓷基板仅应用于对线路精度要求不高的电子器件封装中。

2. 厚膜材料

厚膜陶瓷基片为烧结好的陶瓷片，然后在陶瓷基片上涂覆并烧结导体浆料、电阻浆料、介质浆料，形成布线、电阻和绝缘层。一般为逐层涂覆、干燥、烧结，层数较多时工艺较为烦琐。

厚膜浆料由有效物质、黏结成分、有机黏结剂、溶剂或稀释剂组成。有效物质决定了烧结膜的电性能。若有效物质是金属，则烧结膜是导体；若有效成分是绝缘材料，则烧结膜是介电层；若有效成分是导电的金属氧化物，则烧结膜是电阻。黏结成分用于厚膜与基板的黏结，主要包括玻璃和金属氧化物两类物质，它们可以单独使用或一起使用。有机黏结剂用于改变厚膜浆料的流体特性。自然形态有机黏结剂太黏稠，溶剂或稀释剂可使有机黏结剂稀释从而适合丝网印刷应用。

厚膜材料根据烧结膜功能分为以下几类。

（1）厚膜导体材料。厚膜导体材料可以是金、银、钯银等的浆料在空气中烧结，铜等浆料在氮气中烧结[3]，烧结温度为 $850\sim900℃$。金浆料价格较高。银的电迁移较为严重，银中加入钯可以降低银的电迁移速率，钯银合金浆料是最常用的厚膜导电材料。铜浆料成本较低，但存在氧化问题，需要在氮气中烧结。

（2）厚膜电阻材料。厚膜电阻材料的有效成分是金属氧化物，常用的为钌的氧化物 RuO_2、$BaRuO_3$、$Bi_2Ru_2O_7$ 等[4-5]。厚膜电阻的烧结温度和气氛控制非常关键，烧结区要有很强的氧化气氛。电阻烧结完成后需要通过喷砂或者激光方法修调电阻值。

（3）厚膜介质材料。介质材料用于多层布线之间的绝缘层以及电容的介质。绝缘层通常采用低介电常数材料以减少层间寄生电容。电容介质层通常采用高介电常数材料，以在较小面积获得较大电容。

绝缘层材料中氧化铝和玻璃是常见的有效成分。玻璃在 $850\sim950℃$ 下烧结时熔化和结晶，但再次加热不会熔化。其相对介电常数 ε 通常为 $9\sim10$，击穿场强为 $20mV/m$。

大电容的介质层由相对介电常数高达 1000 以上的铁电材料组成。小电容的介质层使用钛酸镁、钛酸锌、氧化钛和钛酸钙，相对介电常数为 $12\sim160$。

一般来说，厚膜介质材料每层要印刷和烧结两次，以消除针孔和放置层间短路。其热膨胀系数尽可能与基板接近，防止烧结几层后基板翘曲过大。

（4）釉面材料。釉面材料是在较低温度（550℃附近）烧结的非晶玻璃,包覆在需要保护的线路、介质和电阻表面。其作用主要是保护线路和电阻层,使其免受刮擦损伤,隔离水汽和污染,同时也起到阻焊作用。

3. 厚膜陶瓷基板工艺流程

多层线路厚膜陶瓷基板的制作方法为逐层网印、干燥和烧结。有时候连续的两层介质层可以分别网印,干燥后一次烧结。表 15.1 列出制作具有两层导体层和一层电阻层的厚膜陶瓷基板流程的工艺流程。

表 15.1　制作两层导体和两层电阻的厚膜陶瓷基板的工艺流程[6]

工序	材　料　层	工艺过程
1	第一层导体	网印、干燥、烧结（900℃）
2	第一层电阻	网印、干燥、烧结（850℃）
3	—	电阻值修调
4	介质层（单层）	网印、干燥、烧结（900℃）
5	介质层（双层）	网印、干燥、烧结（900℃）
6	第二层导体	网印、干燥
7	第二层电阻	网印、干燥、烧结（850℃）
8	电阻上釉	网印、干燥、烧结（530℃）
9	—	电阻值修调

为了提高线路密度和增加散热,可以在厚膜陶瓷基片上先开孔,再用专用印刷设备往孔中填入金属浆料,烧结后实现孔金属化,从而实现通孔导热或者正反面互连[7]。

受限于丝印工艺的精度,厚膜多层电路导体层之间的孔距较大,布线密度较低,不能像其他新技术一样满足更高密度封装的要求。2018 年,Sebastian Löffler 等报道了用激光钻微孔制作厚膜多层电路来提高互连密度[8]。

15.2.2　薄膜陶瓷基板

1. 基板薄膜工艺的定义

基板薄膜工艺是指通过蒸发、溅射、化学气相沉积或者化学镀、电镀在基板上沉积厚度从数纳米到数微米（通常 $0.2\sim100\,\mu m$,大多数情况小于 $1\mu m$）的膜,并通过光刻形成掩膜,用光膜掩膜刻蚀（干法或湿法刻蚀）或光刻掩膜限制沉积（剥离、图形化镀、图形电镀）等形成包含导体及介质图形的电路的工艺技术。与厚膜基板上的电路一样,薄膜基板上的电路也包含导线、电阻和介质层。

因为薄膜技术取决于原子或分子的处理,所以沉积条件对膜的性质有决定性的影响。

由于薄膜工艺不像厚膜需要高温度的烧结工艺,因此薄膜工艺的基片选择范围相对较宽,常用的基片材质包括蓝宝石、石英玻璃、陶瓷、硅片、有机基板等。

2. 薄膜陶瓷基片的性质

使用最多的陶瓷基片材料是 99.6% 的氧化铝基片。薄膜基板的导线尺寸比厚膜更为细小,因此要求陶瓷表面更加光滑和均匀。为了提高器件的散热性能,AlN 也常用作大功率器件陶瓷封装的薄膜基片。

3. 薄膜材料

在薄膜电路中主要有导体薄膜、电阻薄膜、介质薄膜和绝缘薄膜。

1) 导体薄膜

导体薄膜用作布线、焊盘和电容极板。常用薄膜导线为 2～4 层结构,如 Ni/Cr/Au、Cr/Au、Ti/Pt/Au、Ti/Pd/Au、Ti/Cu/Au、Cr/Cu/Cr/Au 等。其底层 Ni/Cr、Cr、Ti 等材料起到与陶瓷基板黏附的作用。通常用溅射方法沉积。

为了提高布线的电流通过能力,有时需要用图形电镀对布线进行加厚。

电容器的极板对导电薄膜的要求不同,常用 Al 或 Ta 作电容器的下极板,Al 或 Au 作电容器的上极板。与 Au 不同的是,Al 与陶瓷基板的黏附性较好,不需要额外的黏附层。

2) 电阻薄膜

电阻薄膜形成各种微型电阻。对电阻薄膜的要求是膜电阻范围宽、温度系数小和稳定性能好。最常用的是 Ni/Cr、Ta_2N 和 Cr_2O 等材料。采用真空蒸发或者溅射方法沉积。

图 15.1 是薄膜电阻的示意图。在连接薄膜电阻的导体下面,仍然有薄膜电阻材料层充当黏附层作用。

3) 介质薄膜

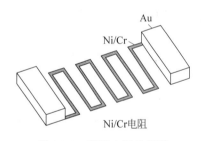

图 15.1 薄膜电阻示意图

介质薄膜是微型电容的介质层。对介质薄膜要求介电常数大、介电强度高、损耗角正切值小,主要包括氧化硅(SiO)、二氧化硅(SiO_2)、氧化钽(Ta_2O_5)和 Al_2O_3 等。其沉积方法为真空蒸发、化学沉积或者阳极氧化。

4) 绝缘薄膜

绝缘薄膜用作交叉导体的绝缘和薄膜电路的保护层。绝缘薄膜的介电常数应该很小以减小寄生效应,常用的有氧化硅(SiO)、二氧化硅(SiO_2)、氮化硼(BN)、氮化铝(AlN)、氮化硅(Si_3N_4)等。

4. 薄膜陶瓷基板基本工艺

图 15.2 包含电阻和布线的薄膜陶瓷基板电路的工艺流程(图 15.2):①准备陶瓷基片,见图 15.2(a);②沉积电阻薄膜层,电阻薄膜层也充当黏附层作用,见图 15.2(b);③沉积扩散阻挡层,见图 15.2(c);④沉积 Au 导体层,电镀 Au 增厚导体层,见图 15.2(d);

⑤光刻,形成光阻图案,见图15.2(e);⑥光阻作为掩膜刻蚀金,去光阻,见图15.2(f);⑦光刻,形成光阻图案,见图15.2(g);⑧光阻作为掩膜刻蚀扩散阻挡层和电阻层,去光阻,见图15.2(h);⑨刻蚀电阻层上的扩散阻挡层,电阻退火,见图15.2(i)。

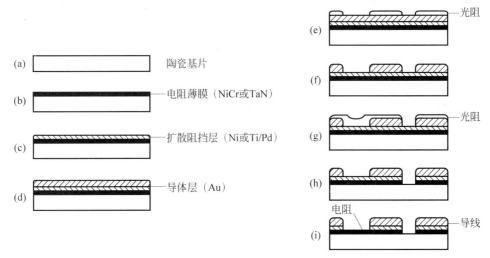

图 15.2 薄膜陶瓷基工艺流程

5. 多层布线的薄膜陶瓷基板基本工艺

采用 PI 或者 BCB 等介质材料,结合金属薄膜工艺,可以实现再布线工艺,从而实现多层布线的薄膜陶瓷基板,满足 MCM 高封装密度的要求。这种基于沉积多层布线工艺的 MCM 又称为 MCM-D。1999 年,IBM 公司的 Eric D. Perfecto 等报道了采用 PI 作为层间介质,在陶瓷基板上实现 4～6 层布线,用于 IBM 公司当时最新的服务器系统 MCM 封装[9]。2015 年,Cristina B. Adamo 等报道了采用光敏 BCB 作为层间介质,在抛光的 99% Al_2O_3 陶瓷基板上的 MCM-D 封装工艺[10]。

15.2.3 共烧多层陶瓷基板

IC 封装中的陶瓷基板主要为共烧多层陶瓷基板,包括高温共烧陶瓷(HTCC)和低温共烧陶瓷(LTCC)基板。共烧陶瓷基板的层数多,因而布线密度较高,互连线的长度短,可以提高封装密度和信号速率,实现电路小型化的要求。

1. 高温共烧陶瓷基板

高温共烧陶瓷基板按材料可分为氧化铝多层陶瓷基板、莫来石多层陶瓷基板和氮化铝多层陶瓷基板。

1) 氧化铝多层陶瓷基板

氧化铝多层陶瓷基板由 92%～96% 的氧化铝加 4%～8% 的烧结助剂在 1500～

1700℃下烧结而成。氧化铝陶瓷的力学性能、热性能、化学性能、电性能都随氧化铝质量分数的不断增加而提高,但烧结温度和成本随之提高。目前,95%氧化铝的种类性能优,应用最广。

高温共烧氧化铝多层陶瓷基板的导线材料主要选择钨、钼、钼-锰等高熔点金属。其优点是制备工艺成熟,介质材料成本低,抗弯曲强度和热导率较高;其缺点是导线的电阻率较大,信号的传输损耗大,并且其热膨胀系数与硅相比差距大。

2)莫来石多层陶瓷基板

莫来石陶瓷是指主晶相为莫来石的陶瓷。莫来石是 Al_2O_3-SiO_2 系中唯一稳定的二元化合物,组成可在 $3Al_2O_3：2SiO_2$ 到 $2Al_2O_3：1SiO_2$ 间变化,即 Al_2O_3 质量分数可在 71.8%~77.3%范围内波动。

莫来石陶瓷的介电常数(约 7.4)比氧化铝陶瓷的介电常数(约 9.4)更低,其信号传输延迟比氧化铝材料低约 17%。其热膨胀系数与硅类似。其布线材料只能选择钨、钼和镍等。莫来石陶瓷的缺点也是布线电阻率较大,信号损耗大,且热导率比氧化铝低。

3)氮化铝多层陶瓷基板

氮化铝是一种共价键晶体,熔点高,难以烧结,需要添加烧结助剂来帮助烧结,降低烧结温度。通过增加烧结助剂也能使氮化铝陶瓷更加致密,减少缺陷。

氮化铝材料具有优良的力学性能,高的抗弯曲强度和比氧化铝陶瓷高得多的热导率,在大功率器件中得到广泛应用。

高温共烧氮化铝陶瓷材料的优点为热导率高,热膨胀系数与硅、碳化硅、砷化镓等半导体材料接近,且介电常数和介质损耗均低于氧化铝,且其优良的力学性能使其可以在恶劣的环境下工作。其缺点是布线导体电阻率高,信号传输的损耗大,其烧结温度较高,能耗大、成本高。与低温共烧 LTCC 相比,其介电常数仍较高。与钨、钼等金属共烧后,氮化铝陶瓷的热导率会下降。

2. 低温共烧陶瓷基板

低温共烧陶瓷基板的基板材料主要分为微晶玻璃系、玻璃-陶瓷系、非玻璃系三种。低温共烧陶瓷基板如图 15.3 所示。

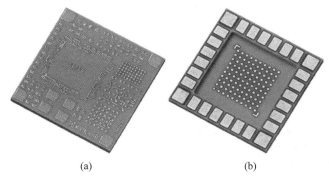

(a)   (b)

图 15.3   低温共烧陶瓷基板

微晶玻璃系通过在烧结过程中产生晶相,进而提高基板材料的性能。可供选择的材料中,董青石、β-锂辉石、硅铝酸钡可以提高基板材料在热膨胀系数和介电常数的性能。

玻璃-陶瓷系是通过陶瓷晶粒熔进玻璃中形成的,其性能优异,应用最为广泛。它可采用高电导率导体,损耗降低,有更低的介电常数,延迟降低,还可以内埋无源元件;其缺点是热导率较低,机械强度较差。

出于环保和节能的考虑,LTCC 材料朝着无铅和无玻璃方向发展。无玻璃是指采用低熔点的氧化物做烧结助剂从而降低烧结温度。例如采用 $MgO+B_2O_3+$ 少量 Li_2O、Na_2O 或 K_2O 等,可实现热导率为普通玻璃-陶瓷基板的 $4\sim5$ 倍。

3. LTCC 和 HTCC 比较

低温共烧陶瓷与高温共烧陶瓷的比较见表 15.2。

表 15.2　低温共烧陶瓷与高温共烧陶瓷的比较[11]

名称	高温共烧陶瓷基板	低温共烧陶瓷基板
基板材料	氧化铝、莫来石、氮化铝等	① 微晶玻璃系材料; ② 玻璃-陶瓷系材料; ③ 非玻璃系材料
布线金属	钨、钼、钼-锰等	银、金、铜、钯-银等
共烧温度/℃	1650～1850	950 以下
优点	① 机械强度较高; ② 散热系数较高; ③ 材料成本较低; ④ 化学性能稳定; ⑤ 布线密度高	① 导电率较高; ② 制成成本较低; ③ 可埋入被动组件模块; ④ 有较小的热膨胀系数和介电常数且介电常数易调整; ⑤ 有优良的高频性能; ⑥ 使用电导率高的金属作导体材料,可提高基板的导电性能; ⑦ 可以制作线宽小至 $50\mu m$ 的细线结构电路; ⑧ 集成的元件种类多,参量范围大; ⑨ 非连续式的生产工艺,允许对生坯基板进行检查,从而提高成品率,降低生产成本
缺点	① 导电率较低; ② 制作成本较高	① 机械强度低; ② 散热系数低; ③ 材料成本较高

4. 共烧陶瓷基板的制作工艺简介

共烧陶瓷基板的制作工艺流程(图 15.4)如下:

(1) 配料。在陶瓷粉料中,加入适当的黏结剂。经过球磨混料后可以得到高黏度的浆料。国际上一般选择聚乙烯醇缩丁醛(PVB)作为黏结剂。PVB 材料的优点为制备工艺成熟,且其性能十分稳定;缺点是 PVB 材料有毒,需要采取环保措施。

（2）真空除气。混合浆料中仍然存在少量的空气,为了避免浆料在后续工艺中因氧化而结皮、起渣,影响性能,通过真空除气除去内部存在的空气。

（3）流延。将浆料注入流延机浆料槽中,浆料通过刮刀流到基带上,刮刀控制流延瓷带的厚度,基带传送浆料通过烘干箱,在经过烘箱加热的过程中,浆料中的溶剂不断挥发,最后形成厚度致密,均匀且具有一定强度和柔韧性的生瓷片。

（4）打孔。生瓷片打孔的方式有数控钻床钻孔、数控冲床冲孔和激光打孔。其中,激光打孔对生瓷片的影响最小,打孔效率高,较为理想。

（5）通孔填充。通孔填充一般有丝网印刷法和导体生片填孔法。目前应用广泛的是丝网印刷法。导体生片填孔法是指将比生瓷片略厚的导体片冲入通孔内,金属化通孔,可以提高基板的可靠性,但是工艺不成熟。

（6）形成导电带。形成金属导电带一般采用丝网印刷方式,简单易行,且可以获得很高的分辨率,一般线宽可达 $100\mu m$,线间距可达 $120\mu m$。

（7）叠层热压。将印制好的导体和形成互连通孔的生瓷片,按照设计好的层数和堆叠次序在热压机上热压。

（8）切片。切片是将层压后的瓷件或烧结之后的陶瓷件切割成单个产品,根据切片与烧结的前后顺序分为生切与熟切。生瓷切割多采用生瓷切割机进行切割,熟瓷切割多采用激光进行切割。

（9）脱胶。在流延后,生瓷片在空气的干燥下可以析出部分溶剂。在烧结前需要在 $400\sim600℃$ 下脱胶。

（10）共烧。

① LTCC：需要严格控制烧结曲线和烧结炉膛温度的均匀性,避免基板发生翘曲,收缩一致性差。烧结温度一般为 $800\sim950℃$。

② HTCC：第一阶段生胚中剩余的树脂会继续分解和排除;第二阶段是生成玻璃相,瓷体和金属导体烧结及基板收缩定型的阶段。高温烧结必须采用湿氢气氛,防止金属化材料和烧结炉材料被氧化。氢气中需提供一定的氧分压使得生胚体中的树脂分解,陶瓷中的氧化物也需要在氧气存在的情况下不被氢气还原。

（11）钎焊。将陶瓷件与金属零件(如引线、框架、底座等)通过焊料在高温下熔化而焊接在一起。

（12）镀覆。在金属表面上镀覆一定厚度的其他金属。镀金是常见的镀覆类型,有防止氧化、提高导电性以及增进美观等作用。镀覆工艺可以分为电镀和化学镀。

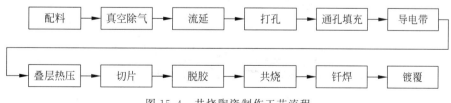

图 15.4　共烧陶瓷制作工艺流程

15.2.4 高电流陶瓷基板

陶瓷基板具有优良的热性能,即较高的热导率和合适的热膨胀系数,因此适合功率器件和高功率 RF 系统封装。为了适应大功率的要求,需要提高导体的导电能力,通常用更厚和导电能力更佳的铜箔来实现。其主要实现方法有两种,即直接键合铜(DBC)陶瓷基板和活性金属焊接(AMB)陶瓷基板[12]。

15.3 刚性有机基板

刚性有机基板即传统上的有机树脂基板,是利用有机树脂为黏结剂,玻璃纤维和无机填料为增强材料,采用热压成型工艺制成的[2]。与陶瓷基板相比,复合材料基板具有低介电常数、低密度、易机械加工、易大批量生产和成本低的优点。其与 PCB 类似,可以分为传统工艺的单面板、双面板和多层板,以及积层板,甚至嵌入式基板。其中积层板又可以分为有芯基板和无芯基板,嵌入式基板又可以分为被动元件嵌入式和芯片嵌入式基板。

总体来说,刚性有机基板的制造工艺可参考传统的单面、双面和多层 PWB 的制造工艺。

积层板封装基板的工艺可参考积层板 PWB 的制造工艺。

嵌入式基板的制造工艺可参考 12.4.2 节层压芯片埋入[13]。

与 PWB 相比,基板在具体的结构、线宽、表面处理、翘曲处理等方面可能有一些不同要求。如图 15.5 为 Showa Denko Materials 公司的 Cavity-BGA 封装结构,其基板中有一个用于芯片放置的空腔,这与类似层数的 PWB 不同。封装基板,特别是 CSP、SIP 基板对线宽的要求也会比 PWB 要高一些。表面处理方面,由于部分表面涉及芯片倒装或者焊线,因此其表面处理工艺可能也与普通 PWB 有所不用。如图 15.6 为三星公司的一种封装基板结构,WB 焊盘区域采用了化镀镍化镀钯浸金(Electroless Nickel Electroless Palladium Immersion Gold,ENEPIG)工艺,同一面部分区域覆盖了有机阻焊(OSP),从而满足焊线、倒装或封装叠层的不同需求。封装基板特别是无芯基板,由于材料的热失配和工艺过程中的温度变化,翘曲控制成为一个重要的问题。可以通过优化积层材料成分配比的设计、降低 CTE、在回流过程中加入导热治具都可以有效降低基板翘曲变形[14]。

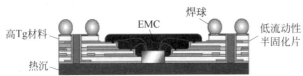

图 15.5　Showa Denko Materials 公司的 Cavity-BGA 封装基板结构[15]

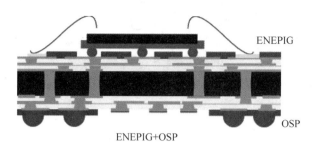

图 15.6　三星公司的一种封装基板结构[16]

注：在同一面选择性进行了两种不同表面处理，包括部分区域有机阻焊和在焊线焊盘区域 ENEPIG。

15.4　挠性有机基板

挠性有机基板分为传统意义的塑料挠性有机基板(包括聚酰亚胺(PI)、聚对苯二甲酸乙二酯(PET)和聚萘二甲酸乙二醇酯(PEN)基板)和近年来兴起的可降解挠性有机基板[2]。

随着柔性电子特别是可穿戴电子的快速发展，对挠性有机基板的要求也越来越高。

采用挠性基板工艺的封装类型主要有 TBGA、挠性基板 CSP 以及覆晶薄膜(Chip on Flex，COF)封装。其基板制作工艺可参考挠性印制电路板制作工艺。

15.5　基板的发展趋势

15.5.1　陶瓷封装基板的发展趋势

随着塑料基板封装的不断进步，陶瓷基板的市场占有率逐年减小。

从陶瓷材料来看，AlN 陶瓷具有高热导率、高强度、高电阻率、低密度、低介电常数、无毒以及低热膨胀系数等优异性能，在热导率要求高的功率器件中逐步取代传统 Al_2O_3 和 BeO 陶瓷基板。

陶瓷基板今后研究方向主要是陶瓷粉的制备以及烧结助剂和烧结方法，降低生产成本，提高基板性能。与陶瓷基板材料相匹配的金属布线技术也是一个大的研究方向，必须朝着高集成度、高精度、高电导率等方向发展；同时提高陶瓷基板的互连密度，实现 3D 集成化[17]。图 15.7 是具有三维堆叠形式的陶瓷封装结构，包括单面腔结构、双面腔结构和多通道封装结构[18]。

从应用发展来看，高导热陶瓷可用于高可靠性、功率器件封装。由于以 LTCC 技术实现的封装天线(AiP)具有多层积板厚度($12.5\sim250\mu m$)与介电常数($4\sim75$)选择范围大的优点，且材质介电损耗低，因此，LTCC 在制造 AiP 中受到欢迎。目前对于极高频且性能要求高的应用领域，以 LTCC 制程为主的 AiP 仍然有不可替代的高频效能表现。其缺点是 LTCC 成本相对较高，对于许多消费电子应用受到限制。

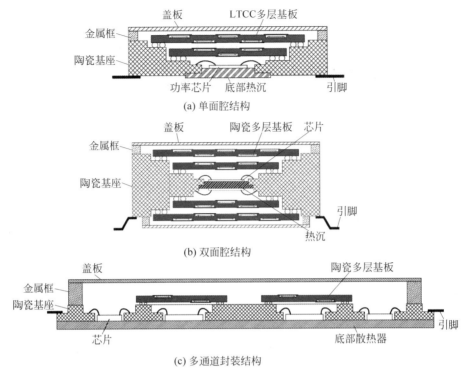

(a) 单面腔结构

(b) 双面腔结构

(c) 多通道封装结构

图 15.7　具有三维堆叠形式的陶瓷封装结构

15.5.2　刚性有机基板的发展趋势

自 PBGA 出现起,基板材料迅速地走向有机树脂化。1997—1999 年,出现了有机封装基板迅速代替陶瓷封装基板的趋势。近年来,CSP、SIP 和 3D 封装的刚性有机基板也迅速发展。

在采用树脂方面,如双马来酰亚胺三嗪(BT)树脂、聚苯醚(PPE)树脂等首先在最初的有机封装基板上得到应用。之后随着薄型环氧-玻纤布基板材料的发展,从 2000 年起环氧-玻纤布基的高性能环氧树脂(FR-4 等)的封装基板紧追而上,并在其后不到 10 年成为主流[19]。在前沿技术方面,今后有机封装基板用基材,将朝高性能(高玻璃化温度、低介电常数、低膨胀系数、高导热性)、高可靠性、低成本以及适于环保发展的"绿色型"方向发展。如低热膨胀系数材料研究方面,添加无机填料可以降低热膨胀系数,但是添加过多会导致基板力学性能降低,因此最新的研究通过添加负膨胀材料减少添加量,实现高韧性低膨胀基板。提高导热性方面,主要包括填充导热材料、表面改性和导热性高聚物树脂研究[2]。

在结构方面,刚性有机基板往更轻薄、更高密度方向发展,从传统工艺的单面、双面和多层基板,到有芯高密度积层板,发展到无芯高密度积层板,进一步发展到埋入式布线、被动元件埋入和布线、嵌入式基板、堆叠三维封装等[20]。如表 15.3 所列,通过埋入式布线,可以提高基板布线密度。

表 15.3 改进的半加成法和埋入式布线的比较[20]

		改进的半加成法	埋入式布线
结构			
截面图			
精细线宽	键合叉指	70μm 节距 最小 40/15μm	65μm 节距 最小 40/15μm
	布线	40μm 节距 最小 13/13μm	20μm 节距 最小 8/8μm
表面平整度		最大 3μm	最大 1μm
Cu 剥离强度/(kgf/cm)		0.6	>1.0

为了进一步降低基板厚度和减少回流过程导致的翘曲,将 CCL 中的玻璃纤维去掉,采用基于环氧树脂的高刚度阻焊来降低基板翘曲。高刚度阻焊与传统光敏阻焊不同,它是非光敏的,与光敏阻焊相比,高刚度阻焊的模量从 3.2 升至 15,热膨胀系数从 60ppm/℃ 降至 13ppm/℃,玻璃化温度从 105℃ 升到 280℃[20]。

从应用上看,刚性有机基板被广泛应用在 PBGA、PPGA、刚性 CSP、SIP 和堆叠和埋入式 3D 封装中。在最新的封装天线中也得以应用。高密度刚性有机基板现在已经被很多公司和机构用于开发毫米波天线封装,其成本比 LTCC 工艺低。

15.5.3 挠性有机基板的发展趋势

随着便携式和可穿戴电子设备的快速兴起,挠性有机封装基板封装也快速发展。挠性有机封装基板的材料发展上也是朝着高玻璃化温度、低介电常数、低膨胀系数、高导热性、低吸湿性、高可靠性、低成本以及适于环保发展的"绿色型"方向发展。工艺方面,通过卷对卷工艺来降低成本。前沿方面,随着挠性电子学的发展,挠性基板也在向可拉伸性发展。[21-22]

习题

1. 按照材料对封装基板进行分类,并进一步根据封装类型进行分类。
2. 简要说明厚膜陶瓷基板中使用的主要工艺技术。
3. 简要说明薄膜陶瓷基板中使用的主要工艺技术。

4. 简要写出共烧陶瓷基板的制作流程。

5. 简述有机封装基板材料性能发展方向。

6. 判断题：封装基板已经成为封装材料细分领域销售占比最大的原材料，占封装材料比例超过 50%。

7. 判断题：环氧-玻璃纤维布基板一开始就在刚性有机基板中成为主流，并逐步被 BT 树脂和 PPE 树脂等取代。

参考文献

[1] 蔡春华. 封装基板技术介绍与我国封装基板产业分析[J]. 印制电路信息，2007(08)：12-15.

[2] 曾小亮，孙蓉，于淑会，等. 电子封装基板材料研究进展及发展趋势[J]. 集成技术，2014，3(06)：76-83.

[3] Dabrowski A，Wilkosz R. Current-Carrying Capacity of Thick-Film Metallization Paths[C]. Proceedings of the 42nd International Spring Seminar on Electronics Technology (ISSE)，Wroclaw，POLAND，2019.

[4] 郝武昌，刘敏霞，孙社稷，等. 厚膜电路用高性能电阻浆料的研制[J]. 电子工艺技术，2014，35(03)：131-136.

[5] Halbo L，Ohlckers P. Electronic Components，Packaging and Production[M]. Oslo：Strandberg & Nilsen Grafisk a. s，1995.

[6] Sugishita N，Ikegami A，Endo T. Processing Considerations of Thick Film Devices with Multilayered Resistors[J]. ElectroComponent Science and Technology，1981，9(1)：59-65.

[7] 王雅青. 厚膜陶瓷线路板通孔孔壁金属化[J]. 机电工程技术，2016(Z2)：278-280.

[8] Löffler S，Mauermann C，Rebs A，et al. Multilayer Thick-film Ceramic for Multichip Modules with Laser Microvias[J]. Microelectronics International，2018，35(3)：158-163.

[9] Perfecto E D，Shields R R，Jeanneret M P，et al. MCM-D/C Packaging Solution for IBM Latest S/390 Servers[C]. Proceedings of the International Symposium on Advanced Packaging Materials-Processes，Properties and Interfaces，Braselton，Ga，1999：209-213.

[10] Adamo C B，Flacker A，Cavacanti H M，et al. Development of MCM-D Technology with Photosensitive Benzocyclobutene[C]. Proceedings of the 30th Symposium on Microelectronics Technology and Devices (SBMicro)，Salvador，BRAZIL，2015.

[11] LTCC Packages for RF Modules | Ceramic Packages | Products | KYOCERATO [EB/OL]. https://global. kyocera. com/prdct/semicon/semi/ltcc/.

[12] 姬忠涛，张正富. 共烧陶瓷多层基板技术及其发展应用[J]. 中国陶瓷工业，2006(04)：45-48.

[13] 程浩，陈明祥，罗小兵，等. 电子封装陶瓷基板[J]. 现代技术陶瓷，2019，40(04)：265-292.

[14] Munding A，Kessler A，Scharf T，et al. Laminate Chip Embedding Technology-Impact of Material Choice and Processing for Very Thin Die Packaging[C]. Proceedings of the IEEE 67th Electronic Components and Technology Conference (ECTC)，Lake Buena Vista，FL，2017：711-718.

[15] Kim J，Lee S，Lee J，et al. Warpage issues and assembly challenges using coreless package substrate[J]. IPC APEX EXPO Proceedings，2012.

[16] Package Substrate < Cavity BGA >[EB/OL]. https://www. ma. showadenko. com/products_pwb _02. htm.

[17]　FCCSP(Flip Chip Chip Scale Package)[EB/OL].　https://www. samsungsem. com/global/ product/substrate/package-substrate. do.

[18]　陆琪，刘英坤，乔志壮，等. 陶瓷基板研究现状及新进展[J]. 半导体技术，2021，46(04)：257-268.

[19]　庞学满，周骏，梁秋实，等. 基板堆叠型三维系统级封装技术[J]. 固体电子学研究与进展，2021，41(03)：161-165.

[20]　祝大同. 环氧-玻纤布基板材料的薄型化技术[J]. 印制电路信息，2008(01)：12-6,38.

[21]　Lee K，Cha S，Shim P. Form Factor and Cost Driven Advanced Package Substrates for Mobile and IOT Applications[C]. Proceedings of the China Semiconductor Technology International Conference (CSTIC)，Shanghai，PEOPLES R CHINA，2016.

[22]　Bonnassieux Y，Brabec C J，Cao Y，et al. The 2021 Flexible and Printed Electronics Roadmap [J]. Flexible and Printed Electronics，2022，6(2)：023001.

[23]　Jansson E，Korhonen A，Hietala M，et al. Development of a Full Roll-to-roll Manufacturing Process of Through-substrate Vias with Stretchable Substrates Enabling Double-sided Wearable Electronics[J]. The International Journal of Advanced Manufacturing Technology，2020，111(11-12)：3017-3027.

第 **16** 章

电子组装技术

16.1　电子组装技术的概念与发展历史

电子组装即二级封装,是将元器件与线路板连接的过程。

电子组装技术是伴随着电子器件封装类型的发展而不断演进的,封装的形式决定了组装的工艺,组装工艺技术的进步也影响了封装技术的发展。

1947年,贝尔实验室的威廉·肖克利、约翰·巴丁和沃尔特·布拉坦发明了晶体管。这使得电子元件尺寸减小,伴随着PCB的发展,电子组装也逐步得到了发展。早期的器件为有引线、金属壳封装的晶体管,以及有引线的无源器件,PCB上设置有通孔,组装工艺采用烙铁手工焊接。随着技术进步,逐步出现半自动插装技术,电子元件仍然是通孔的,很容易一次向整个电路板提供焊膏,因此进一步发展出浸焊工艺。

20世纪70年代,随着集成电路的集成度提升,小型塑封工艺的发展,出现了双列直插式的金属、陶瓷和塑料封装等封装形式;同时,无源插装器件进一步小型化,PCB技术进步到双面印制板和简单的多层板,组装技术也发展到采用全自动插装和波峰焊技术。

20世纪80年代,随着集成电路规模不断扩大,电路板空间填充率不断提升,需要进一步提升组装密度,表面贴装类型的封装器件逐步占据主导地位。从90年代起,表面贴装器件进一步发展,产生了BGA封装形式。这一阶段的组装技术主要为表面贴装和回流焊技术。

2000年以来,随着CSP、WLP、3D封装等技术的发展,组装密度进一步提升。

二级封装的互联类型主要为通孔插装技术(Though-Hole Technology,THT)和表面贴装技术(Surface-Mount Technology,SMT)两种。目前电子组装以SMT为主,占90%以上,但THT并未彻底淘汰。二级封装本质上是一个钎焊过程。钎焊是指只熔化焊料不熔化母材的焊接,主要分为回流焊和波峰焊两种方法。回流焊用于SMT连接,使用表面贴装元件(Surface Mounted Component,SMC)或表面贴装器件(Surface Mounted Device,SMD)。波峰焊早期用于THT连接,使用通孔插装元件(Through Hole Component,THC)或通孔插装器件(Through Hole Device,THD)。焊接温度在500℃以上的称为硬钎焊,在500℃以下的称为软钎焊。波峰焊和回流焊都使用焊锡焊料,属于软钎焊。由于焊接过程是在低温下产生合金,因此对被焊接材料要求非常严格,常用材料有镀金件、镀银件、铜,其次是镀锡铁质件。

16.2　通孔插装和表面贴装的特点与比较

1. 传统通孔插装技术及其特点

通孔插装技术是指将元器件的引脚插入印制电路板的通孔中,然后在印制电路板的引脚伸出面上进行焊接的组装技术。

通孔插装技术的优点是连接焊点牢固,工艺简单并可手工操作,它虽然是一种较旧的技术,但仍然有使用的场景。

一是通孔连接的机械强度继续使通孔成为组装连接器的首选技术。

二是部分器件采用插装类型具有更低的成本或更好的性能,对应的器件与 PCB 成本优于贴装,且应用对空间要求不高。

三是通孔插装更适合通过烙铁手动组装,这对于临时设计十分重要。带来诸多好处。①节省设计验证时间。孔中心到孔中心的典型间距通常为 2.5mm,易于手工焊接,且不易产生桥接不良,减少故障排除时间和返工耗时。通孔板在项目的原型阶段十分有用,更快捷,利于进行基本概念验证评估。在电路板被证明功能正常后,设计者可以交换相同值的较小 SMT 类型,修改 PCB 布局,减小 PCB 尺寸,以进行最终测试和最终生产。②减少试样期间小量样品外包贴片的困难,并节省部分成本。③通孔插装 PCB 的一个成本节约是,每次 PCB 进行修订时无须生成新的焊料印刷网。这在一个需要通过二三轮循环修改直到功能正常的设计上可以节省数百元乃至数千元成本。在最终 PCB 设置成功并准备生产之前,也无须安装取放设备,或购买 SMT 组件的附带卷盘。组装后的电路测试通常可以在内部手动完成,从而避免夹具或其他相关费用。④除了避免与 SMT 相关的成本增加因素外,另一个优点是可以在验证期间评估机械问题(如过度扭曲),并在重新设计期间对其进行补偿,但不会造成装配困难无法进行验证,而 SMT 可能会出现这种情况。

通孔插装技术的缺点是产品体积大、重量大、难以实现双面组装等。

通孔插装技术焊接方式主要包含手工焊技术和波峰焊技术[1-3]。

2. 表面贴装技术及其特点

SMT 是指将片式化、微型化的 SMC/SMD(常称片状元器件)直接贴、焊到 PCB 表面或其他基板的表面规定位置上的一种电子装连技术。由 SMT 技术组装形成的电子电路模块或组件称为表面组装组件(Surface Mount Assembly,SMA)。

与 THT 技术不同,SMT 技术不需要在 PCB 上钻插装孔,并可以双面贴装。

表面贴装技术具有许多优点:

(1)表面贴装技术具有组装密度高、产品体积小、重量轻的优点。一般体积缩小 $40\%\sim90\%$,质量减小 $60\%\sim90\%$。

(2)可靠性高,抗震能力强。

(3)高频特性好,减少了电磁和射频干扰。

(4)易于实现自动化,提高生产效率。

(5)简化了电子整机产品的生产工序,降低了生产成本。

SMT 从 20 世纪 90 年代就代替 THT 技术成为组装的主流技术。

SMT 的焊接方式主要为回流焊形式[4-5],波峰焊技术也可以实现表面贴装器件的组装。

3. 通孔插装的主要元器件类型

(1)插脚式电阻、电容、电感等分立元件。

（2）DIP,SDIP,2.54mm 引脚间距的为 DIP,1.27mm 引脚间距的为 SDIP,引脚数为 8～64。

（3）PGA 是插装器件中引脚数最多的器件,插针封装尺寸可达 2.66in。

4．表面贴装的主要元器件类型

（1）片式阻容元件；

（2）SOP、SSOP、SOJ 封装；

（3）QFP 封装；

（4）QFN 封装；

（5）BGA 封装；

（6）芯片尺寸封装。

通常芯片尺寸封装的外引脚节距较小,I/O 密度较高,其使用的组装基板较普通 SMT 基板层数要多,引线间距更小,组装的设备和工艺要求更高。

5．通孔插装和表面贴装器件的混装

在部分线路板中,需要将两种类型的器件混装起来。可以采用贴装后手工焊或局部焊接技术实现插装焊接,也可以回流焊或粘贴贴装器件后进行波峰焊。

16.3　波峰焊技术

波峰焊技术是早期用于通孔插装的组装技术,随着 SMD 器件的出现,也可以用于插装器件与贴装器件的混装。

如图 16.1 所示,波峰焊的工艺过程和原理如下：

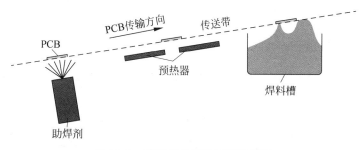

图 16.1　波峰焊的工艺过程示意图

（1）涂覆助焊剂。插装通孔元器件的印制板从波峰焊机的入口端随传送带向前运行,通过焊剂发泡（或喷雾）槽时,印制板下表面的焊盘、所有元器件端头和引脚表面被均匀地涂覆上一层薄薄的焊剂。

（2）预热。随着传送带运行,印制板进入预热区,焊剂中的溶剂挥发掉,焊剂中松香和活性剂开始分解和活性化,印制板焊盘、元器件端头和引脚表面的氧化膜以及其他污染物被清除;同时,印制板和元器件得到充分预热。

(3)波峰焊。焊料在焊料槽中被加热至熔融状态,通过焊料泵驱动从焊料喷嘴中喷出形成焊料波(图16.2),改变波峰的喷嘴可以实现不同形状的波峰(图16.3)。如图16.1所示,印制板预热后继续向前运行,印制板的底面首先通过第一个熔融的焊料波。第一个焊料波是乱波(振动波或紊流波),将焊料打到印制板的底面所有的焊盘、元器件焊端和引脚上;熔融的焊料在经过焊剂净化的金属表面上进行浸润和扩散。之后,印制板的底面通过第二个熔融的焊料波,第二个焊料波是平滑波,平滑波将引脚及焊端之间的桥连分开,并去除拉尖(冰柱)等焊接缺陷。

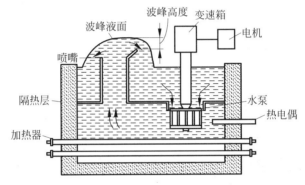

图16.2 波峰焊波峰喷流原理示意图

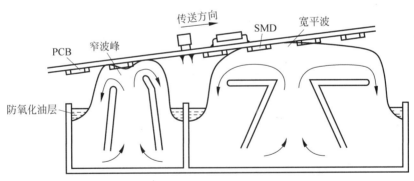

图16.3 两个波峰形状示意图

(4)冷却。当印制板继续向前运行离开第二个焊料波后,自然降温冷却形成焊点,即完成焊接。

波峰焊温度曲线如图16.4所示。共分为四段,其中预热段的主要作用是减小焊接时PCB组件的温差,同时激发助焊剂的活性;第1波峰段的主要作用是使熔融焊料与PCB及元器件接触,润湿焊接面;第2波峰段的作用是滤掉焊点多余的焊料,防止焊接缺陷的发生;冷却段的作用是使焊点凝固,保证形成合格焊点。

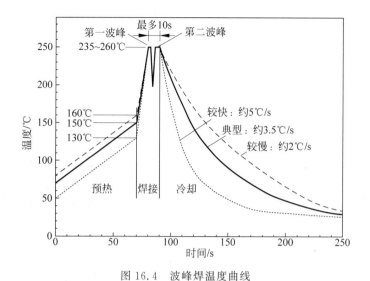

图 16.4 波峰焊温度曲线

16.4 表面贴装与回流焊技术

SMT 是将表面贴装元器件贴、焊到印刷电路板表面规定位置上的安装焊接技术。所用的印刷电路板无须钻孔。其具体工艺流程(图 16.5)如下:

图 16.5 表面贴装工艺流程

(1) 印刷。将焊膏或贴片胶漏印到 PCB 的焊盘上,为元器件的焊接做准备。所用设备为锡膏印刷机。

(2) 点胶。现在所用的电路板大多是双面贴片,为防止二次回炉时投入面的元件因锡膏再次熔化而脱落,在投入面加装点胶机,它是将胶水滴到 PCB 的固定位置上,将元器件固定到 PCB 上。所用设备为点胶机,也有小厂用人工点胶。

(3) 贴装。将表面组装元器件准确安装到 PCB 的固定位置上。所用设备为贴片机。

(4) 固化。其作用是将贴片胶熔化,从而使表面组装元器件与 PCB 牢固黏接在一起。所用设备为固化炉。

(5) 回流焊。回流焊是指通过重新熔化预先分配到印制板焊盘上的膏状软钎焊料,实现表面组装元器件焊端或引脚与印制板焊盘之间机械与电气连接的软钎焊。所用设备为回流焊炉。

(6) 清洗。将组装好的 PCB 上面的对人体有害的焊接残留物如助焊剂等除去。所用设备为清洗机。

(7) 检测。其作用是对组装好的 PCB 进行焊接质量和装配质量的检测。所用设备有放大镜、显微镜、在线测试仪(ICT)、飞针测试仪、自动光学检测(AOI)、X 射线检测系统、功能测试仪等。

(8)返修。其作用是对检测出现故障的 PCB 进行返工。所用工具为烙铁、返修工作站等。

回流焊的温度曲线分为升温区、保温区、焊接区和冷却区,各温区作用与波峰焊基本相同。在升温区焊膏中的溶剂、气体蒸发掉,同时,焊膏中的助焊剂浸润焊盘、元器件端头和引脚,焊膏软化、塌落并覆盖焊盘。保温区 PCB 和元器件得到充分的预热,以防止 PCB 突然进入焊接高温区而损坏 PCB 和元器件。焊接区温度迅速上升使焊膏熔化,液态焊锡对 PCB 的焊盘、元器件端头和引脚润湿、扩散、漫流或回流混合形成焊锡结点。冷却区焊点凝固。回流焊的温度曲线与各温区焊球的变化如图 16.6 所示。

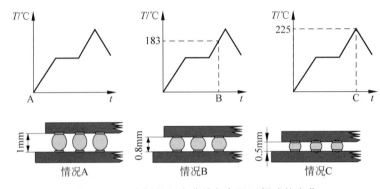

图 16.6　回流焊的温度曲线与各温区焊球的变化

回流焊与波峰焊相比具有如下优越性:

(1)不像波峰焊那样,要把元器件直接浸渍在熔融的焊料中,所以元器件受到的热冲击小。但由于回流焊加热方法不同,有时会施加给器件较大的热应力。要求元器件的内部结构及外封装材料必须能够承受再流焊温度的热冲击。

(2)只需要在焊盘上施加焊料,并能控制焊料的施加量,减少了虚焊、桥接等焊接缺陷的产生,因此焊接质量好,可靠性高。

(3)有自对准效应,即当元器件贴放位置有一定偏离时,其全部焊端或引脚与相应焊盘一同被润湿时,能在熔融焊料表面张力的作用下,自动拉回到近似目标位置的现象。

(4)焊料中一般不会混入不纯物,使用焊膏能正确地保证焊料的组分。

(5)可以采用局部加热热源,从而可在同一基板上采用不同焊接工艺进行焊接。

(6)工艺简单,修板的工作量极小。

16.5　典型组装方式与流程选择

典型的组装方式有全表面组装、单面混装、双面混装,如表 16.1 所列。

表 16.1　典型的组装方式

组装方式		示意图	电路基板	焊接方式	特征
全表面组装	单面表面组装		单面 PCB	单面回流焊	工艺简单,适用于小型、薄型简单电路
	双面表面组装		双面 PCB	双面回流焊	高密度组装、薄型化
单面混装	贴装器件和插装器件都在 A 面		双面 PCB	先 A 面回流焊,后 B 面波峰焊	一般采用先贴后插,工艺简单
	插装器件在 A 面,贴装器件在 B 面		单面 PCB	B 面波峰焊	PCB 成本低,工艺简单,先贴后插
双面混装	插装器件在 A 面,两面都有贴装器件		双面 PCB	先 A 面回流焊,后 B 面波峰焊	适合高密度组装
	两面都有贴装器件和插装器件		双面 PCB	先 A 面回流焊,后 B 面波峰焊,B 面插装件后附	工艺复杂,很少采用

注:A 面—又称元件面、主面;B 面—又称焊接面、辅面。

在一般密度的混合组装条件下,当贴装器件和插装器件在 PCB 的同一面时,采用 A 面印刷焊膏、再流焊,B 面波峰焊工艺;当插装器件在 PCB 的 A 面、贴装器件在 PCB 的 B 面时,采用 B 面点胶、波峰焊工艺。当 A 面有较多插装器件时,采用 A 面印刷焊膏、回流焊,B 面点贴、装胶、波峰焊工艺。需要指出的是,在印制板的同一面,禁止采用先回流焊贴装器件,后对插装器件进行波峰焊的工艺流程。

图 16.7 为插装器件在 A 面,双面都有贴装器件的焊接流程示意图。

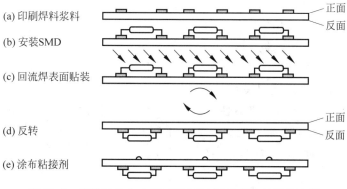

(a) 印刷焊料浆料

(b) 安装SMD

(c) 回流焊表面贴装

(d) 反转

(e) 涂布粘接剂

图 16.7　插装器件在 A 面,双面都有贴装器件的焊接流程

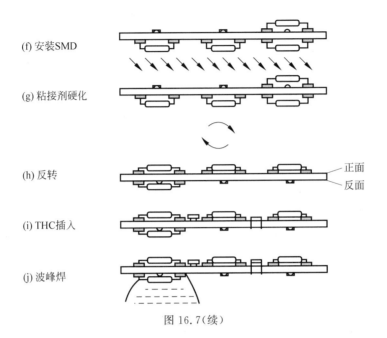

(f) 安装SMD

(g) 粘接剂硬化

(h) 反转 ⎬ 正面 / 反面

(i) THC插入

(j) 波峰焊

图 16.7(续)

16.6 选择性焊接技术

选择性焊接通常用于线路板完成大部分装配后再用机器补充焊接一些通孔插装元器件,它在某些方面和手工焊类似,都是在线路板组装完成后针对个别元器件的焊接工作,但是与手工焊相比,由于其所有工艺参数都能得到控制而且重复性高,因此焊点的质量要好很多。使用机器焊接时,有许多设计需要将焊接限制在电路板的一部分,例如:

(1) 保持特定的通孔清洁,以便进行波峰焊后的组装;

(2) 保持镀金的边缘连接器等表面没有焊料,使其正常工作;

(3) 越来越多的设计仅对特定组件(如连接器)使用波峰焊,而下侧其余部分设置有复杂的不适合波峰焊的表面贴装器件;

(4) 在高密度混合组装条件下,当只有极少量插装器件时,可采用双面印刷焊膏、回流焊工艺,然后对少量插装器件采用选择性焊接的方法,提高工艺的良率和减少对器件的影响。因此,需要采用选择性焊接技术实现以上目的。

通常有三种选择性焊接解决方案:

(1) 临时的阻焊层:包括可溶性涂层、可剥离的胶带或可剥离液态阻焊。液态阻焊通常用丝网印刷然后固化,焊接完成后可以剥离掉。

(2) 机械臂类型的选择焊接:类似手工焊接,但是机器的重复性好,缺点是效率较低。

(3) 选择性波峰焊(迷你波峰焊)[6]:如图 16.8 所示,这是一个更加灵活的过程,基于计算机数值控制的传输系统,该系统可在预热、喷涂焊剂和焊接站上顺序移动电路板。

焊剂是有选择地喷洒的,但整个板是预热的,以防止翘曲。喷嘴将熔融焊料的波峰引导至接合区域,溢出物沿着喷嘴侧流回槽中。产品更换很容易,只需要一个新的程序。

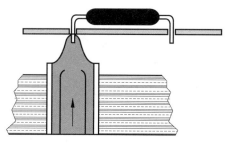

图 16.8　选择性波峰焊

16.7　封装中的表面贴装

在系统级封装中,有时需要将无源器件和其他封装好的器件贴装到系统级封装的基板上。封装基板上的贴装和 PCB 上的贴装本质上是一样的,但是由于封装内部的集成度远高于 PCB 上的集成度,且返工困难,因此需要的贴装精度更高,良率要求更高,因此对设备和工艺提出了更高的要求。此外,封装中的贴装与普通 PCB 上的贴装相比,还有一些细微的差别。

封装中的贴装对器件有更多的要求,包括更小的器件尺寸、更薄的厚度、更加稳定的电热性能等。0201(英制)、01005(英制)及更小的电容、电感电阻都是先在先进的系统级封装中使用再推广到 PCB 贴装的。

封装中的贴装工艺必须采用无铅高温焊料。这是由于封装工艺中涉及高温、高压,以及封装器件组装时的二次回流,因此必须采用耐高温的无铅焊料,避免焊点失效。

与普通贴装工艺不同,封装中的贴装工艺增加了贴装前基板预烘烤和贴装后清洗两个流程。基板烘烤的目的是去除基板内吸收的水汽,避免生产过程中的翘曲和其他不良。贴装后清洗的目的是去除回流后的助焊剂等残留,避免引发后续工艺不良。

为了提高封装密度,封装中的贴装经常会采用双面贴装,需要综合考虑基板翘曲、元器件耐热、器件质量等问题,并选择适合的印刷、贴片和回流设备。

封装中的贴装由于密度较高,布线限制,相邻器件距离较近且有时高度差异较大,因此需要优化贴装顺序以避免干涉和撞件。通常先贴较薄的器件,再贴高的器件。

习题

1. 写出下列英文缩写对应的英文全称和中文名称:SMT、SMD、THT、THD。

2. 二级封装的定义是什么?本质是什么?分为哪两类?主要通过哪两种工艺方法实现?现阶段以哪种方法为主?

3. 简述波峰焊的工艺过程和原理。

4. 简述回流焊的温度曲线和各温区作用。

5. 对于 A 面有插装器件和贴装器件，B 面有贴装器件的批量组装，应该选择怎样的自动化组装过程？

参考文献

［1］ 鲜飞. 波峰焊接工艺技术的研究[J]. 电子工业专用设备，2009，38(02)：10-14.

［2］ Arra M，Shangguan D，Yi S，et al. Development of Lead-free Wave Soldering Process[J]. IEEE Transactions on Electronics Packaging Manufacturing，2002，25(4)：289-299.

［3］ Sobolewski M，Wojewoda-Budka J，Huber Z，et al. Solder Joints Reliability of Through Hole Assemblies with Various Land and Hole Design[J]. Microelectronics Reliability，2021，125.

［4］ Knebusch M. Shrinking Circuit Boards with Surface-Mount Components[J]. Machine Design，1984，56(11)：69-74.

［5］ 徐大林. 表面贴装工艺(SMT)，其趋势和未来[J]. 电子器件，1999(02)：37-42.

［6］ 鲜飞. 选择性焊接工艺技术的研究[J]. 印制电路信息，2006(06)：60-63.

第 17 章

电子产品的绿色制造

随着人类文明的进步和工业能力的提升,人类活动对环境的影响也越来越大,为了可持续发展,人们的生态环保意识也逐渐增强。电子产品的制造和废弃,不可避免地会对环境造成污染,可能的污染包括封装和组装中的铅,封装材料和组装线路板材料中的卤素,工艺过程中的挥发性有机物(VOC),消耗臭氧层物质(ODS),以及电子产品报废与处理过程中产生的废弃物和有害物质。这些有害的物质对生态环境和人体健康有着严重危害。因此,增强绿色制造意识,减少电子产品封装和组装中对环境的破坏,加强电子废弃物的回收和无害化处理具有重要的意义。

为了减少环境污染和保护人类的健康,各国纷纷制定了电子产品相关的环保标准,相关标准主要包括有毒化学物管理和电子废物处理两大方面。

为了实现环境友好的绿色电子制造,在电子封装和组装中需要采用更环保的材料,并发展更环保的工艺,同时要保证产品的品质能够满足需求,这需要技术的不断进步来实现。在环保的材料和工艺中,无铅的焊料和无铅组装工艺更是主要的内容。

17.1 电子产品中的有害物质

17.1.1 铅

铅在地壳中含量很高,在自然界分布很广,水、土壤中都含有微量的铅。铅是一种重金属元素,一旦被开采就不会被降解。人类使用的铅除部分被回收外,其余会污染土壤、水和大气环境。

铅对人的影响很大,人体通过呼吸、进食和皮肤接触等都有可能吸收铅及其化合物。铅进入人体后,将抑制蛋白质的正常合成功能,危害人体中枢神经,造成精神错乱、呆滞、生殖功能障碍、贫血、高血压等慢性疾病。铅对儿童的危害更大,会影响其智商和正常发育。

2000年,世界铅的消耗量650万吨,其中电子产品占0.5%。虽然电子产品中铅的占比不高,但是电子产品废弃物数量庞大,铅回收困难,是铅污染的重要来源之一。其主要表现在以下方面:

(1) 在制造和使用Sn/Pb焊料的过程中,由于熔化温度较高,有大量的铅蒸气逸出,将直接严重影响操作人员的身体健康。

(2) 波峰焊设备在工作中产生的大量的富铅焊料废渣;丢弃的各种电子产品中器件和PWB上也含有大量铅。这些电子垃圾埋入地下后,所含的铅缓慢溶解于水并污染地下水。

此外,电子产品中电池和电池组涂料、颜料、墨水、染料玻璃料、密封材等也含有铅或者铅的化合物。

17.1.2 其他重金属及其化合物

1. 镉

镉在人体组织中积聚,潜伏期可长达10~30年,累积镉后会对肝和肾造成损伤,还会影响人体中枢神经,且极难排出体外。据报道,当水中镉超过 0.2mg/L 时,居民长期饮水和从食物中摄取含镉物质,可引起"骨痛病"。进入人体和温血动物的镉,主要累积在肝、肾、胰腺、甲状腺和骨骼中,使肾脏器官等发生病变,并影响人的正常活动,造成贫血、高血压、神经痛、骨质松软、肾炎和分泌失调等病症。

电子产品中可能含有镉的材料有塑胶、电池和电池组部件、电极、引导端子涂料、颜料、墨水、染料、量子点荧光粉等。

2. 汞

汞俗称水银,是唯一的液体金属,是吸入性毒物且具有生物累积效应,汞对水生生物也极具毒性,由于人类排放的汞随着大气和洋流四处流动,因此鱼类等都可能受到了不同程度的污染,人会食用被汞污染的鱼类和海洋哺乳动物而受汞污染伤害。汞对人体的效应主要是影响中枢神经及肾脏系统。另外,汞在某些环境状况下将转变成有机汞,造成其毒性增强。甲基汞进入人体后主要侵害神经系统,尤其是中枢神经系统。甲基汞还可通过胎盘屏障侵害胎儿,使新生儿发生先天性疾病。汞污染还可导致心脏病和高血压等心血管疾病,并影响人类的肝、甲状腺和皮肤的功能。

电子产品中含有汞的有包装材料、日光灯、印制电路板、电池和电池组涂料、颜料、墨水、染料、汞开关等。

3. 六价铬化合物

铬对人的毒性主要表现为六价铬的毒性,主要影响物质的氧化还原和水解过程,与核酸、核蛋白结合影响组织的磷含量。六价铬为吞入性毒物/吸入性极毒物,皮肤接触可能导致敏感和黏膜的损害,出现接触性皮炎、湿疹和溃疡,更可能造成遗传性基因缺陷。六价铬对呼吸道有刺激作用,可引起鼻炎、咽炎及支气管炎等,严重者可致鼻中隔穿孔,吸入可能致癌。此外,还可出现多发性黏膜溃疡、咽部糜烂、齿龈炎、中毒性肝病、肾炎、贫血和眼结膜炎等,对环境有持久危险性。

电子产品中含有六价铬的有包装材料、皮产品、电镀防锈处理的产品、印刷电路板电池和电池组、涂料、颜料、墨水、染料等。

17.1.3 含卤有害有机物

在塑料中,溴系阻燃剂(BFR)是有效的阻燃剂且性价比很高。多溴联苯和多溴二联苯醚作为阻燃剂广泛用于消费品中,实验研究资料显示,多溴联苯(PBB)和多溴二苯醚(PBDE)具有内分泌干扰作用,影响甲状腺激素和性激素,具有肝脏毒性、神经毒性、生殖毒性、发育毒性。科学家发现多溴二苯醚高温热分解时,与被阻燃材料发生反应,产生剧毒、致癌的多溴二苯并二噁英和多溴代二苯并呋喃,严重影响环境。

电子产品中,可能含有多溴联苯的材料有印刷电路板、塑料、涂层、电线电缆及树脂类电子元件等。

此外,传统的松香基助焊剂大多含有卤素,高温潮湿条件下残留卤素容易腐蚀基板,影响焊接的可靠性。

17.1.4 助焊剂及清洗剂中的有害物质

在封装与组装工艺中大量使用钎焊工艺,除了上述焊料中可能有铅污染外,助焊剂以及清洗剂也可能会产生环境污染[1]。

按照清洗方式不同,助焊剂分为有机溶剂清洗型、水清洗型和免清洗型。

有机溶剂清洗型助焊剂通常含有天然松香、人造松香及树脂等,化学性能稳定,去金属氧化物能力强。有机溶剂清洗剂溶解能力强,清洗效果好,大部分可以回收利用,适合大规模生产应用,但溶剂中含有氟利昂,为臭氧层破坏性物质,按照《蒙特利尔议定书》已经禁止使用。

水清洗型助焊剂清洗剂利用去离子水和水中溶解的活性剂、分散剂及络合剂等通过皂化反应清洗残留物质,解决了含氟利昂的污染问题;但这类助焊剂含卤素或酸类,对电子元件腐蚀性强,清洗废水也会污染环境。

某些松香型的免清洗助焊剂,使用了大量的 VOC 作为溶剂,这些物质常温常压下容易挥发,散发在低层大气中会形成光化学烟雾,污染环境且对人体有很大危害,已经逐步被淘汰。

17.2 电子产品相关环保标准与法规

17.2.1 RoHS

2003 年 2 月欧盟通过了一项环保指令《关于限制在电子电气设备中使用某些有害成分的指令》(Directive on the restriction of the use of certain hazardous substances in electrical and electronic equipment,缩写为 RoHS),指令编号为 2002/95/EC,该指令定于 2006 年 7 月 1 日起生效,称为 RoHS 1.0。

2006 年 2 月,我国多部委联合颁布了《电子信息产品污染控制管理办法》(简称《管理办法》),该办法于 2007 年 3 月 1 日正式实施。《管理办法》包含多个配套标准,其中三个行业标准于 2006 年 11 月 6 日推出,包括 SJ/T11363-2006《电子信息产品中有毒有害物质限量要求》、SJ/T11364—2006《电子信息产品污染控制标识要求》和 SJ/T11365—2006《电子信息产品中有毒有害物质检测方法》。该版本《管理办法》称为中国版 RoHS 1.0。

在限制使用的有效物质和限量上,中国版 RoHS 1.0 和欧盟版 RoHS 1.0 是一致的,限制使用的物质包括铅(Pb)、镉(Cd)、汞(Hg)、六价铬(Cr^{6+})、多溴联苯(PBB)以及多溴二苯醚(PBDE)六种有害物质,具体限量要求见表 17.1。

表 17.1 RoHS 1.0 有害物质及其限量要求

限 制 物 质	限量/(mg · kg^{-1})	限 制 物 质	限量/(mg · kg^{-1})
铅	1000	六价铬	1000
镉	100	多溴联苯	1000
汞	1000	多溴二苯醚	1000

2011 年 7 月,欧盟发布了新的指令 2011/65/EU 以取代 2002/95/EC,新指令于 2011 年 7 月 21 日生效,并于 2013 年 1 月 3 日正式实施,也就是现行的欧盟 RoHS 2.0。该指令对原有的指令做出了非常多重要的调整和修改,包括扩大了一些限用产品的范围,更新了一些豁免条款和豁免清单,同时开放了一些限用物质的评估端口。通过这个评估端口,2019 年 7 月 22 日四种邻苯二甲酸酯限制被纳入 RoHS 要求。[2] 表 17.2 为 RoHS 2.0 有害物质及其限量要求。

表 17.2 欧盟 RoHS 2.0 有害物质及其限量要求

限 制 物 质	限量/(mg · kg^{-1})	限 制 物 质	限量/(mg · kg^{-1})
铅	1000	多溴二苯醚	1000
镉	100	邻苯二甲酸二(2-己酯)(DEHP)	1000
汞	1000	邻苯二甲酸丁苄酯（BBP）	1000
六价铬	1000	邻苯二甲酸二丁酯(DBP)	1000
多溴联苯	1000	邻苯二甲酸二异丁酯(DIBP)	1000

中国方面,新版《电器电子产品有害物质限制使用管理办法》于 2016 年 1 月 6 日发布,并从 2016 年 7 月 1 日起正式实施。随着新版《管理办法》的实施,旧版的《电子信息产品污染控制管理办法》同时被废止[3]。2018 年 3 月,《电器电子产品有害物质限制使用达标管理目录(第一批)》公布实施。2019 年 5 月 16 日,《电器电子产品有害物质限制使用合格评定制度实施安排》文件正式发布,至此中国 RoHS 2.0 法规的完整体系已经正式搭建完成。

世界上越来越多的国家和组织都已经进行了类似的立法。2020 年 3 月起,欧亚经济联盟(EAEU,包含俄罗斯、白俄罗斯、哈萨克斯坦、亚美尼亚和吉尔吉斯斯坦)境内销售的电子电器产品,必须通过 RoHS 合格评定程序,以证明其复合 EAEU 技术法规 037/2016 中关于在电气电子产品中限制使用有害物质的规定[4]。

17.2.2 WEEE

已经废弃的或者不再使用的电子产品或零部件,形成废弃电器电子产品(Waste Electrical and Electronic Equipment,WEEE,即电子废弃物)。电子废弃物被认为是世界上增长最快的固体废物之一,与工业废弃物、生活垃圾并称地球三大垃圾。

有数据显示,如果按照 10～15 年的使用寿命计算,中国每年至少有数百万台电视机、数百万台冰箱、数百万台洗衣机要报废,有数百万台电脑、数千万部手机被淘汰。欧盟国家每人每年平均产生电子垃圾 16kg。美国人每年废弃的手机等电子设备也以亿计。

WEEE 含有有毒金属及化学物质，被列为有害固体废物。如果 WEEE 中的有害物质被淋出并溶解进入土壤、地下水或地表水中，将严重危害环境和人体健康。此外，WEEE 中金属含量较相应的金属矿石高，被认为是具有显著经济效益的金属二次资源。WEEE 的资源化利用具有显著的社会效益和经济效益。

2003 年 2 月，欧盟与 RoHS 1.0 一起通过并公布的，还有另一项环保指令——《废弃电子电气设备指令》（Directive on Waste Electrical and Electronic Equipment，即 WEEE），指令编号为 2002/96/EC，实施日期为 2005 年 8 月 13 日。

2008 年 8 月 20 日，中国国务院常务会议通过《废弃电器电子产品回收处理管理条例》，自 2011 年 1 月 1 日起施行。

WEEE 环保法规实施目的主要有三个：一是减少电器电子产品废弃物；二是提高报废电器电子设备的循环再利用率；三是改善电器电子产品的全生命周期的环境品质。

17.2.3　REACH

2006 年 12 月，欧盟议会和欧盟理事会颁布了第 1907/2006(EC)号法规，即关于化学品注册、评估、授权和限制（the Registration，Evaluation，Authorization and Restriction of Chemicals，REACH），2007 年 6 月 1 日正式生效，分步骤实施。

REACH 制度的理论依据是："一种化学物质，在尚未证明其安全之前，它就是不安全的。"这一原则推翻了先前的假定原则："一种化学物质，只要没有证据表明它是危险的，它就是安全的。"

REACH 是欧盟对进入其市场的所有化学品进行预防性管理的法规。其中，对于电子电气产品影响最大的是高度关注物质（Substances of Very High Concern，SVHC）以及限制物质清单[5]。

SVHC 一般是指产品中需要关注的有害物质。SVHC 一般每年更新 2 次，分别于 6 月和 12 月更新。截至 2020 年 6 月 25 日，SVHC 共有 23 批共 209 项物质。

限制物质即在某些产品中限制用量的物质，主要是对人体健康或环境造成不可接受风险的物质。截至 2020 年，限制物质共 74 项。

17.2.4　其他相关环保法规

2016 年 4 月 28 日，第十二届全国人民代表大会常务委员会第二十次会议批准《关于汞的水俣公约》，该公约将自 2017 年 8 月 16 日起在我国正式生效。

2017 年 8 月 17 日，我国国务院办公厅印发《禁止洋垃圾入境推进固体废物进口管理制度改革实施方案》[6]，全面禁止洋垃圾入境。

17.3　电子产品的无铅制造

铅是微电子封装和组装中最可能产生的有害物质,在绿色制造中无铅的焊料和无铅组装工艺十分重要。电子产品的无铅制造包括封装、电子组件和 PCB 采用无铅涂覆,采用无铅焊料,采用无铅组装工艺。

17.3.1　无铅焊料

PbSn 焊料中铅的作用如下:

(1) 与锡形成共晶合金,熔点降低;

(2) 降低合金的表面张力,促进润湿与铺展;

(3) 抑制锡的晶须生长。

封装与组装中的焊接主要是采用锡基合金。对于锡基合金来说,替代铝的合金元素不多,仅限于 Ag、Bi、Cu、In、Zn 及 Sb。

作为锡铅焊料合金的替代品,对于无铅焊料有如下要求:

(1) 熔点接近于传统锡铅焊料合金且熔化温度区间小。熔点过高会导致焊接温度高,损坏电子元器件,而熔化温度区间大,更容易导致焊接缺陷的产生。

(2) 良好的润湿铺展性能,润湿性越好,得到的焊点面积越大,焊接质量就越好。

(3) 具有良好的抗氧化性和抗腐蚀性。

(4) 导电导热不劣化。

(5) 良好的机械强度,特别是蠕变-疲劳性能。

(6) 成本低廉、无毒性。

从实际应用来看,无铅焊料具有两个基本特点:一是熔点较高;二是润湿性弱于 PbSn。

图 17.1 是无铅焊料熔点与铅锡共晶焊料(63Sn-37Pb)熔点对比。可以看出,除 42Sn-58Bi 外,其他无铅焊料的熔点都高于铅锡共晶焊料。

图 17.2 是无铅焊料熔点与铅锡共晶焊料(63Sn-37Pb)的接触角和表面张力对比。可以看到,无铅焊料的润湿性明显弱于 PbSn[7]。

经过研究界和产业界的努力,目前已经实用化的无铅焊料大体上分为三大类别,即高温的 Sn-Ag 系、Sn-Cu 系,中温的 Sn-Zn 系,以及低温的 Sn-Bi 系等。

国际锡业协会(旧名国际锡研究协会(ITRI))对已开发的主要无铅焊料进行了综合性能试验比较,其比较结果为 SnAgCu 最好。SnAgCu 钎料被推荐为 SnPb 钎料的最佳替代品,也是目前使用最多的主流无铅焊料合金[8-10]。回流焊焊膏主要采用 SnAgCu 合金,而波峰焊采用较多的还是 SnCu 合金。在焊膏中主要采用 96.5Sn-3.5Ag 和 95.5Sn-4.0Ag-0.5Cu 共晶和近共晶合金系;波峰焊采用 99.3Sn-0.7Cu 共晶合金系;手工焊接采用 99.3Sn-0.7Cu 合金系。

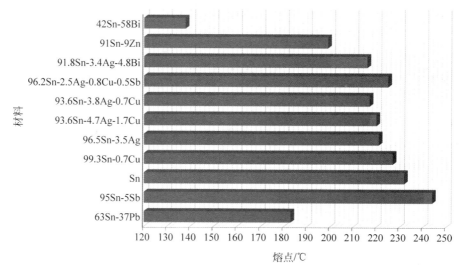

图 17.1　不同焊料熔点对比

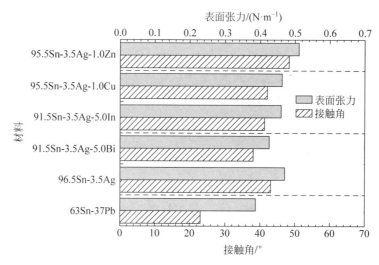

图 17.2　不同焊料的接触角和表面张力对比

　　SnAgCu 仍然存在不足之处,例如钎料的熔化温度较高(约 217℃),抗疲劳性能较差、焊点界面金属间化合物在服役过程中生长速度较快等。为了进一步降低无铅焊料的焊接温度,提高 SnAgCu 无铅钎料的性能,人们在钎料中添加第四种元素。研究表明,微量混合稀土的添加可以显著提高钎料的性能[10-11]。此外,人们还研究了添含微米和纳米颗粒的无铅焊料来改善其性能[9]。

17.3.2　无铅组装焊接技术

　　基于上述无铅焊料的熔点高的问题,在焊接中需要提高焊接温度,提高 PCB 和贴片元器件的耐热性能,提高设备的温度控制准确性。针对焊料润湿性差的问题,需要采用提高工艺温度、充氮等方式来改进。熔点高润湿性差造成工艺窗口狭小,要求更严格的工艺过程控制焊点表面与外观,通常无铅焊料回流后表面粗糙不及 PbSn 焊料光滑。

在无铅焊料的钎焊过程中,氮气保护的有益效果表现在:①氮气保护情况下,润湿力增加,润湿速度加快,时间缩短,润湿性进而得到改善,且在高温下润湿力表现得更显著;②波峰焊中,氮气保护条件下可减少氧化渣达 95% 左右;③氮气保护可以降低焊接缺陷率,特别是减少桥连[12-13]。

无铅焊料的晶须问题更加严重[14],在焊料金属镀层上,可能生长出细丝状单晶,直径为 $1 \sim 5 \mu m$,长度为 $1 \sim 500 \mu m$。锡晶须的生长速度为 $0.03 \sim 9 mm/$年,当长度达到 $0.1 \sim 0.3 mm$ 时即可能引发短路。晶须的抑制办法包括热处理、中间镀层(Ni、Cu)等方法。

17.3.3 低污染助焊剂

电子封装焊接时,被焊金属表面氧化物会影响基体与焊料之间的扩散,进而影响焊点的结合力。助焊剂是在焊接工艺中能帮助和促进焊接过程,同时具有保护作用、阻止氧化反应的化学物质。助焊剂质量直接影响焊接质量水平。

如前所述,助焊剂分为有机溶剂清洗型、水清洗型和免清洗型。[1]

对于无铅焊料,需要配合合适的助焊剂提高焊接质量。考虑到环保,对助焊剂主要有三个方面的要求:①助焊剂的成分,包括溶剂及其他添加剂都要符合环保要求。②焊后助焊剂在焊接面的残留物要符合环保要求;尽量减少残留物,同时残留物最好是稳定的、对板面无不良影响及对环境无污染的物质。③助焊剂在焊接过程中所分解出的烟雾或其他物质不能破坏大气和水,对人体刺激与危害较小。一般建议使用无铅焊料,配合无挥发性有机化合物(VOC-free)的免清洗助焊剂和水溶性助焊剂。[1,15]

习题

1. 写出 RoHS 1.0 限定的物质及比例。

2. 简述在电子封装和组装的焊接过程中使用的助焊剂类型,以及可能产生的有害化学物质。

3. 简述什么是无铅组装?

4. 无铅焊料的两个主要特点是什么?

5. 波峰焊、回流焊常用的无铅焊料分别是什么?

6. 判断题:无铅焊料与 PbSn 焊料相比,通常无铅焊料的接触角较大,润湿性能稍差。

参考文献

[1] 刘月,丁运虎,毛祖国,等. 电子封装用免清洗助焊剂的研究进展[J]. 电镀与精饰,2017,

39(06)：12-16.

[2] 刘江，刘梦娟. 中国 RoHS 制度的发展历程与方向[J]. 质量与认证，2019(11)：58-59.

[3] 全国电工电子产品与系统的环境标准化技术委员会. 电子电气产品中限用物质的限量要求：GB/T 26572—2011[S]. 中华人民共和国国家质量监督检验检疫总局、中国国家标准化管理委员会，2011-08-01.

[4] 2020 年 3 月起俄罗斯等国家将强制执行 RoHS 要求[J]. 纺织检测与标准，2019，5(06)：35-37.

[5] 胡晓桐，曹焱鑫. 电子电气产品 REACH 法规与 RoHS 指令差异比较[J]. 家电科技，2020(S1)：321-323.

[6] 国务院办公厅关于印发禁止洋垃圾入境推进固体废物进口管理制度改革实施方案的通知[EB/OL]. http://www.gov.cn/zhengce/content/2017-07/27/content_5213738.htm.

[7] Mhd Noor E E，Mhd Nasir N F，Idris S R A. A Review：Lead Free Solder and Its Wettability Properties[J]. Soldering & Surface Mount Technology，2016，28(3)：125-132.

[8] Sun L，Zhang L. Properties and Microstructures of Sn-Ag-Cu-X Lead-Free Solder Joints in Electronic Packaging[J]. Advances in Materials Science and Engineering，2015，2015(1-16).

[9] Zhang L，Tu K N. Structure and Properties of Lead-free Solders Bearing Micro and Nano Particles[J]. Materials Science and Engineering：R：Reports，2014，82(1-32).

[10] Xiao W M，Shi Y W，Xu G C，et al. Effect of Rare Earth on Mechanical Creep-Fatigue Property of SnAgCu Solder Joint[J]. Journal of Alloys and Compounds，2009，472(1-2)：198-202.

[11] 孙磊，张亮，徐乐，等. 电子组装用含稀土无铅钎料研究[J]. 稀有金属，2016，40(06)：567-573.

[12] 韩柏，丁冬雁. 保护气氛对无铅电子组装的影响[J]. 材料导报，2013，27(13)：62-66.

[13] 史建卫，杜彬，廖厅，等. 氮气保护在无铅化电子组装中的应用[J]. 电子工业专用设备，2013，42(10)：27-35.

[14] Tu K N，Hsiao H Y，Chen C. Transition from Flip Chip Solder Joint to 3D IC Microbump：Its Effect on Microstructure Anisotropy[J]. Microelectronics Reliability，2013，53(1)：2-6.

[15] 徐冬霞，雷永平，夏志东，等. 电子组装无铅钎料用助焊剂的研究现状及趋势[J]. 上海交通大学学报，2007(S2)：53-57,61.

第18章

封装中的材料

本节将介绍封装中主要材料,包括基板材料、引线框架材料、EMC 材料、凸点材料、焊球材料的特性。

18.1 有机基板材料

基板代替引线框架作为芯片和 PCB 之间的中介层。基板通常在其与 PCB 连接的一面有焊球或者插针。在电子器件的制作中,基板提供承载部件的空间,以及提供部件之间的电连接。

有机基板由 BT 树脂、FR-4、FR-5 和聚酰亚胺柔性载带等一系列材料制备而成。

18.1.1 刚性有机基板材料

刚性有机基板又分为单面板、双面板及传统工艺多层板和积层多层板。积层板又分为有芯积层板和无芯积层板。传统工艺多层板由内层板、半固化片与铜箔热压形成。积层多层板包括芯层和积层层。

尽管有许多种刚性有机基材,但它们都可以分为多个单层,单层都由树脂系统(包含添加剂)、强化物和导体三个部分组成。根据具体工艺需求,有些层的组成少于三个部分,如半固化片可以不包含导体层,用于积层板的内层或外层可以不包含强化物。

1. 树脂系统

1)环氧树脂

在印刷电路中最成功和最广泛地应用的树脂系统是环氧树脂系统。环氧树脂和其他性能更高的树脂相比,具有好的机械、电气和物理特性,以及相对低的成本。同时,环氧系统相对容易加工处理,使制造成本下降。环氧树脂经过进一步改进提高玻璃化温度(T_g),降低介电常数与介质损耗,成为高性能基板材料。随着薄型环氧-玻璃纤维布基板材料的发展,从 2000 年起,环氧-玻璃纤维布基的高性能环氧树脂(FR-4 等)的封装基板逐步发展[1]。表 18.1 列出基板的演化。

表 18.1 基板的演化

	第一代	第二代	第三代	第四代		
	1955—	1960—	1975—	1995—	1993—	1997—
覆铜板	FR-1	FR-4	FR-4	FR-4	FR-4,BT	高 T_g FR-4
树脂	Phenol	环氧				
基材	纸	玻璃布				
线路板	单面	双面	多层	积层	多层	积层
应用	PWB			封装基板		

2)BT 树脂

双马来酰亚胺-三嗪(BT)树脂是采用氰酸酯树脂(CE)改性双马来酰亚胺树脂

(BMI)固化后形成的一种高性能热固性树脂。该树脂结合了两种热固性树脂优良的性能,其玻璃化温度高,具有较低的介电常数和介电损耗以及优良的抗冲击性能,因此提高了 BMI 树脂的抗冲击性能和介电性能。此外,BT 树脂还具有加工良好、毒性低、价格便宜的优势。硬质 BT 树脂基板主要由 BT 树脂和玻璃纤维布经反应性模压工艺制成。

3) ABF 材料

ABF 是由日本 Ajinomoto 公司研发的材料,通过环氧树脂调配不一样的固化剂来提升基板各项指标,用于使用倒装芯片安装基板的层间绝缘材料。ABF 材料相较于 BT 类材料,可以更薄、成本更低。ABF 为增层材料,铜箔基板上面直接附着 ABF 就可以作线路,也不需要热压合过程,大多采用半加成法形成微细线路。

ABF FC CSP 可满足细线宽、细线距的要求。

ABF 材料的主要特点如下:

(1) 能形成更精细的电路图形;

(2) 具有更低的热膨胀系数;

(3) 低介电常数和低介质损耗角正切值(电容小,微波耦合能力弱),可适用于高频电路。

ABF 产品已发展出环保无卤素系列,并且在保证可靠性的同时进一步改良,包括厚度减薄,适应微细线路形成的"低粗度化",适应高密度层间连接可靠性要求的"低 CTE 化"和适应高频的"低介质损失化"等[2]。

2. 添加剂

树脂系统包含多种添加剂,用来提升树脂的固化或改变某些方面的性质,包括固化反应物和促进剂、阻燃剂等。

3. 强化物

编织玻璃纤维布是最常用的强化物。其他材料包括纸、毛玻璃、非编织芳纶和不同的纤维。编织玻璃布的优点是力学性能和电学性能良好的组合,拥有范围广泛的不同型号以获得不同的层厚和有效的经济性。

玻璃各成分的相对浓度影响玻璃纤维化学、力学和电学性质。表 18.2 列出了不同玻璃的成分。

表 18.2　不同玻璃的成分　　　　　单位:%

成　　分	E-玻璃	NE-玻璃	S-玻璃	D-玻璃	石英
二氧化硅	52～56	52～56	64～66	72～75	99.97
氧化钙	16～25	0～10	0～0.3	0～1	
氧化铝	12～16	10～15	24～26	0～1	
氧化硼	5～10	15～20		21～24	
氧化钠与氧化钾	0～2	0～1	0～0.03	0～4	
氧化镁	0～5	0～5	9～11		
氧化铁	0.05～0.4	0～0.3	0～0.3	0.3	
氧化钛	0～0.8	0.5～5			
氟化物	0～1.0				

采用不同的玻璃成分、线径、纱型组合、编织图案、经纱和纬纱的数量,影响和决定了织物和基材的性质。

玻璃纤维布基板的缺点是:由于玻璃纤维布和基体树脂的介质常数存在差异,基板在微观上存在着介质常数的不均匀分布,因此提高玻璃纤维布的分布均匀性成为提高介质特性的关键。

4. 导电材料

印制线路板中主要的导电材料是铜箔。

在形成电气图形之后,需要在焊盘处进行表面处理,形成所需要的镀层。表面处理的作用主要有两方面:一是提高焊盘处的抗氧化能力;二是提高焊盘处的焊接能力并改善焊盘的平整度。一般的 PCB 表面处理方式主要有热风整平、有机可焊性保护涂层、化学镍金、电镀金。

目前,封装基板表面处理主要使用化学镍金和电镀金,金作为一种贵金属,具有良好的可焊性、耐氧化性、抗蚀性、接触电阻小、合金耐磨性好等优良特点。

不管是化学镍金还是电镀镍金,对于键合质量影响的关键是镀层的结晶和表面是否有污染,以及一定要求的镍金厚度。

18.1.2 挠性有机基板材料

柔性基板的材料包括聚酰亚胺(PI)、聚对苯二甲酸乙二醇酯(PET)、聚萘二甲酸乙二醇酯(PEN)、聚碳酸酯(PC)以及聚醚砜(PES)等,具有高韧性、质轻和耐久性等特点,其部分特性如表 18.3 所列。图 18.1 为聚酰亚胺的分子结构。

表 18.3　挠性有机基材的特征属性[3]

特　　性	材料(品牌)				
	PI (Kapton)	PET (Melinex)	PEN (Teonex)	PC (Lexan)	PES (Sumilite)
玻璃化温度/℃	410	78	121	150	223
线性热膨胀系数($-55\sim$ 85℃)/(ppm/℃)	30-60	15	13	60-70	54
热导率/(W/m·K)	0.12	0.15	0.1	—	—
密度/(g/cm³)	1.44	1.4	1.36	1.2	1.37
相对介电常数	3.4	3.2	3.2	2.9	3.7
吸水率/%	1.8	0.14	0.14	0.4	1.4
弹性模量(GPa)	2.5	5.3	6.1	1.7	2.2
拉伸强度(MPa)	231	225	275	—	83

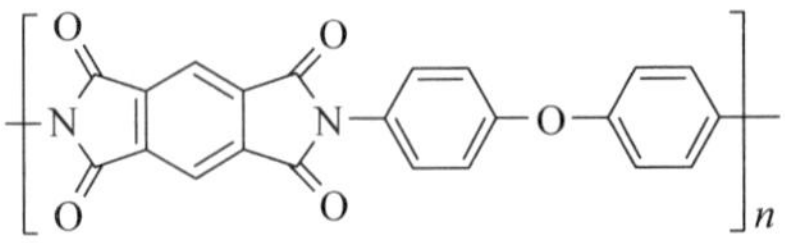

图 18.1　聚酰亚胺的分子结构

18.2 无机基板材料

18.2.1 陶瓷基板材料

陶瓷基板包括薄膜和厚膜陶瓷基板、LTCC 和 HTCC 等。不同工艺类型的陶瓷基板所用陶瓷材料不同,在工艺中有较为详细的介绍。此外,三种典型陶瓷材料的性能如下:

(1) Al_2O_3 基板的热导率低,热膨胀系数和 Si 匹配性稍差,不适应于未来更高集成度的芯片封装。

(2) BeO 陶瓷虽然有良好的综合性能,但是其较高的生产成本和剧毒的缺点限制了它的应用推广。

(3) AlN 陶瓷具有较高的热导率,膨胀系数也和 Si 材料更匹配,介电常数低;但是成本高,高温下难以烧结,生产中的重复性差。

表 18.4 列出了六种典型的陶瓷材料性能对比。

表 18.4　六种典型的陶瓷材料性能对比[4-5]

性能	Al_2O_3 (99.5%)	Al_2O_3 (96%)	AlN (>99.8%)	BeO (99.6%)	BN (99.5%)	Si_3N_4 (96%)
密度/(g/cm³)	3.9	3.75	3.25	2.9	2.25	3.18
线性热膨胀系数/(ppm/℃)	7.4	7.2	4.4	7.5	—	3.2
热导率/(W/(m·K))	30	20	260	250	20~60	10~40
硬度/GPa	25	12	12	2	20	
弯曲强度/MPa	300~350	300~400	200	40~80	980	
弹性模量/GPa	370	344	310	350	98	320
相对介电常数(@1MHz)	9.7	9.3	8.9	6.7	4.0	9.4
击穿场强/(MV/m)	8.7	8.3	15	10	300~400	100
损耗角正切(@1MHz)	0.0001	0.0003	0.0004~0.0005	0.0004	0.0002~0.0006	—
体电阻率@25℃/(Ω·cm)	>10¹⁴	>10¹⁴	>10¹²	>10¹⁴	>10¹²	>10¹⁴
毒性	无毒	无毒	无毒	有毒	无毒	无毒

18.2.2 玻璃基板材料

由于玻璃基板具有非常接近元组件的热膨胀系数,同时具有不吸湿、可气密、光学透明等优点,同时,玻璃具有低介电损耗、低介电常数和超高电阻率,因此,玻璃成为一种重要的封装基板。

玻璃基板在封装中的应用主要有如下三种:

(1) 用作玻璃通孔(TGV)的基板材料。TGV 通常用于 2.5D/3D IC 封装中。硅通孔载板面临的挑战之一是在组装和使用时热形变造成的载板卷曲,主要原因是热膨胀系数不匹配。玻璃相较于硅,其一大优势是 CTE 可调,这可改善晶圆叠层时的翘曲。相对于硅基板,使用玻璃通孔能达到更好的电性和可靠性表现。玻璃基板的介电性能优良、介电常数低($\varepsilon_r \approx 4 \sim 6$,取决于组成和工艺)、损耗低,使其成为射频封装和无源集成的良好候选材料。

(2)用作光学传感器的基板材料。由于玻璃的透光性好,可用于基于玻璃基板的光学传感器。

(3)玻璃上芯片(Chip On Glass,COG)封装中的载板。COG 封装技术是一种将裸芯片互连到玻璃基板上的封装技术。它通过各向异性导电胶实现 IC 与玻璃基板间的机械黏合以及电气连接。COG 封装相比在线路板上封装芯片可大大减小整个 LCD 模块的体积,且易于大批量生产,适用于手机、平板等便携式电子产品。

18.3　引线框架材料

引线框架是集成电路封装的一种主要结构材料,主要起到承载集成电路芯片的作用。引线框架还起到连接芯片与外部线路板电信号、散热等作用。引线框架包含:①一个芯片焊盘,集成电路(芯片)通过黏结胶黏结在芯片焊盘上;②引线,用于实现和外部(如印制线路板)的电连接。芯片和引线之间的连接通过焊线来实现。

集成电路引线框架由合金制成,一般采用铜或铁镍合金,考虑到可焊性、黏结性、电气、散热与塑封匹配以及成本等方面的因素,目前主要使用铜材,特别是 DIP 和 QFP、PLCC 等主要形式,大多数采用铜材。

引线框架的成型方法包括冲压成型和蚀刻成型。其冲压成型模具成本高,但是量产成本低,适合大批量生产。蚀刻成型采用光刻胶或干膜作为腐蚀掩膜,一次性成本较低,生产成本较高,适合小批量制作。

1. 引线框架的材料性能要求

根据引线框架在封装中的作用,引线框架必须具备以下性能:

(1)良好的导电性能。

(2)良好的导热性能。导热性一般可通过两方面解决:一是增加引线框架基材的厚度;二是选用较大热导率的金属材料做引线框架。

58Fe-42Ni 的铁镍合金热导率为 14.6W/(m·K)。铜合金材料的热导率大得多,根据掺杂的不同,其热导率会有变化。掺 0.02%Zr 的铜材料,其热导率为 373W/(m·K);掺 0.1%Fe、0.03%P 的铜材料,热导率为 347W/(m·K)。

(3)适当的热膨胀系数。硅的线膨胀系数为 5.0ppm/℃,塑封树脂的线膨胀系数约为 20ppm/℃,58Fe-42Ni 的铁镍合金线的膨胀系数为 4.3ppm/℃,一般铜合金引线框架线的膨胀系数为 16～18ppm/℃。可见,铁镍材料的热膨胀系数较小,铜材料的热膨胀系数较大。铜合金材料引线框架的线膨胀系数和塑封树脂的线膨胀系数接近,但是和芯片的线膨胀系数相差较大。不过,现在采用树脂导电胶作为粘片材料,它们的柔韧性很强,可以有效吸收芯片和铜合金材料之间的应变。反过来,如果采用共晶工艺固晶,就不适合用线膨胀系数大的铜材料做引线框架。

(4) 良好的抗拉强度。58Fe-42Ni 的铁镍合金的抗拉强度为 0.64GPa。铜合金材料的抗拉强度一般在 0.5GPa 以下,铜材料可以通过掺杂来提高抗拉强度。一般要求引线框架材料抗拉强度至少达到 441MPa,延伸率大于 5%。

(5) 良好的耐热性和耐氧化性。耐热性用软化温度进行衡量。软化温度是将材料加热 5min 后,硬度变化到最初始硬度的 80% 的加热温度。通常,软化温度在 400℃ 以上便可以使用。

材料的耐氧化性对产品的可靠性有很大的影响,要求由于加热而生成的氧化膜尽可能少。

(6) 一定的耐腐蚀性。引线框架应不发生腐蚀裂纹,在一般潮湿气候下应不会出现腐蚀而产生引腿断裂现象。

2. 常用的引线框架材料

(1) Cu-Fe 系。Cu-Fe 系合金是 IC 引线框架材料的主流合金。Cu-Fe 系合金中性能最好的和使用最广的是 Cu-Fe-P 合金,该合金是典型的析出强化型合金,可以依靠析出弥散质点强化,同时金属间化合物的析出对导电、导热损失较小。从 Cu-Fe 二元相图可知,Fe 在固溶体中的含量随温度下降而明显降低。Fe 在 Cu 中的固溶度在 1094℃ 时为 4%,而在 300℃ 时为 0.0004%。随着温度下降,Fe 以弥散质点形式从固溶体中析出。目前广泛使用的 C19400 合金,除加入 Fe 外,还加入 0.03% 的 P。Fe 与 P 形成 Fe_3P 金属间化合物,以更弥散质点形式在 Cu 基体上析出。Cu-Fe 系合金也存在钎焊耐热剥离性较差的问题。

(2) Cu-Ni-Au 系。

(3) Cu-Ni-Zn 系。

(4) Cu-Cr-Zr 系。Cu-Cr-Zr 系合金电导率可高达 80% 国际退火铜标准(IACS),热导率也较高。近年来随着散热要求增高,其市场有望大幅增加,但其缺点是冶炼工艺复杂。

(5) Fe-Ni 系合金。20 世纪 60 年代集成电路诞生,最早的集成电路用引线框架材料是可伐合金(如 54Fe-29Ni-17Co)。70 年代 Co 价格上涨,58Fe-42Ni 合金代替了可伐合金。Fe-42Ni 合金与硅和氧化铝陶瓷的热膨胀系数基本一致,同时其强度高,具有良好的加工成型性能,常用来制作高可靠性封装的引线框架。表 18.5 是可伐合金、Fe-Ni 合金与铜合金的对比。

表 18.5 IC 引线框架材料比较

材　　料	优　　点	缺　　点	使　用　场　所
可伐合金	机械强度高; 与非金属匹配好; 耐腐蚀性好	价格高	陶瓷封装

续表

材料	优点	缺点	使用场所
58Fe-42Ni	机械强度高； 与非金属匹配好	抗弯性能稍差； 导热性能差	陶瓷封装； 塑料封装
铜合金	导热性能高； 电镀性能好； 价格低	机械强度低； CTE 较高	塑料封装

18.4 黏结材料

根据功能和材料性质不同,芯片黏结材料主要包括环氧固晶胶(DA Paste)、芯片黏结薄膜(DAF)、埋线膜(WIF)和底部填充胶(Underfill)等类型。

芯片黏结材料的主要成分是树脂,其可吸收热胀冷缩引起的应力而有效防止不同物质交界面的分层现象。与焊料或共晶芯片黏结相比,树脂类芯片黏结材料工艺温度较低,可以有效防止高温下焊接应力过大导致的封装裂纹。

1. 构成物

构成物有基础树脂、硬化剂、填料、催化剂等。

2. 材料的相

(1)固相:固相的黏结剂为薄膜黏结剂。薄膜黏结剂是半固化状态(B-stage)的树脂系统,涂覆在支撑载体上或者可剥离内衬上。

(2)液相:包括膏状黏结剂或者底部填充材料。

3. 晶粒和芯片黏结的主要基础材料

晶粒和芯片黏结的主要基础材料如表 18.6 所列。

表 18.6　晶粒和芯片黏结的主要基础材料

项目	DA Paste	DAF	WIF	Underfill
作用	芯片对芯片/基板	芯片对芯片/基板	芯片对芯片(焊线后)	芯片对基板
基础树脂	环氧树脂/双马来酰亚胺树脂/酰亚胺树脂	丙烯酸共聚物/环氧树脂		环氧树脂
硬化剂	环氧树脂/苯酚/胺/芳香醇或脂肪醇			苯酚/胺/酸酐
填充剂	银、二氧化硅、特氟龙、氧化铜、氮化硼、氧化铝	二氧化硅		
添加剂	增韧剂、固化剂、促进剂、催化剂、稀释剂、黏结改善剂			

4. 不同黏结剂中的组分、含量及其功能与作用

填充剂和环氧树脂构成了 70% 以上的芯片黏结材料,其中各组分的含量(质量分数)如表 18.7 所列。

表 18.7 不同黏结剂中的组分、含量(质量分数)及其功能与作用

组　分	功能和角色	各材料中的含量(质量分数)/%			
		DA Paste	DAF	WIF	Underfill
填充剂	增加强度; 控制 CTE; 控制黏稠度和流动性	70～75	5～30	20～40	50～70
树脂	薄膜形成; 黏附	10～15	50～70	40～60	15～30
硬化剂	提高黏附强度; 控制固化速度	5～10	5～15	5～15	5～15
稀释剂	控制黏稠度	5～10	5～10	5～10	5～10
增韧剂	降低交联密度	<1	<1	<1	<5
促进剂	降低固化时间和温度	<1	<1	<1	<1

填充剂的功能如表 18.8 所列。

表 18.8 填充剂的功能

成　分	功　能	角　色
银	导电性	仅仅用于导电的固晶胶; 表面氧化(AgO)仍然有较好的导电性; 片状,具有较好的流动性
二氧化硅	非导电性	非常有效的触变剂; 与树脂具有非常好的化学兼容性
特氟龙		软,最小化钝化芯片到芯片堆叠的损伤; 极低的 α 射线辐射,降低存储器件的软出错
氧化铜(CuO)		在铜基基板上有高的黏附性; 比二氧化硅和特氟龙有更高热导率
氮化硼(BN)	导热 非导电性	比二氧化硅和特氟龙有更高热导率

5. 导电胶

导电胶材料是芯片黏结材料的一种,包括各向同性导电胶和各向异性导电胶。下面以各向同性导电银胶为例介绍。

导电银胶主要由环氧树脂、银粉、固化剂、促进剂及其他添加剂等构成。

导电银胶中的高分子树脂的选用原则:液态,无毒,低黏度,含杂质量少,脱泡性较好,不吸水。根据导电银胶对基体树脂的要求,选择使用最为广泛、性能稳定的环氧树脂。

固化剂的一般选用原则:液态,无毒,中温固化,配制成的导电胶在室温下适用期长,低温下保存效果好。目前,固化剂主要有胺类固化剂、酸酐类固化剂及咪唑类固化剂。

银粉的选择主要考虑粒子形态和粒径大小,两者对导电胶电性能及导热性能都有较大的影响。根据导电胶的导电机理,粒子形态的一般选用原则:粒子相互之间能形成更大的接触面积。

银粒子的形态主要有球状、鳞片状、枝叶状、杆状四种类型。为使粒子间得到更大的接触面积,银粒子形态选用的优先次序为枝叶状、鳞片状、杆状、球状。其中鳞片状和杆状较为接近。此外,鳞片状和枝叶状有时统称为片状。根据粒径大小的不同,银粒子主要有微晶、微球、片状(包含枝叶状和鳞片状)三种。球状银粉为小球状的絮状堆积,由于静电力的作用,团聚在一起,比表面积大,颗粒之间接触面积小;片状银粉为不规则片状(4~6μm),接触面积大。根据导电机理,片状银粉更利于导电。

18.5 引线键合材料

引线键合常用于芯片与载体(基板)或引线框架之间的互连。传统的引线材料有金线和铝线。

金线是常用的引线键合材料。随着黄金价格的大幅上涨,许多公司一直在寻找替代品以降低引线键合成本,铜线已被开发并广泛用于替代金线。然而,使用铜线存在许多缺点,例如,硬度高导致焊盘金属化层损坏,氧化导致纯铜线保质期短,工艺中需要氮氢混合气体和铜套件、铜线的镀钯层导致成本增加。近年来,银合金线已尝试作为金的另一种低成本替代品,在引线键合过程中表现出良好的性能,并且具有与金丝相似的电性能。图 18.2 是世界范围内键合引线的趋势[6]。

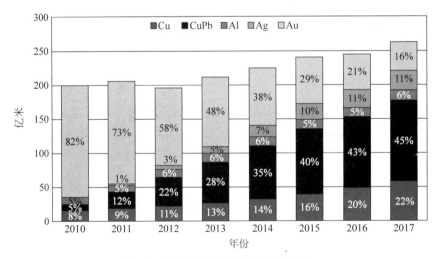

图 18.2　世界范围内键合引线的趋势

键合的模式主要有超声键合、热压键合和热超声键合。

引线的截面通常是圆形。但是,在高频大电流器件封装中,由于高频电流的集肤效应,为了提高引线在高频下的导电能力,人们用带状引线代替圆形引线。带状引线键合时,键合引线垂直于宽边方向移动,不适合使用球焊技术进行键合,于是出现了引线带楔焊键合。

18.5.1 引线键合材料的参数选材要求

1. 键合材料的主要参数

(1)引线:材质、丝线直径、电导率、剪切强度、抗拉强度、弹性模量、泊松比、硬度、热膨胀系数等。

(2)焊盘材料:电导率、可键合性、形成 IMC 和柯肯达尔效应倾向、硬度、抗腐蚀能力、热膨胀系数等。

2. 选材要求

(1)丝线材料必须是高导电的,以确保信号完整性不被破坏。

(2)球形键合的丝线直径不要超过焊盘尺寸的 1/4,楔形键合的丝线直径不要超过焊盘尺寸的 1/3,键合头不要超过焊盘尺寸的 3/4。

(3)焊盘和键合材料的剪切强度和抗拉强度很重要,屈服强度要大于键合中产生的应力。

(4)键合材料要有一定的扩散常数,以形成一定的 IMC,具有一定的焊接强度,但是不要在工作寿命内生长太多。

(5)键合焊盘要控制杂质,以提高可键合性,键合表面的金属沉积参数要严格控制,并防止进入气体。

(6)丝线和焊盘硬度要匹配:若丝线硬度大于焊盘,则会产生弹坑,若丝线硬度小于焊盘,则容易将能量传给基板。

18.5.2 金丝键合系统

掺杂有控制量铍和其他元素的纯(4N)金丝广泛用于引线键合工艺。由于高纯金太软,为增加其强度,一般掺入 $5\sim10$ ppm Be 或 $30\sim100$ ppm Cu。当前,随着键合球尺寸、键合焊盘尺寸和间距逐渐减小,含 1%Pd 的 99%(2N)金丝用于高可靠性键合。金线是最稳定的互连材料之一,具有良好的电气性能和可加工性,其缺点是材料成本高[7]。

金丝键合系统是消费类电子产品中最常用的键合方式,主要包括金丝与铝的键合和金丝与金的键合两种。

1. 金丝与铝的键合

金丝与铝的键合是最常见的组合。金丝与铝的键合的一个缺点是容易形成金属间化合物[8]。300℃以上的使用环境容易发现"紫斑"。125℃开始,就可能产生一系列的金属间化合物,如 Au_5Al_2(棕褐色)、Au_4Al(棕褐色)、Au_2Al(灰色)、$AuAl$(白色)和 $AuAl_2$(深紫色)。这些金属间化合物的晶格常数、力学、热性能不同,反应时会产生物质移动,从而在交界层形成可见的柯肯达尔效应,或者产生裂纹。

2. 金丝与金的键合

金-金或金-金系是一种非常可靠的线键合金属系统,因为它不易发生界面腐蚀、金属间化合物形成和其他降低键合性能的机制。事实上,即使是非理想形成的金与金键合性能也会随着时间和温度的增加而进一步提升,并增加强度。尽管也可以实现冷超声金与金引线键合,金与金键合通过热压或热超声方法在高温下进行。热压形成的金-金键对表面污染很敏感。

可以通过在金层下镀镍、钯等进一步改善键合性能[9]。

3. 金丝与银的键合

金-银或金-银系是半导体应用中常见的一种键合。在当今大多数基于引线框架的塑料封装技术中,它主要用于在引线框架的金线和镀银引线之间形成楔形或鱼尾状黏合。

金-银系即使在高温下也被证明是非常可靠的,因为它不会形成过多的金属间化合物,也不会受到腐蚀问题的影响。

18.5.3 铝(硅铝)丝键合系统

纯铝太软而难拉成丝,一般加入1%的 Si 或者1%的 Mg 以提高强度。掺1%的镁的铝丝强度和掺1%的硅的强度相当。铝丝键合成本低,采用超声楔形键合技术,通常在常温下进行,是一种比金丝球焊更老的技术,被广泛使用[10]。

1. 铝丝与铝的键合

铝丝焊盘上的键合比金线焊盘上的键合更可靠。铝-铝键合极其可靠,无 IMC 产生。通常采用超声键合。

2. 铝丝与铜的键合

铝在铜上可以实现良好的键合[10]。采用一定厚度的铜焊盘,可以提高铝线-铜键合的可靠性[11]。

3. 铝丝与银的键合

铝-银系通常用于厚膜混合集成技术,将铝线连接到引线框架上的厚膜银合金(带 Pt

或 Pd)连接垫上。铝-银相图非常复杂,涉及许多不同的金属间相。由于铝和银之间的过度互扩散,铝-银键有降解的趋势。它们在有水分的情况下也容易氧化。这些缺点使得铝-银系统不如其他金属线键合材料受欢迎。

腐蚀性污染物,主要是氯(Cl)和水分的存在会导致铝-银系统出现严重的腐蚀问题。现场腐蚀的潜在风险通过使用大直径铝线和厚银合金接合点来解决。在黏合之前,必须清洁黏合表面(通常使用良好的溶剂清洗和去离子水冲洗)。为了进一步防止腐蚀,可使用抗湿气硅胶封装器件。

柯肯达尔空洞可能发生在铝-银系中,但在大多数情况下可能不是主要问题,因为它通常发生在高于 IC 工作温度范围的温度下。

4. 铝丝与镍的键合

系统用于电源设备或高温应用设备的线连接。它还用于直接将芯片连接到各种特殊基板上。系统通常由大直径铝线和通过化学镀方法沉积的镍焊盘组成。

铝-镍引线键合系统通常是可靠的,但由于镍表面有快速氧化的趋势,可能会出现一些键合性问题。因此,焊盘镀镍后应立即在惰性气氛中进行引线键合。另一种选择是在黏合之前清洁衬垫或对其进行喷砂处理。一些基板制造商在镍表面上沉积一层非常薄的金,以防止其氧化。

18.5.4 铜丝键合系统

铜-铝系和铜-金系通常用于将铜线连接到铝或金焊盘上。

由于铜丝容易氧化,铜球的硬度比金和铝要高,因此需要采取一些特别的工艺,包括:①填充惰性气体的电子打火杆(EFO)工艺;②抗氧化的表面处理形成可靠的可焊接表面层;③降低模量工艺。

1. 铜丝与金的键合

铜-金系在高温下极易形成空洞,需要黏结表面清洁度以确保黏结可靠性。

2. 铜丝与铝的键合

在铜-铝系中,与铜-金系相比,金属间化合物生长导致的空洞形成问题不大。然而,铜-铝系产生更多的金属间化合物,其中之一是脆性 $CuAl_2$ 相。这种脆性金属间化合物的过度生长会因温度而加速,从而降低黏结的整体剪切强度。铜铝系在氯和水分存在的情况下也容易受到腐蚀。

3. 铜镀钯线

镀钯铜线表现出良好的可靠性和黏结性[12]。使用厚度为 $0.1\mu m$ 的抗氧化金属的

$\phi 25\mu m$ 导线进行的试验表明,在铜线上电镀银、金、镍或钯会增加黏结强度,但会产生问题的球形,但镀钯的铜线除外,这可能会产生与金线相同的球形。高压锅、温湿度偏差和温度循环试验证实,镀钯铜线具有良好的可靠性和可焊性。

4. 铝包铜线

铜的导电性比铝好,大功率器件可采用厚铜线。然而,厚铜线键合需要更坚固的芯片顶部金属化,例如采用铜而不是铝,以避免键合过程中芯片损坏,这将增加芯片制造商的生产复杂性和加工成本。因此,开发了铝包铜键合线和带缓冲层的铜键合线等技术[13]。

18.5.5　银丝键合系统

银合金线作为下一代键合线,成为人们关注的焦点。银丝的价格高于镀钯铜,但远低于黄金。

经过几年的试验证明,88%的银合金线可以取代金线,并得到了大规模的应用。该合金除银外的其他主要元素是钯和金。进一步减少金含量从而降低成本的研究也得以进行,大约含银95%,称为1N的银线,也于88%的银合金线之后通过了大批量可工作性、可靠性验证。其成本甚至可以做到比铜线还要略低[14]。

95%的银丝具有与2N金相似的性能,如烧球硬度和电阻率。银丝键合也在 N_2 或氮氢混合气体的情况下进行以便更好地烧球。银丝键合的主要的优点是可以采用现有的金线键合设备进行键合,这与铜线需要特殊或先进的键合机不同。

银丝键合系统的优点:①比铜线短得多的焊线时间,更高的吞吐量,从而降低成本;②具有更好的黏结性,类似于金并且 IMC 特性更好;③类似于金的低硬度,因而具有低的铝痕尺寸,无焊盘凹坑;④与当前的引线键合机兼容,不需要使用高端键合机;⑤焊盘结构和金丝一样,不需要特别处理。

18.6　环氧树脂模塑料材料

环氧树脂模塑料(Epoxy Molding Compound,EMC)是以环氧树脂为基体树脂,以高性能酚醛树脂为固化剂,加入硅微粉等为填料,以及添加多种助剂混配而成的粉状模塑料。

塑料封装(简称塑封)材料 90% 以上采用 EMC,塑封过程是用传递成型法或压缩成型法将 EMC 挤压入模腔并将其中的半导体芯片包埋,同时交联固化成型,成为具有一定结构外形的半导体器件。

模塑的主要作用:①保护半导体免受外部环境的影响,如热、水、湿气、机械冲击;②维持电路的绝缘性能,使半导体获得一个易于组装的封装外形。

环氧模塑料主要成分包括环氧树脂、固化剂、填充剂和其他添加剂。

IC 环氧树脂模塑料的主要配方如表 18.9 所示。

表 18.9　IC 环氧树脂模塑料的主要配方

成　　分	比例(质量分数/%)	成　　分	比例(质量分数/%)
环氧树脂	7~30	阻燃剂	1~5
固化剂	3.5~15	着色剂	<1
固化促进剂	0.5~1	硅烷偶联剂	0.5~1
填充剂	60~90	应力吸收剂	<5
脱模剂	<1	黏结助剂	<1

18.6.1　填充剂

填充剂是环氧模塑料中含量最高的部分,占 60%~90%,通过添加填充剂可以改善树脂的参数与特性。填充剂主要为 SiO_2 或其他陶瓷材料,主要填充剂和环氧树脂的相关特性如表 18.10 所示。

表 18.10　IC 环氧树脂塑封料中主要填充剂和环氧树脂的相关特性[15]

材　　料	介电系数	热膨胀系数 α /(ppm/℃)	热导率 /(W/m・℃)	电阻率 /(Ω・cm)
结晶硅微粉	5~7	9	2~10	10^{16}
氧化铝	9.5	5.5	30	10^{14}
氮化铝	8.8	4.5	320	5×10^{13}
氧化硼	6.7	6.3	250	10^{14}
氮化硅	—	—	155	—
环氧树脂	6~8	50~90	0.02~0.24	10^{14}

相比树脂材料,SiO_2 和陶瓷等无机材料的热膨胀系数低、热导率高、吸水率低、不可燃。添加无机填充剂可以降低环氧模塑料的热膨胀系数,防止树脂溢出塑封模具的分型线,固化时减少塑封料的收缩应力,提高环氧模塑料固化产物的尺寸稳定性;降低环氧树脂交联固化反应过程中的放热量,从而提高环氧模塑料固化产物的耐热性能;增加热导率;降低吸水率;提升阻燃特性;减少配方的成本。

无机填料对环氧模塑料性能影响除取决于其本身的化学组分与结构外,还与其颗粒形状以及粒径大小有关。颗粒形状、粒径大小和分布会影响熔融环氧模塑料的流动性。

环氧模塑料最常用的无机填料是二氧化硅颗粒,根据形状分有角形和球形,根据结晶形态有熔融型(无定形)和结晶型,按照 α 射线含量可分为普通型和低铀含量型。球形二氧化硅颗粒比角形二氧化硅颗粒有更大的填充量,更好的流动性、抗龟裂性等;熔融型二氧化硅具有低线膨胀系数、价格低;结晶型二氧化硅具有较高的热导率;α 粒子容易引起动态随机存储器(DRAM)故障,低铀含量型可降低 DRAM 故障率。

相比熔融二氧化硅,使用高热导率填充剂,如晶体二氧化硅、氧化铝、氮化硅等可以进一步改善封装的散热性能。

18.6.2 环氧树脂

环氧树脂是指分子中含有两个或两个以上环氧基(——CH —CH—，含O)的线性有机高分子化合物。在一定温度下环氧树脂可与固化剂发生交联反应,交联反应后形成三维网络聚合物而固化,固化后温度升高时不再熔化,因为环氧树脂模塑料是热固性材料,其在溶剂中也不能溶解。

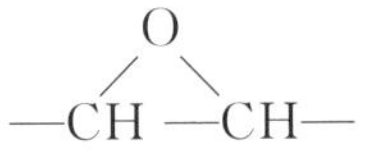

环氧树脂是环氧模塑料的基体树脂,环氧树脂具有收缩率低、黏结性好、耐腐蚀性好、电性能优异等突出的优点。不同类型的环氧树脂具有不同的特性,如邻甲酚型环氧树脂具有较高的热稳定性和化学稳定性,双酚 A 型环氧树脂具有低收缩性和低挥发成分,多官能团型环氧树脂具有优良的热稳定性、快速固化性和高的 Tg 等特点,改性环氧树脂具有良好柔韧性等。此外,环氧树脂还具有较低的成本和较高的工艺效率,其固化时间短、可低温固化。图 18.3 是常用的环氧树脂化学结构。

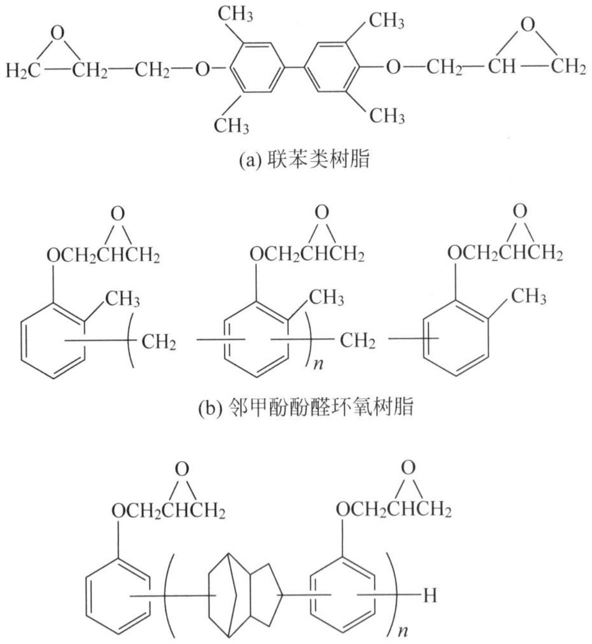

(a) 联苯类树脂

(b) 邻甲酚酚醛环氧树脂

(c) 二环戊二烯类酚醛树脂

图 18.3 常用的环氧树脂化学结构

18.6.3 固化剂

固化剂的主要作用是与环氧树脂反应形成一种稳定的三维网状结构。固化剂和环氧树脂一起影响着环氧模塑料的流动特性、热学性能和电学特性。由于固化特性、耐热性、抗湿气、电性能及贮存性能优良,酚醛树脂通常作为环氧模塑料的固化剂。一般而言,环氧和羟基的比例大约是 1∶1 时玻璃化温度是最高的。通过调节酚醛树脂中的重复单体数量,可以改变材料中的分子重量分布,进而调节含酚醛树脂硬化剂的环氧模塑料熔融黏度。图 18.4 是常用的酚醛树脂化学结构。

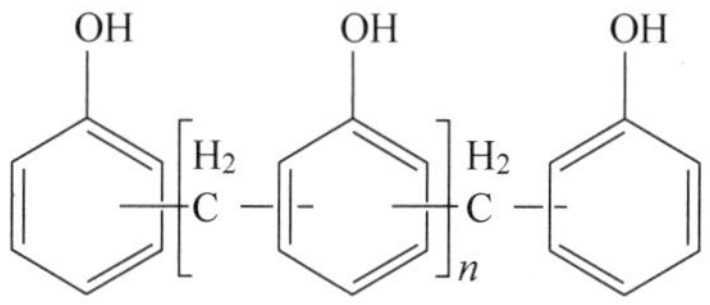

(a) 线性酚醛型(PN) 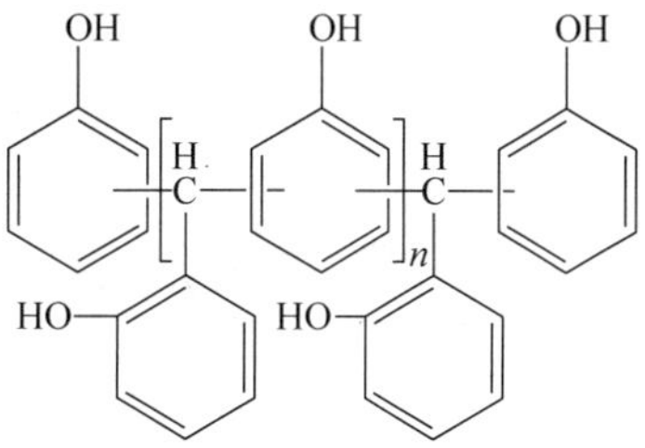   (b) 多官能团型(MFN)

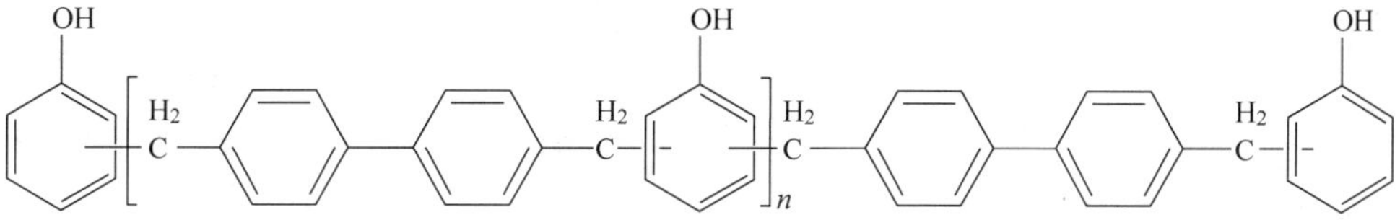

(c) 多芳环烃型(MAR)

图 18.4 常用的酚醛树脂化学结构

在适当的温度和催化条件下,环氧树脂与固化剂发生交联反应,生成三维网状的环氧树脂矩阵,如图 18.5 所示。

18.6.4 固化促进剂

固化促进剂是一种促进环氧树脂与固化剂之间反应的催化剂。固化促进剂可以降低固化反应所需要的温度,提高固化反应速率,减少固化反应时间。环氧树脂固化剂的种类有很多,在不同的环氧树脂体系下对不同类别的固化剂的促进效果与作用机理也不尽相同。

环氧模塑料行业中常用的固化促进剂主要有咪唑类和磷类。考虑到半导体芯片的耐热温度、固化特性及环氧模塑料熔融黏度间的平衡,成模温度一般为 $170\sim180$℃。在此温度范围内,常用的固化促进剂有有机磷化合物(如三苯基膦、有机膦)和咪唑类(如DBU(1,8-重氮基-双环(5,4,0)十一烯-7))。

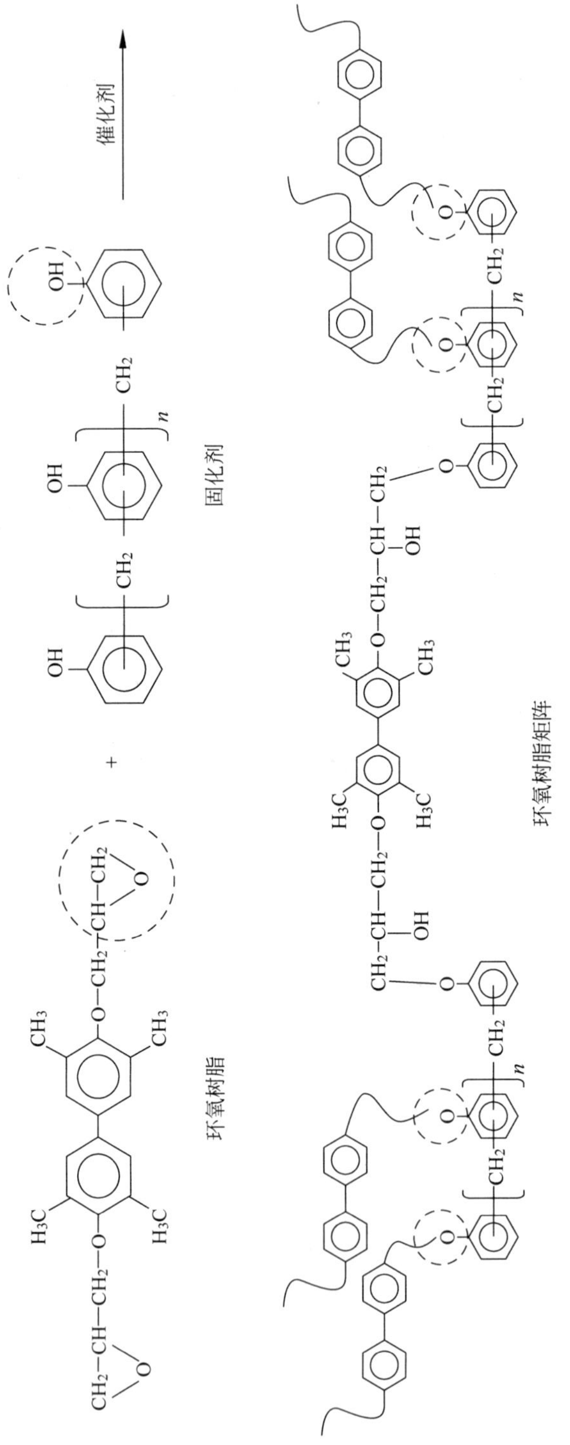

图 18.5 典型的环氧树脂与固化剂的反应过程

潜伏性固化促进剂,即在低温条件下不引发环氧-酚醛体系的固化反应,而在温度升高到一定程度时可快速引发固化反应。近年来,随着封装结构向小型化合薄型化发展,要求 EMC 具有更好的流动性和更低的热膨胀系数,潜伏性固化促进剂的开发和使用受到重视。2019 年,张未浩报道了 2-苯基-4,5 二羟基甲基咪唑(2PHZ-PW)、二甲基-咪唑三聚异氰酸盐(2MA-OK)、三苯膦-1,4-苯醌加和物(TPP-BQ)三种固化促进剂的潜伏性能及其对环氧模塑料的性能影响[16]。

18.6.5 硅烷偶联剂

偶联剂是一种分子中具有两种不同性质官能团的物质,一部分官能团可以与有机分子反应,另一部分官能团可以与无机物质表面的吸附水反应,形成牢固的黏结,从而增强无机材料与有机物质之间的界面黏结。偶联剂是环氧模塑料的主要组分之一,对环氧模塑料的性能影响很大。

偶联剂的种类很多,常用的偶联剂有硅烷偶联剂、钛酸酯偶联剂、铬络合物偶联剂、铝酸酯偶联剂等。环氧模塑料中的偶联剂主要是硅烷偶联剂。硅烷偶联剂的通式可以用 Y-R-SiX$_3$ 表示,其中 R 为烷基,X 和 Y 是不同性质的活性基。Y 一般是有机活性基团,如乙烯、环氧基、巯基、氨基、甲基丙烯酰基等,容易与有机树脂产生良好的化学的或物理的结合。X 容易与无机硅颗粒表面的某些基团产生牢固的化学或物理的结合,一般是烷氧基,经水解后和无机物上的羟基反应。因此,硅烷偶联剂可以把无机颗粒和有机树脂这两种性质差异很大的材料牢固黏合在一起,获得良好的黏结。图 18.6 是硅烷偶联剂作用原理图[17]。

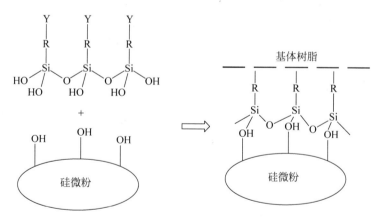

图 18.6 硅烷偶联剂作用原理图

首先硅烷偶联剂水解、缩合,反应如下:

$$YRSiX_3 + 3H_2O \rightarrow YRSi(OH)_3 \rightarrow 3YSi(OH)_3 \qquad (18\text{-}1)$$

然后进一步与硅微粉上的羧基反应,具体如图 18.6 所示。

除了改善填料颗粒与环氧树脂之间的黏结,硅烷偶联剂对填料颗粒表面改性后,还可以有效改善其在环氧模塑料中的分散,降低树脂成模时的黏度。

此外,硅烷偶联剂还可以改善环氧模塑料与芯片表面及其他封装部分的材料(如基板、引线框架、焊线,以及作为钝化材料的聚酰亚胺等材料等)之间的黏结强度。例如,含硫氢基的硅烷能有效增强环氧模塑料与镀银引线框架间的黏结力。

18.6.6　阻燃剂

用于半导体的环氧模塑料需达到 UL94-V0 可燃性等级要求。由于树脂易燃,因此通常需要在环氧模塑料中加入阻燃剂。按照阻燃剂与基材的关系可将阻燃剂分为添加型阻燃剂和反应型阻燃剂。添加型阻燃剂只是以物理方式分散于基材中,反应型阻燃剂是作为高聚物的单体或参与合成高聚物的化学反应成为高聚物的结构单元。在环氧模塑料中同时采用溴化环氧树脂(一种溴酚醛环氧树脂)反应型阻燃剂与锑基阻燃剂(如三氧化二锑)添加型阻燃剂,能有效提高阻燃效率,得到了广泛应用。由于卤化物会造成环境污染,锑具有毒性,随着人们环保意识的提升和环保要求的提高,此类阻燃剂已逐步退出市场,被绿色阻燃体系所代替。目前所使用的绿色环保阻燃体系主要有磷系阻燃体系、金属氢氧化物阻燃体系和多芳烃环氧/固化剂型阻燃体系[18-19]。不增加添加剂料含量,而采用含多芳香环的树脂达到耐火要求是可行的。高含量芳香碳环的树脂氧指数较高,具有阻燃作用,燃烧时容易碳化。

18.6.7　着色剂

着色剂在塑封料中主要起着色作用,并遮盖所封装器件的设计和防止光子透过对器件的影响。着色剂通常使用高色素炭黑。为了避免与炭黑吸潮性及杂质等有关的问题,炭黑的用量通常小于 0.6%。

18.6.8　其他添加剂

环氧模塑料中还需要使用适量的脱模剂,以及改性添加剂,如应力释放添加剂、离子吸附添加剂、黏结助剂等来改善其工艺和应用性能。

18.7　凸点材料

凸点代替焊线作芯片与基板或芯片与芯片之间的互连,主要应用于倒装芯片焊接工艺中,凸点根据材质主要分为金凸点、焊料凸点和铜凸点。

18.7.1　金凸点与铜凸点

金凸点分为钉头金凸点(图 18.7)和电镀金凸点(图 18.8)。

图 18.7 钉头金凸点

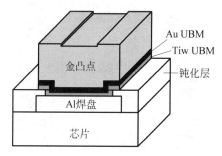

图 18.8 电镀金凸点结构

钉头金凸点采用引线键合中使用的球焊焊线机,用引线键合中使用的标准方法并进一步经过饼压来形成凸点。

电镀金凸点采用在 UBM 上电镀金实现,可实现尺寸低至 $15\mu m$ 的凸点节距。

铜凸点一般采用电镀方法实现。铜凸点的铜-铜键合可以通甲酸以防止表面氧化,更容易实现键合。

18.7.2　焊料凸点

焊料凸点包括含铅焊料凸点和无铅焊料凸点[20]。含铅焊料可以分为共晶铅锡焊料凸点和高铅焊料凸点。无铅焊料的选择可参见 17.3 节"电子产品的无铅制造"部分。焊料凸点的制作工艺可参见 8.5 节"凸点材料与制备"部分。

焊料凸点根据组装方式分为共晶铅锡凸点与预制焊料结合(图 18.9)、高铅凸点与预制焊料结合(图 18.10)、无铅焊料凸点与预制焊料结合(图 18.11)三种。

共晶铅锡焊料凸点采用 63Sn-37Pb 铅锡合金,其熔点为 $183℃$。

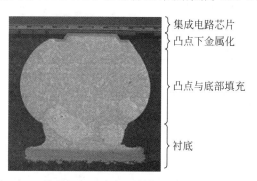

集成电路芯片
凸点下金属化

凸点与底部填充

衬底

图 18.9 共晶铅锡凸点与预制焊料结合的 SEM 照片

高铅焊料凸点采用 5Sn-95Pb,其开始熔化温度为 $308℃$,完全熔化温度为 $312℃$。

常用的无铅焊料凸点材料包括 98.2Sn-1.8Ag 与 99.3Sn-0.7Cu 焊料。其熔点相对铅锡共晶焊料要高,通常在 $220℃$ 以上。

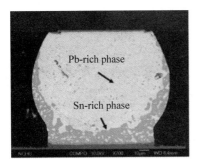

图 18.10　高铅凸点与预制焊料
结合的 SEM 照片

图 18.11　无铅凸点与预制焊料
结合的 SEM 照片

18.7.3　铜柱凸点

铜柱凸点根据结合方式主要分为铜柱锡帽与凸点导线焊盘结合、铜柱锡帽/铜凸点
与预制焊料结合。

18.8　焊球材料

锡球在半导体封装技术中作为焊接材料来使用。BGA 锡球用来代替 IC 封装结构中
的引脚,从而满足电性互连以及机械连接要求。

焊球通常用于连接封装和表面贴装基板或者封装上的封装(POP)中的上封装和下
封装。焊球承担将电信号和热能从芯片通过封装基板传递到贴装基板的角色。

18.8.1　铅锡焊料和无铅焊料

1. 铅锡焊料

铅锡焊料,锡的质量分数为 5%～70% 的铅锡焊料可以商业化获得。锡的质量分数
越高,焊料的拉伸和剪切强度越高。电子焊接常用的合金是 60Sn-40Pb(熔点为 188℃),
或 63Sn-37Pb(熔点为 183℃),具有锡/铅合金中最低的熔点。

2. 无铅焊料

目前用得比较多的无铅焊料有锡银铜合金(Sn-Ag-Cu)、锡银合金(Sn-Ag)以及锡铜
合金(Sn-Cu)。

无铅焊料具有比含铅焊料高的弹性模量,使其在受到外加形变时更易受到影响。当
贴有电子器件的 PCB 受到弯曲导致的挠应力时,可能出现焊缝劣化或者裂隙。无铅焊料
会导致产品较短的生命周期。

18.8.2 BGA 中使用的焊球

表 18.11 列出 BGA 焊球尺寸,表 18.12 列出常见的 BGA 焊球的材料及熔点。

表 18.11 焊球尺寸

尺寸/mm	容差/mm	尺寸/mm	容差/mm
0.15~0.25	±0.003	0.35~0.45	±0.020
0.275~0.33	±0.010	0.50~0.76	±0.025

表 18.12 常见的焊球类型及其熔点

种　　类	材　　料	熔点/℃
铅锡共晶	63Sn-37Pb	183±2
无铅	95.5Sn-4.0Ag-0.5Cu	217~219
	96.5Sn-3.0Ag-0.5Cu	217~219
	96Sn-2.5Ag-1.0Bi-0.5Cu	215~217
	98.295Sn-1.2Ag-0.5Cu-0.05Ni	217~225
	96.2Sn-2.5Ag-0.8Cu-0.5Sb	217~219
	98.5Sn-1.0Ag-0.5Cu	217~227
	96.8Sn-3.0Ag-0.2Cu	217~219
	96.5Sn-3.5Ag	218~223
	96.36Sn-3.0Ag-0.6Cu-0.04Ni	218~223
抗疲劳	63Sn-34.5Pb-2.0Ag-0.5Sn	178~210

18.8.3 焊料中各成分在合金中的作用

1. 锡

锡是焊料合金中的主要结构金属。锡具有好的强度和润湿性。单独的锡容易受到锡疫、锡鸣和锡须生长等问题影响。锡容易和银、金混溶,并在较宽的质量分数范围内和许多其他金属(如铜)混溶。

2. 银

银提供机械强度,但是与铅相比具有较差的延展性。在没有铅的情况下,银能够提高合金对于热循环导致的疲劳的抵抗力。在共晶的银锡(3.5%Ag)合金中,容易形成片状的 Ag_3Sn。如果 Ag_3Sn 在高应力位置形成,可能成为开裂的初始点。为了避免这一问题,银的成分需要保持低于 3%。

3. 铜

焊料中的铜降低了焊料的熔点,提高了焊料对热循环疲劳的抵抗力,提高熔化焊料的润湿性能。焊料中的铜也降低了铜从基板中溶解到焊料中的速率。锡中过饱和(到约1%)溶解的铜可用于阻止 BGA 封装中凸点下金属薄膜的溶解。

4. 镍和铟

镍用于加到焊料合金中形成过饱和溶解,从而阻止凸点下金属薄膜的溶解。在铜衬底上焊接时,镍可以抑制导致降低连接强度的金属间化合物(Cu_3Sn)的形成。

铟是一种十分软、银白色、有强的金属光泽、相对稀有的金属。铟的可锻性和延展性非常好,易于形成合金。

18.8.4　焊球中的金属间化合物

金属间化合物形成明显的晶相,通常以母体中的包容物存在。金属间化合物通常硬且脆。在延展性母体中精细地分布的金属间化合物形成硬的合金,而粗糙的分布会导致软的合金。随着金属组分的变化,金属和焊料之间通常会形成一系列金属间化合物,如铜和锡可以形成 Cu-Cu_3Sn-Cu_6Sn_5-Sn 等一系列金属与金属间化合物相。

金属间化合物层可以在焊料和被焊材料之间形成。这些金属间化合物层可能导致机械可靠性变差、脆性增加,电阻增加,或者电迁移和空洞形成。

习题

1. 列举基板材料并进行分类。
2. 比较铜合金与铁镍合金引线框架材料的优缺点。
3. 引线框架成型有哪两种方法。
4. 导电银胶的主要成分和作用是什么?
5. 列举主要的焊线材料。
6. 铜焊线和银合金焊线与金焊线相比都有什么优势与劣势?
7. 环氧模塑料的主要成分是什么?其中第一大成分的主要作用是什么?
8. 简述凸点材料的作用和类别。
9. 铜和锡之间可能形成哪些金属间化合物?
10. 无铅焊料 SnAgCu 中的银和铜分别起什么主要作用?

参考文献

[1] 祝大同. 环氧-玻纤布基板材料的薄型化技术[J]. 印制电路信息,2008,(01):12-16,38.
[2] 蔡积庆. PCB 用层间绝缘膜和高功能玻纤布[J]. 印制电路信息,2011,12:26-31,44.
[3] Wong W S,Salleo A. Flexible Electronics:Materials and Applications [M]. Springer Science & Business Media,2009:78.
[4] 程浩,陈明祥,罗小兵,等. 电子封装陶瓷基板[J]. 现代技术陶瓷,2019,40(4):265-292.

［5］ Harper C A. 电子封装与互连手册(第四版)［M］. 贾松良，蔡坚，等，译. 北京：电子工业出版社，2009：397-423.

［6］ Schneider-Ramelow M，Ehrhardt C. The Reliability of Wire Bonding Using Ag and Al［J］. Microelectronics Reliability，2016，63(3)：36-41.

［7］ Simons C，Schrapler L，Herklotz G. Doped and Low-alloyed Gold Bonding Wires［J］. Gold Bulletin，2000，33(3)：89-96.

［8］ Xu H，Liu C，Silberschmidt V V，et al. A Micromechanism Study of Thermosonic Gold Wire Bonding on Aluminum Pad［J］. Journal of Applied Physics，2010，108(11)：113517.

［9］ Fan C，Xu C，Abys J A，et al. Gold Wire Bonding to Nickel Palladium Plated Leadframes［J］. Plating and Surface Finishing，2001，88(7)：54-58.

［10］ Lum I，Mayer M，Zhou Y. Footprint Study of Ultrasonic Wedge-bonding with Aluminum Wire on Copper Substrate［J］. Journal of Electronic Materials，2006，35(3)：433-442.

［11］ Kawashiro F，Takao K，Kobayashi T，et al. Effect of Copper Over-Pad Metallization on Reliability of Aluminum Wire Bonds［J］. Microelectronics Reliability，2019，99：168-176.

［12］ Kaimori S，Nonaka T，Mizoguchi A. The Development of Cu Bonding Wire with Oxidation-Resistant Metal Coating［J］. IEEE Transactions on Advanced Packaging，2006，29(2)：227-231.

［13］ Jiang N，Li Z L，Li C G，et al. Bonding Wires for Power Modules：From Aluminum to Copper［C］. Proceedings of the IEEE International Conference on Electron Devices and Solid-State Circuits（EDSSC），Xi'an，2019.

［14］ Lan A，Tsai J，Huang J，et al. Interconnection Challenge of Wire Bonding-Ag Alloy Wire［C］. Proceedings of the Proceedings of the 2013 IEEE 15th Electronics Packaging Technology Conference（EPTC），Singapore，2013：504-509.

［15］ 曹延生，黄文迎. 环氧塑封料中填充剂的作用和发展［J］. 电子与封装，2009，9(5)：5-10，43.

［16］ 张未浩. 不同固化促进剂对环氧模塑料的影响［J］. 中国集成电路，2019，28(03)：54-57，76.

［17］ Kim W G，Ryu J H. Physical Properties of Epoxy Molding Compound for Semiconductor Encapsulation According to the Coupling Treatment Process Change of Silica［J］. Journal of Applied Polymer Science，1997，65(10)：1975-1982.

［18］ 秦苏琼，王同霞，潘继红，等. 阻燃剂对环氧模塑料的性能影响分析与研究［J］. 集成电路应用，2005，(12)：48-50，47.

［19］ 杨明山，何杰，陈俊. 集成电路封装用环氧模塑料的绿色阻燃［J］. 高分子材料科学与工程，2008，(06)：156-158.

［20］ Zeng K，Tu K N. Six Cases of Reliability Study of Pb-free Solder Joints in Electronic Packaging Technology［J］. Materials Science & Engineering R-Reports，2002，38(2)：55-105.

第19章

封装热管理

封装热管理是指对封装体内的发热组件及系统采用合理的冷却/散热技术和结构设计优化,对其温度进行控制,从而保证电子器件或系统正常、可靠地工作。

19.1 热管理的必要性

电流在封装体内部流动,将电能转化成热能,芯片、引线、电阻、多晶硅等通电后都会产生热量,特别是一些高频、高功率密度的核心器件(如 CPU)产生的热量更多。封装体内部可动部件摩擦也会产生热量,如微镜阵列等。随着热量的不断积聚,如果没有有效的热流通路将热量带走,封装体内的温度就会持续上升,甚至导致电子器件停止工作或完全失效。

据统计,电子产品产生的失效中大约 55%是过热及与热相关的问题造成的(图 19.1)。电子器件的失效往往与工作温度密切相关,在一定的温度范围内,随着温度的升高,电子器件的失效率急剧上升。

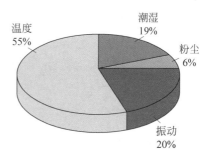

图 19.1 封装失效的主要相关因素

温度升高导致电阻器的使用功率下降。例如,碳膜电阻,当环境温度为 40℃时,允许的使用功率为标称值的 100%;当环境温度增到 100℃时,允许使用功率仅为标称值的 20%。又如,RJ-0.125W 金属膜电阻,当环境温度为 70℃时,允许使用功率仅为标称值的 20%。温度的变化对阻值大小有一定的影响,温度每升高或降低 10℃,电阻值大约变化 1%。

温度对电解电容器的影响主要是每升高 10℃,使用寿命就要下降 50%,绝缘材料的性能也下降。

图 19.2 是根据 2004 iNEMI(International Electronics Manufacturing Initiative)技术路线图[1-2],预计到 2020 年高性能微处理器芯片的最大功耗达到 360W,热流密度达到 190W/cm^2。事实上,许多高性能电子设备产生的热流密度现在远高于 iNEMI 路线图的预测。图 19.3 是芯片最大热流密度的趋势[3]。2007 年的一项研究报告称,许多微电子和电力电子行业当时面临着艰难的挑战,即在保持温度低于 85℃的同时去除极高的热流(热流密度达 300W/cm^2)[4]。近年来,随着 5G、大数据和人工智能等新技术的快速发展与 IC 芯片集成度的进一步提高,芯片的功率和功率密度迅速增加。与 4G 通信相比,5G 通信的单芯片功率增加了近 2 倍,其功率密度也显著提高。这使得 TPU、GPU 等高功率密度芯片的散热问题越来越突出。研究表明,对于单个半导体器件,温度每升高 10℃,其寿命就会下降 50%。

由此可见,需要对封装进行热设计和热管理,且封装的热管理越来越成为电子行业的一个重要挑战。

从设计角度,封装热设计和热管理的主要目的如下:

(1) 减少设备内部产生的热量,是设计的一项指标;

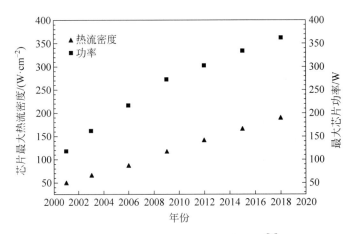

图 19.2　芯片最大热流密度趋势预测[1]

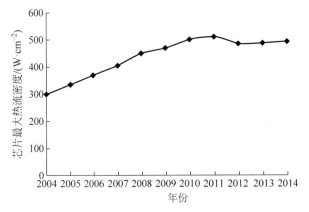

图 19.3　芯片最大热流密度趋势

（2）降低设备受外界环境的热影响；

（3）减少热阻，是结构设计的目的之一；

（4）保证电气性能稳定，热设计使组件不在高温条件下工作，以避免参数漂移；

（5）改善电子设备的可靠性；

（6）延长使用寿命。

19.2　传热学基础

　　传热学是研究热量传递过程规律的一门学科。热力学第一定律表明，热能可以从一个物体传递给另一个物体，也可以与机械能或其他能量相互转换，在传递和转换过程中能量的总值不变，即能量守恒。热力学第二定律表明，热量可以自发地从高温物体转移到低温物体，但不可能把热量从低温物体传向高温物体而不引起其他变化。可见，温差是热量传递的推动力。传热学是以热力学第一定律和第二定律为基础的。如果用数学公式表达,传热学就是求解物体内部温度分布以及其随时间变化、放热量随时间的变化。

有三种传热机理,分别为热传导、热对流和热辐射。

19.2.1 热传导

物体内部或相互接触的物体表面之间,分子、原子以及自由电子等微观粒子的热运动而产生的热量传递现象称为热传导,也称为导热。导热依赖于两个基本条件:一是有温差;二是不同物体之间直接接触或者在物体内部传递。

在非金属固体内部的热传导是通过相邻分子碰撞时传递振动能实现的;金属固体的导热主要通过自由电子的迁移传递热量;在流体特别是气体中,热传导是由分子不规则的热运动引起的。在流体中通常热对流与热传导同时发生。

热传导理论是从宏观角度进行现象分析的,把物质看作连续介质。

单位时间内单位面积上所传递的热量称为热流密度,用 q'' 表示,其国际单位为 W/m^2。

当物体内的温度分布只依赖于一个空间坐标,而且温度分布不随时间变化时,热量只沿温度降低的一个方向传递,称为一维定态热传导。

此时,热传导可用下式描述:

$$q = -\kappa A \frac{dT}{dx} \tag{19-1}$$

或

$$q'' = -\kappa \frac{dT}{dx} \tag{19-2}$$

式中,q 为热传递速度(W),即在与传输方向相垂直的单位面积上,在 x 方向上的传热速率,也称为热流;T 为温度(℃);x 为沿热传递方向的坐标;κ 为介质的热导率(W/(m·℃))。

式(19-2)表明,q 正比于温度梯度 dT/dx,但热流方向与温度梯度方向相反,即热从温度较高的地方流向温度较低的地方。此规律由法国物理学家傅里叶于 1822 年首先提出,故称为傅里叶定律。

表 19.1 列出了部分材料的热导率。

表 19.1 部分材料的热导率

材料名称	热导率(20℃)/(W/(m·℃))	材料名称	热导率(20℃)/(W/(m·℃))
铝	204	银	419
金	292	尼龙	0.17~0.4
铜	330	环氧树脂	0.4
铁	73	金刚石	1600~2300

在三维空间中,任一瞬间物体或系统内各点温度分布的总称为温度场。温度场是时间和空间的函数,即

$$T = f(x,y,z,t) \tag{19-3}$$

在同一瞬间,具有相同温度的各点组成的面称为等温面。因为空间内任意点不可能同时具有一个以上的不同温度,所以温度不同的等温面不能相交。

从任意点开始沿等温面移动,因为在等温面上无温度变化,所以无热量传递;而沿和等温面相交的任何方向移动都有温度变化,在与等温面垂直的方向上温度变化率最大。将相邻两等温面之间的温度差 ΔT 与两等温面之间的垂直距离 Δn 之比的极限称为温度梯度。其数学定义式为

$$\mathrm{grad}\, T = \lim_{\Delta n \to 0} \frac{\Delta T}{\Delta n}\boldsymbol{n} = \frac{\partial T}{\partial n}\boldsymbol{n} \tag{19-4}$$

式中, $\boldsymbol{n}$ 为沿等温线法向的单位矢量。

式(19-4)中表示的温度梯度是矢量,其正方向为温度增加的方向。

对于三维导热问题,式(19-2)可以重写成

$$q'' = -\kappa \frac{\partial T}{\partial n}\boldsymbol{n} = \kappa \cdot \mathrm{grad}\, T \tag{19-5}$$

式(19-8)即为三维空间的傅里叶导热定律。

19.2.2 热对流

对流是指流体内部各部分温度不同造成的相对流动,即流体(气体或液体)通过自身各部分的宏观流动实现热量传递的过程。当流体流过固体表面时,如果表面和流体之间存在温度差,就会产生对流,具有热量传递的现象。

根据流体运动产生的方式,对流分为自然对流和强迫对流两种。自然对流是流体冷热部分密度不同自然产生的;强迫对流是外力,如风、风扇、泵等驱动所致。

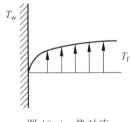

图 19.4 热对流

还有一种涉及流体相变的对流,主要包括:①凝结,蒸汽接触较冷壁面,释放汽化潜热,成为液体;②沸腾,液体接触高温壁面,吸收汽化潜热,成为气体。相变中还涉及潜热的吸收和释放,因此热传递效率更高。

如图 19.4 所示,对流过程中的热量传递可用牛顿冷却公式来描述:

$$q = hA_s(T_w - T_f) \tag{19-6}$$

或

$$q'' = \frac{q}{A} = h(T_w - T_f) \tag{19-7}$$

式中, q 为通过对流从一个表面传输到周围环境中的热传递速度(W); A_s 为表面积(m^2); T_w 为换热壁表面温度(℃); T_f 为流体温度(℃); h 为对流传热系数(W/($m^2 \cdot$ ℃))。

对流传热的影响因素包括:

(1)流体流动特征;

(2)流体的物性参数;

（3）换热面的几何形状；

（4）流体的相变条件（沸腾、凝结、升华）。

以上各影响因素下，h 同时依赖于位置和温度，使得对流换热过程非常复杂，用数学表达式表达十分困难。为了简化，采用近似的方法，使用平均表面温度以及相应的平均传热系数 h。表 19.2 为对流传热系数的数值范围。

表 19.2　对流传热系数的数值范围

过　　程		$h/(\mathrm{W}/(\mathrm{m}^2 \cdot ℃))$
自然对流	空气	1～10
	水	200～1000
强迫对流	气体	20～100
	高压水蒸气	500～3500
	水	1000～15000
相变换热	水沸腾	2500～3500
	水蒸气凝结	5000～25000

19.2.3　热辐射

物体因热而产生的电磁波辐射称为热辐射。只要温度高于 0K，物体总是不断地向外进行热辐射。同时，物体也不断地吸收周围物体投射到它上面的热辐射。

热辐射不依赖于介质，可在真空中发生。两个不同温度的物体之间的热辐射为

$$q = SA\varepsilon\sigma(T_1^4 - T_2^4) \tag{19-8}$$

式中，ε 为发射率；A 为表面积；T_1、T_2 为两个物体的表面温度；S 为屏蔽因子或视角因子，取值为 0～1，是一个度量发射体到吸收体可见程度的量。

一般来说，封装中热辐射导致的热传递量非常小。

19.3　结温与封装热阻

19.3.1　热阻的定义

热阻是电子封装的重要技术指标和特性，也是热分析中常用的评价参数。两点之间的热阻定义如下：

$$\theta_{\mathrm{th}} = \frac{T_1 - T_2}{P} \tag{19-9}$$

式中，T_1、T_2 为两规定点或区域的温度；P 为散热功率。

通常 IC 芯片的热源和温度最高的区域为有源区，即结区，封装的热阻定义为结区到其他点的热阻。封装热阻的定义通常有三种形式：

$$\theta_{\mathrm{JA}} = \frac{T_{\mathrm{J}} - T_{\mathrm{A}}}{q} \tag{19-10}$$

$$\theta_{\rm JB} = \frac{T_{\rm J} - T_{\rm B}}{q} \qquad\qquad (19\text{-}11)$$

$$\theta_{\rm JC} = \frac{T_{\rm J} - T_{\rm C}}{q} \qquad\qquad (19\text{-}12)$$

式中，$T_{\rm J}$ 为结区的温度；以上公式中 q 为热流，也就是散热功率；$T_{\rm A}$ 为环境温度；$T_{\rm B}$ 为线路板上温度测试点的温度；$T_{\rm C}$ 为封装底部中心的温度；$\theta_{\rm JA}$ 为接到环境的热阻；$\theta_{\rm JB}$ 为接到线路板上温度测试点的热阻；$\theta_{\rm JC}$ 为接到封装底部中心的热阻。

热阻公式与电阻类似：温度差 $T_1 - T_2$ 是热流的动力，可以类比成电学中的电势差 $U_1 - U_2$；P 或者 q 即热流，可类比成电流；热阻 $\theta_{\rm th}$ 可类比成电阻 R。进一步，热流密度 q'' 可类比成电流密度。

19.3.2　传导热阻

如图 19.5 所示，设有一面积为 A 的均匀材料，其热导系数为 κ，温度只沿垂直于表面的 x 方向变化，而且温度分布不随时间而变化，其厚度为 d。沿 x 方向的两个表面温度分别为 $x=0$ 处的 T_1 和 $x=d$ 处的 T_2。根据一维傅里叶导热定律，可得

$$q = -\kappa A \frac{{\rm d}T}{{\rm d}x} = -\kappa A \frac{T_2 - T_1}{d - 0} = \kappa A \frac{T_1 - T_2}{d} \qquad (19\text{-}13)$$

因此，该面积为 A、厚度为 d 的材料垂直于热流方向的两个表面之间的热阻为

$$\theta_{\rm th} = \frac{T_1 - T_2}{q} = \frac{1}{k} \cdot \frac{d}{A} \qquad\qquad (19\text{-}14)$$

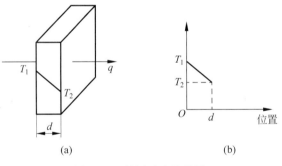

(a)　　　　　　　　　　(b)

图 19.5　单层平壁热传导

19.3.3　接触热阻

两个固体表面直接接触时，理想的接触表面要求一个面上的每个点在另一个面上都有与之对应的接触点。在实际工程中，样品表面都有一定的粗糙度，很难找到两个完全契合的表面。图 19.6(a) 为两个固体表面直接接触时的情况，实际接触面积远小于标称接触面积，图中箭头所示为热流的方向。可以看到，接触面积的减小，热流相对集中于接触点，导致界面层的有效传导热阻远大于固体内部的传导热阻。图 19.7 为理想接触和

实际接触的界面热阻与温度分布示意图。如图 19.7(a)所示,理想接触由于不存在有空隙的界面层,界面处温度连续变化。而实际接触由于界面有一薄层有效传导热阻远大于固体内部的传导热阻,因此该接触薄层内部的温度下降斜率远大于固体内部,在这一薄层两边有一定的温度差(图 19.7(b)),等效于接触界面两边温度有一个跳变。

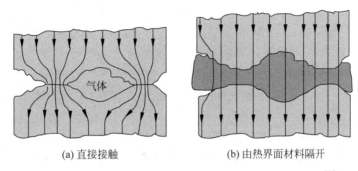

(a) 直接接触　　　　　　(b) 由热界面材料隔开

图 19.6　两个接触体的示意图(箭头表示穿过界面的热流)[5]

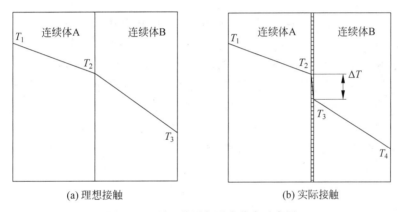

(a) 理想接触　　　　　　(b) 实际接触

图 19.7　界面热阻与温度分布示意图

　　两个名义上互相接触的固体表面,实际上接触仅仅发生在一些离散的面积元上,在未接触的界面之间的间隙常常充满了气体(或为真空),热量将以热传导的方式穿过空隙层,这种情况与固体表面完全接触相比,增加了附加的传递阻力,称为接触热阻。接触热阻等于两个交界表面温度之差除以热流量,单位为 K/W。接触热阻大小取决于两种材料接触的情况,且与接触面积层反比,单位面积的接触热阻称为比接触热阻或者接触热阻系数,用 R_c'' 表示,单位为 $m^2 \cdot K/W$。实际工程应用中常用接触热导率这一参数,其定义为流过接触界面的热流密度 $q''(W/m^2)$ 与界面温差 $\Delta T_c(K)$ 的比值,即为接触热导率 $h_c(W/(m^2 \cdot K))$,它与接触热阻系数互为倒数。

　　根据接触热阻的定义,假设接触热阻热导率为 h_c,接触面积为 A 的两个截面接触产生的接触热阻为

$$R_c = \frac{\Delta T_c}{q} = \frac{\Delta T_c}{q''A} = \frac{1}{h_c A} \tag{19-15}$$

或

$$R_c = \frac{R_c''}{A} \tag{19-16}$$

电子封装热管理的主要目标是有效地将半导体器件中的热量转移到周围环境中。一般来说,这种散热包括四个主要阶段:器件封装内部的热传递,从封装到散热器的热传递,通过散热器的热传递,从散热器到周围环境的热传递。虽然四个传热阶段中的每一个都会影响半导体器件的散热速率,但封装和散热器之间的传热通常视为速率限制过程。也就是说,封装和散热器之间的接触面通常不是完全一致的重合,有一定的粗糙,使得封装和散热器之间的实际接触面积远小于相应的标称接触面积,产生显著的接触热阻。

为了降低半导体封装和散热片之间的热接触电阻,已经开发了多种热界面材料。这些材料通过顺应粗糙和不均匀的结合面来减少或完全消除接触界面的气隙(图19.6(b))。由于热界面材料通常比它们所取代的界面空隙具有更高的热导率,因此界面热阻降低。热界面材料降低界面热阻的效率取决于许多因素,其中材料的导热性及其润湿结合面上的能力最重要。以下热界面材料可用于封装到散热器的热阻降低。

(1)导热脂和相变材料:其黏度随着温度的升高而迅速降低,使其能够在整个热接头中自由流动,并填充最初存在的间隙。该过程通常需要施加较小的接触压力,以使两个表面结合在一起,并使热界面材料流动。虽然这些材料的热导率相对较低(约0.3W/(m·K)),但它们倾向于很好地润湿结合面,同时允许保留高热导率的粗糙的微接触。

(2)导电粒子填充的丙烯酸或硅酮基导热胶带和导热焊垫等材料:虽然这些材料具有较高的热导率(约0.7W/(m·K)),但它们倾向于消除高热导率的粗糙微接触,同时无法完全填充界面间隙。

(3)金属基的热界面材料:可以为焊料或者薄膜焊垫,如金属铟、铟-银合金等。

根据热界面材料的性质,结合面的形貌和结晶特征以及热界面材料应用的工艺参数,热界面材料在降低接触热阻方面表现出不同的效率水平。表19.3列出了不同接触情况的接触热阻系数情况。

表 19.3　不同接触情况的接触热阻系数

表面状况		接触热阻/10^{-4}(m^2·K/W)	
金属与金属	干接触	高	3.55
		中	2.58
		低	0.90
	涂硅脂	高	2.32
		中	1.29
		低	0.48
	导热衬垫	高	1.10
		中	0.65
		低	0.32

表 面 状 况		接触热阻/$10^{-4}(\mathrm{m}^2 \cdot \mathrm{K/W})$	
垫铟片(厚 5μm)	干接触	高	0.58
		中	0.45
		低	0.32

19.3.4　对流热阻

根据牛顿制冷定律,可以得到流体与固体壁面之间的对流热阻为

$$R_{\mathrm{conv}} = \frac{T_{\mathrm{w}} - T_{\mathrm{f}}}{q} = \frac{1}{hA_{\mathrm{s}}} \tag{19-17}$$

19.3.5　扩散热阻

在导热介质表面有离散热源的情形下,热源下方导热介质中连续"层"中热量会发生横向扩散,与这种横向热流相关的热阻称为扩散热阻。在微电子封装与系统的实际传热中,热流路径通常是三维的,热量通常是从相对较小的发热元件流向较大的发热元件,由于热在具有不同横截面积的源和介质之间传播,必然会发生热的横向扩散,因而需要用扩散热阻模型而不是简单的单层平壁热传导来处理。

厚热导体或散热器上小热源的扩散电阻(要求比热源面积的平方根厚 3~5 倍)可以表示为[6]

$$R_{\mathrm{sp}} = \frac{1 - 1.410\varepsilon + 0.344\varepsilon^3 + 0.043\varepsilon^5 + 0.034\varepsilon^7}{4\kappa a} \,(\mathrm{K/W}) \tag{19-18}$$

式中,ε 为热源面积与衬底面积之比;κ 为导体的热导率;a 为热源面积的平方根。

实际上,封装中基板导热层相对较薄,式(19-18)无法提供准确的 R_{sp} 预测,作为替代,可以使用绘制的数值结果或查表来获得扩散热阻的值[6]。

实际情况中,散热器或基板厚度较薄,面积有限,热源和散热器形状不是规则的圆形,分布也不一定在中心,因此提出了大量的问题需要解决,60 多年来,许多不同的研究人员对扩散热阻问题进行了研究,具体可参考 Razavi 于 2016 年对相关研究做的综述[7]。

具体到微电子封装相关领域,扩散热阻对于热阻的计算也有重要的影响,人们也做了大量具体的研究,图 19.8 为两种涉及扩散热流的情况的示例:一是安装在基板底面上的芯片;二是在芯片和封装盖帽之间具有导热脂路径的封装。在任何一种情况下,热量都会从芯片流经区域 A_1 进入基板或盖,并扩散到区域 A_2,A_1 为芯片与基板或盖帽的接触面,A_2 为基板或盖帽的散热面。

如果能够确定一定传热速率(功率耗散)下板上热源中心的温度 T_{max} 和参考温度 T_{ref},就可以确定(最大)总热阻及其组成部分(传导和对流)。从 T_{max} 到 T_{ref} 的总热阻及最大总热阻为

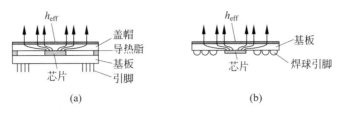

图 19.8 在两种类型的电子封装中扩散热流的示例

$$R_{tot} = \frac{T_{max} - T_{ref}}{q} \tag{19-19}$$

总热阻由传导/扩散热阻和对流热阻组成。传导/扩散阻力 R_{sp} 包括扩散效应,并受作用于表面的有效对流传热系数的影响。对流热阻 R_{conv} 由下式给出:

$$R_{conv} = \frac{1}{h_{eff} A_s} \tag{19-20}$$

式中,A_s 为板或散热器的表面积;h_{eff} 为作用于表面的有效传热系数。

从 $T_{max} \sim T_{ref}$ 的总热阻由下式给出:

$$R_{tot} = R_{sp} + R_{conv} \tag{19-21}$$

但是,求 T_{max} 的解往往是一个具有复杂系数项的无穷级数。实现计算解决方案的自动化需要大量编程。针对这个问题,Lee 等[8] 开发了一组封闭形式的代数近似,用于计算扩散热阻,可以提供非常接近精确解的结果,并且易于合并到电子表格或类似的计算方案中。该解决方案基于具有圆形加热区域的圆形板,因此必须首先将方形几何体转换为圆形几何体,如图 19.9 所示。这种转换是基于在正方形和圆形几何形状中板和热源的面积相同。因此,转换为圆形情况下的等效半径如下:

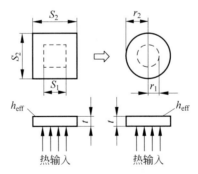

图 19.9 将正方形转换为圆形几何体

$$r_1 = \sqrt{\frac{A_c}{\pi}}, \quad r_2 = \sqrt{\frac{A_s}{\pi}} \tag{19-22}$$

式中,A_c 为热源与散热器的接触面面积;A_s 为散热器的面积。

得到的结果如下:

$$R_{sp} = \frac{\varepsilon\tau + (1-\varepsilon)\phi}{\pi k r_1} \tag{19-23}$$

式中

$$\varepsilon = \frac{r_1}{r_2}, \quad \tau = \frac{t}{r_2}, \quad \phi = \frac{\tanh(\lambda\tau) + \frac{\lambda}{B_i}}{1 + \frac{\lambda}{B_i} \times \tanh(\lambda\tau)}, \quad B_i = \frac{hr_2}{k}, \quad \lambda = \pi + \frac{1}{\varepsilon\sqrt{\pi}} \quad (19\text{-}24)$$

式(19-20)与式(19-21)给出了从 T_{max} 到对流表面的热传导/扩散热阻。

Lee 等的解决方案被验证并得到广泛认可,该解决方案在微电子设备中常见的参数范围内,精度在 10% 以内乃至更高[7,9]。

Ellison 等进一步求解了以矩形板为中心的矩形热源的三维热传导方程。边界条件在热源平面和四个板边缘是绝热的,在源对面的板平面为牛顿冷却(对流传热)。提供了最大扩散热阻(基于最大源温度)、平均扩散热阻(基于平均源温度)和平均扩散热阻(基于平均温度)的解决方案。结果为计算任意源板纵横比组合的热阻提供了表达式[9]。

更多情况的求解,如非中心的热源、多个热源以及散热器周边不绝热等条件等不同情况,有研究者给出相应的解析解,具体可以参见文献[7,10-11]。

与使用有限元模型仿真相比,以上采用解析求解的方法,可以使用成本较低的计算机代数程序,以及可以制成图表,使工程人员更乐于采用。

19.3.6　热阻网络

类似电学中的电阻网络,可以根据热流的方向将热流通路分层并联和串联来获得等效热阻网络。对于长、宽尺寸远大于厚度的电子元器件可以简化成一维多层平壁模型,然后利用串并联热阻构建其热阻网络,热阻网络可以用于确定稳态温度分布,构成稳态模型。由于材料各部分的比热容和质量不同导致热容同样的热流密度下温度变化速率不一样,考虑到温度的动态变化时,还需要考虑网络中的热容,形成阻容网络,构成动态模型。

图 19.10 是一个封装贴片在 PCB 上散热路径和形成的热阻网络的例子。图 19.10 中的热系统有许多散热途径,每一条等效的热阻都表示一条热流路径。在此图中它们的名称为 θ_{xy},其中 xy 表示从节点到节点的散热路径,如结(J)到外壳(C)、外壳(C)到环境(A)、焊料(S)到电路板(B)等。理想情况下 θ 应为与材料热特性相关的物理意义上的热阻。然而,在复杂的热力系统中很难计算出特定的热阻,它是各种热参数的总和。图 19.10 对应的简化的热阻网络如图 19.11 所示,采用热阻的欧姆定律进行计算。

从封装应用的角度,电子产品设计阶段对关键器件的散热和电子系统的热布局十分重要。对封装生产厂商来说,出于成本和保密的原因,不能提供器件内部的所有细节。为了封装厂商能够以一致有效的试验技术和建模方法为终端客户提供其器件的简化热模型,1993 年来自欧盟成员国的六家知名公司和机构发起 DELPHI 工程(DEvelopment of Libraries of PHysical models for an Integrated design environment)。该工程研究成果中包括一些单芯片封装的详细和简化模型建模方法,两种测量芯片结温的试验方法等。简化热模型可以使系统级设计工程师在不完全知道器件所有细节的情况下,以较快

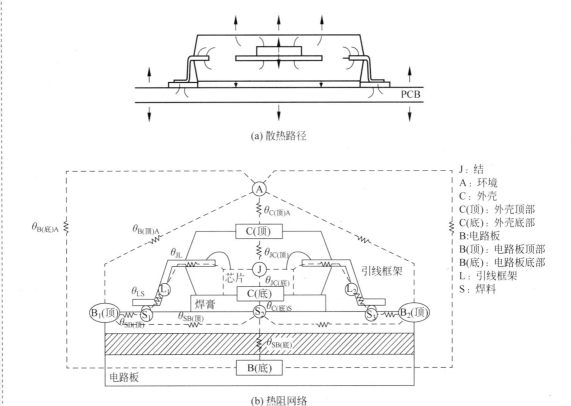

(a) 散热路径

J：结
A：环境
C：外壳
C(顶)：外壳顶部
C(底)：外壳底部
B：电路板
B(顶)：电路板顶部
B(底)：电路板底部
L：引线框架
S：焊料

(b) 热阻网络

图 19.10　一个封装贴片在 PCB 上的散热路径和热阻网络的例子

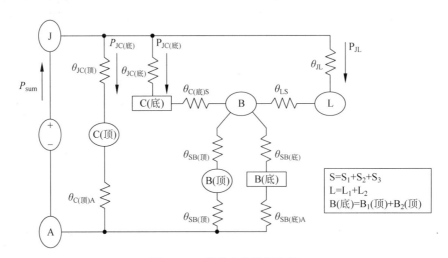

$$S=S_1+S_2+S_3$$
$$L=L_1+L_2$$
$$B(底)=B_1(顶)+B_2(顶)$$

图 19.11　简化的热阻网络图

的速度和较高精度预测关键元器件的温度及可靠性,为改进产品设计提供依据[12]。

　　简化热模型是用一些热阻网络或阻容网络代替封装的热流路径和热容,进而可以通过解析法或有限元(Finite Element Method,FEM)和计算流体力学(Computational Fluid

Dynamics,CFD)软件在计算机中模拟预测芯片温度和印制电路板的高温区域以及温度变化。简化热模型又可分为稳态模型和动态模型。动态简化模型是以稳态模型为基础加入热容等因素而形成的。这里主要介绍稳态简化模型。

JEDEC 半导体技术协会将简化热模型分为双热阻模型和 DELPHI 模型[13-14]。除简化模型外,实际工程中还有包含详细的尺寸、材料等特性值的详细模型。

双热阻模型对应分立元件和集成电路,模型中封装以 PN 结为界分为上下两部分,如图 19.12 所示。芯片发出的热量由芯片上端路径通过,芯片的结区温度到封装顶部外壳表面温度产生差异,其对应热阻称为结-壳热阻,用 θ_{JC} 表示。芯片发出的热量由芯片下部路径通过,芯片的结区温度到封装底边界温度(又称板温)产生差异,其对应热阻称为结-板热阻,用 θ_{JB} 表示。该模型结构简单,适用于分立元件等单功能元件,仿真的解析速度也较快,但精度不如 DELPHI 模型。

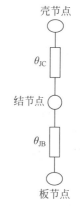

图 19.12 双热阻模型

图 19.13 为双热阻模型在实际应用时的热阻网络情况,结到环境的热阻的等效热阻网络中还包括壳-环境和板-环境热阻。

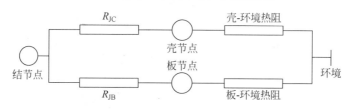

图 19.13 双热阻模型散热的等效模型

DELPHI 模型对应集成电路,是一种多热阻网络型模型,特点是在各种各样的使用环境下均保持较小的误差,其元件数目较少,是解析速度和精度两方面较为平衡的热模型,但不能对应瞬态热解析。DELPHI 模型比双热阻模型多了许多节点,封装顶部和底部分别分为内部节点和外部节点,芯片处为结节点,四边侧面分别有侧面节点、引脚节点,所有节点与结节点连接,三维中复杂的热流动被连线代替。典型 DELPHI 模型如图 19.14 所示。

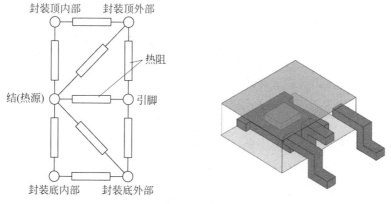

图 19.14 典型 DELPHI 模型(右侧为该封装的详细模型)

19.4 封装热管理技术

电子封装的散热方式分为被动式散热和主动式散热两种。

19.4.1 被动式散热

被动式散热主要是通过改变材料的性质、尺寸或配置方式实现散热。例如：

（1）可选用低热阻材料降低传导热阻。

（2）在接触面处使用导热胶或导热片等，以避免因接触面凹凸不平，有空气残留，从而降低接触热阻。

（3）热贯穿孔的配置是常见的被动式散热方式。热贯穿孔通常是以垂直于电路板平面的方向配置于电路板内，以降低热阻。热贯穿孔通常由导热性好的金属材料如铜制成。一般的电路板材料的导热性能都不好，借助热贯穿孔的配置，从而降低电路板的等效热阻。

19.4.2 主动式散热

主动式散热是指加装其他增加热传递效率的组件，以外力的方法来达到散热效果。例如：

（1）散热片：在热管理设计中，可以通过增加热传递表面积或散热片来实现减小热阻值。散热器由多个散热片构成，可黏结在组件模块的外壳上，而让热经由散热片有效地散发出去。

（2）风扇冷却：空气制冷成本低，便于应用，是热管理中常用的方法。但是自然对流的散热效率低，通过在散热片上加风扇，可以提高散热片与空气的对流散热系数，大幅度提升散热效率。

（3）液体制冷：包括单相液体制冷和双相液体制冷。单相制冷包括自然对流制冷和强制对流制冷。液体制冷与空气制冷相比，其热交换效率要高得多，通常会采用纯净水或去离子水作为液体制冷介质。

（4）热管：利用相变过程和蒸汽扩散把热量传递到较远距离的热传递器件，是一个具有内芯结构的绝热细长管，在内部含有少量传热媒介。热管由蒸发段、绝热段和冷凝段组成。当蒸发段受热时，通过管壁使浸透于吸液芯中的工作液蒸发，蒸汽在蒸发段和冷凝段之间形成的压差作用下流向冷凝段；在冷凝段由于受冷却，蒸汽凝结为液体，释放汽化潜热；冷凝后的液体靠吸液芯与液体相结合所产生的毛细力作用，将冷凝液输回蒸发段，形成一个循环。如此往复不断，完成热管的导热过程。使用水的热管，在基于全部横截面积时，有效热传导效率可以达到铜的 250～1000 倍。使用热管时，除了热管本身的热阻，还应考虑其他部分的热阻，如可能包含封装与热沉的接触热阻、热沉与热管的接触热阻、热管与散热鳍片的热阻、鳍片到空气环境的热阻等。

（5）热电冷却：直流电通过具有热电转换特性的导体组成的回路时具有制冷功能。半导体制冷是热电制冷的一种，即直流电通过由半导体材料制成的 PN 结回路时，在 PN 结的接触面上有热电能量转换的特性，又由于半导体材料是一种较好的热电能量转换材料，热电制冷器件普遍采用半导体材料制成，因此称为半导体制冷。热电制冷的优点是：结构简单，整个制冷器由热电堆和导线组成，没有运动部件，无噪声，无磨损，寿命长，可靠性高；制冷速度快，控制灵活；体积小，重量轻，维修方便，可以任何姿势工作。

（6）微流道：微流道散热技术作为一种新型的散热技术，具有热阻低、效率高、与热源芯片集成化高等优点，极大地满足了电子器件的小型化和高集成化下高热流密度散热的要求。

Tuckerman 和 Pease 在 1981 年首次将微流道散热器应用于电子发热元件中。他们分析发现，基板和冷却剂之间的对流传热系数 h 是实现低热阻的主要障碍。对于受限通道中的层流，h 的比例与通道宽度成反比，因此需要微观通道。冷却液黏度决定了最小实际通道宽度。使用高深宽比通道增加表面积在一定程度上将进一步降低热阻。基于这些考虑，他们设计并测试了一种新型的、非常紧凑的用于硅集成电路的水冷式集成散热器。通过优化，实现了在功率密度

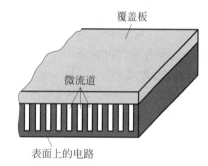

图 19.15　微流道结构示意图

为 $790 \mathrm{W/cm^2}$ 时，测量到的最大基板温升比输入水温高 $71^{\circ}\mathrm{C}$，与理论一致[15]。图 19.15 是微流道结构示意图。

与 CMOS 工艺兼容的微流道工艺也得以实现。Sekar 等在 2008 年介绍了一种集成微流道冷却的 3D IC 技术。流体互连网络在晶圆级制造并与 CMOS 工艺兼容，采用倒装芯片封装，包含四个光刻步骤。在 3D 堆叠之前对单个芯片进行的测量表明，两芯片的 3D 堆叠中的每个芯片的结到环境热阻有潜力低至 $0.24^{\circ}\mathrm{C/W}$。文献[16]展示的集成微流道的 3D IC 硅芯片包含密度为 $2500/\mathrm{cm^2}$ 的贯穿硅铜通孔。

对于微流道散热器与芯片内其他功能模块的兼容性也进行了研究。文献[17]描述了一种新的三维集成技术，该技术能够将电、光和微流道互连集成到三维芯片堆中。电互连用于提供电源和信号传输，光互连用于实现光信号路由到堆叠的三维任意层，微流体互连用于冷却 3D 堆栈中的每一层，从而实现高性能、高功率的三维芯片堆叠。

19.5　热设计流程

一套完整的热设计流程大致包含散热需求提炼、定性评估、半定性半定量评估、定量评估和试验验证五部分[18]。

19.6 稳态与瞬态热分析

若物体中各点温度不随时间而改变,则对应的传热过程称为稳态导热过程。若物体中各点温度随时间不断地发生改变,则对应的传热过程称为非稳态导热过程。

电子封装的热分析是指采用数学手段对封装结构的具体设计方案的热场分布进行分析和计算,获得其温度场分布及其他热特性,它包括稳态分析和瞬态分析。对电子封装的稳态和瞬态温度场进行数值模拟是研究封装结构热特性的重要手段,其优点是可以对影响热特性的诸因素进行定性和定量分析,在设计初期就可以发现产品的热缺陷并加以修正。

对于各向同性且热导率 λ 为常数的导热物体,导热微分方程如下:

$$\lambda\left(\frac{\partial^2 T}{\partial x^2}+\frac{\partial^2 T}{\partial y^2}+\frac{\partial^2 T}{\partial z^2}\right)+Q(x,y,z,t)-\rho C_T\frac{\partial T}{\partial t}=0 \tag{19-25}$$

式中,ρ 为材料密度(kg/m^3),C_T 为材料比热容($J/(kg \cdot ℃)$);$Q(x,y,z,t)$ 为物体内部的热源强度(W/kg)。

对于内部产热恒定的情况,在一定的边界条件下散热达到热平衡,物体中各点温度随时间不再发生改变的导热物体,导热微分方程如下:

$$\lambda\left(\frac{\partial^2 T}{\partial x^2}+\frac{\partial^2 T}{\partial y^2}+\frac{\partial^2 T}{\partial z^2}\right)+Q(x,y,z)=0 \tag{19-26}$$

在实际应用中,通常结合几何条件、初始条件和边界条件,采用热数值分析方法对封装的稳态导热和非稳态导热过程进行计算。

19.7 热仿真分析

数值分析是将微分方程转化为一组代数方程组进行求解的过程。常用的热仿真分析的数值工具包括有限元方法、有限差分(Finite Difference,FD)方法、计算流体力学和流体网络模型(Flow Network Model,FNM)。

19.7.1 有限元方法

有限元方法是数值求解偏微分方程的一种普遍方法,其基本思想是分割和逼近,即将连续的求解区域离散为一组有限个相互连接在一起的单元的组合体。求解区域被划分为较小的区域,称为单元。单元连接的点称为节点。所得到的解必须在相邻单元的公共边上是连续的。图 19.16 为一个二维求解域的有限元分割示意图,即将需要求解问题的区域划分为许多几何形状简单规则的单元子域。离散化的组合体中单元之间只通过节点连接,除此之外再无任何连接,这是其与真实的体的区别。分割既不允许发生重叠,也不能出现裂缝。由于单元可以有不同形状,并能按不同的方式组合,因此可以将几何形状复杂的求解域模型化。有限元法通过每个单元内假设的近似函数的离散组合来表示全求解域上待求的未知场函数。单元内的近似函数通常由未知场函数或其导数在单元的各个节点的数值和其插值函数来表达。通过这样处理，未知场函数或其导数在各个节点上的数值就成为新的未知量(自由度)，从而使一个连续的无限自由度问题变成离散的有限自由度问题。求解出这些未知量后通过差值函数即可计算出各个单元内函数的近似值，也

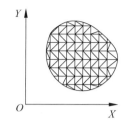

图 19.16 有限元法计算示意图

就得到了整个求解域上的近似值。随着单元数目的增加，即单元尺寸的缩小，或者随着单元自由度的增加及插值函数精度的提高，解的准确程度将提升。

有限元分析的主要优点之一是能够分析不规则的几何结构。有限元方法可用于解决结构分析、流体、电磁场、热分析等方面的问题。

有限元分析包括建模、求解计算及数据处理三个步骤。建模准确与否直接影响计算结果的精确性，因此是最重要的一个步骤。

有限元建模一般包括分析问题、构建几何模型、选择单元类型、划分网格、检查和处理模型、确定边界条件几个步骤。

求解过程是建模完成后，利用软件在计算机上进行数值计算，求得各节点近似解。

后处理过程则是分析处理各种数据，将数据图形化、表格化等。

具体来说，封装中有限元热分析的主要步骤如下：

(1) 问题分析。分析实际器件的结构，内部热源分布，散热的主要路径，有哪些可以简化计算过程的地方(如哪些散热路径散热由于传递热量相对小得多从而可以忽略)。

(2) 建立几何模型，并进行网格划分。

几何模型正确地反映实际系统的结构。有时系统中存在对称性，为了节约计算时间，减少网格数量，对于多个重复(对称)单元组成的系统，只需要选取单个重复(对称)单元进行模型分析和计算。如单芯片的 BGA 封装，若封装体在 XY 平面上过中心存在两重镜像对称，则可以只取 1/4 的模型进行分析。

有限元网格划分算法应很好地描述实体模型的实体边界和几何特征。

在单元形状确定以后，需要选择插值方程。单元内部通常采用多项式插值方程，分配给一个单元的节点数确定了多项式插值方程的阶数。

网格数量方面，一方面计算精度随着网格数量的增加而提高，另一方面计算规模也会增加，因此需要综合权衡。

网格划分质量方面，提高网格划分的质量能够提高有限元模拟的精度。有限元网格质量包括单元网格质量和整体网格质量，其中单元网格的质量对求解结果影响较大。单元应接近正则单元(正三角形、正四边形、正四面体、正六面体等)。整体网格的质量是指合理的网格密度分布。通常考虑以下原则：①对所关心部分，如芯片，采用较密的网格提高计算精度；②对于预计温度梯度较大的部分，如芯片附近，采用较密的网格，而温度梯度较小的部分，如封装的外壳、PCB，采用较疏的网格。

（3）确定单元属性。确定单元材料的热导率。如果材料的热导率随温度发生变化，就需要使用迭代方法求解。另外，需要输入组成结构体的材料的尺寸。

（4）确定边界条件。在传热中有三类边界条件：

第一类边界条件给出物体边界上的温度分布以及边界温度随时间的变化规律。

第二类边界条件给出物体边界上的热流密度分布以及热流密度随时间的变化规律。若物体边界处表面绝热，则成为特殊的第二类边界条件。

第三类边界条件给出边界上物体表面与周围流体的表面换热系数，以及流体的温度。

（5）求解系统方程。

采用标准数值技术求解每个节点的温度场变量。

对于瞬态热分析，有限元方程是从初始时刻的温度场开始进行求解，每隔一个时间步长求解出下一个时刻的温度场。之后，再以下一个时刻的温度场作为初始温度场，并隔一个时间步长解得下个时刻的温度场。

（6）分析检查结果，将数据图形化、表格化。如果需要，采用迭代方法。在检查结果以后，分析确定所得解是否正确以及是否满足要求。此时，分析者可以调整单元的形状和数量或者改变边界条件。如果热导率随着温度改变，分析者可能需要调整各种材料的热导率。对于设计优化，分析者可以调整尺寸、材料性能等进行"假定条件"分析。

有限元方法广泛应用于各种封装的热阻分析、热应力分析等。2006年，Chen等用有限元数值方法分析了裸露芯片的 FC-PBGA 和带金属帽的 FC-PBGA 的热阻，并进行了试验验证。试验结果表明，带金属帽的 FC-PBGA 比裸露芯片的 FC-PBGA 的热性能提高了 35%。有限元数值结果与试验结果相差 6%～8.1%，误差小到可忽略。有限元数值方法预测封装热阻对研究和开发新产品或改进现有封装有效。图 19.17 为 1/4 FC-PBGA 的有限元模型。图 19.18 为带 Al 金属帽的 FC-PBGA 的热仿真结果[19]。

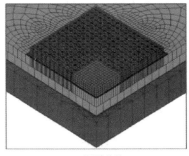 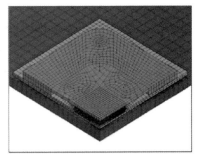

(a) 裸露芯片　　(b) 带Al金属帽的FC-PBGA

图 19.17　1/4 FC-PBGA 的有限元模型[19]

19.7.2　有限差分方法

有限差分方法是一种求解微分方程（包括常微分方程和偏微分方程）数值解的近似方法，其主要原理是对微分方程中的微分项进行直接差分近似，从而将微分方程转化为

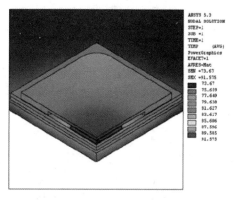

图 19.18 带 Al 金属帽的 FC-PBGA 的热仿真结果(T_J＝91.6℃)[19]

代数方程组求解。计算机技术的发展使得快速准确求解庞大的代数方程组成为可能,因此有限差分方法逐渐得到大量的应用。

有限差分方法需要对微分进行近似,这里的近似采取的是离散近似,使用某一点周围点的函数值近似表示该点的微分。首先对求解域进行离散,然后分别得到各离散点上的微分近似。构造差分的方法有多种形式,目前主要采用的是泰勒级数展开方法。其基本的差分表达式主要有一阶向前差分、一阶向后差分、一阶中心差分和二阶中心差分,前两种格式为一阶计算精度,后两种格式为二阶计算精度。通过对时间和空间不同差分格式的组合,可以组合成不同的差分计算格式。

图 19.19 是传热问题数学求解的流程图。其中,控制方程即稳态或瞬态导热微分方程;定解条件是初始条件和边界条件的总称,对于瞬态导热问题包括初始条件和边界条件,对于稳态问题仅包括边界条件。

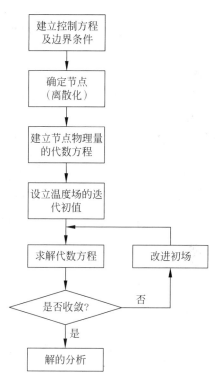

图 19.19 传热问题数学求解的流程图

19.7.3 计算流体力学

流体力学是力学的一个分支,它主要研究流体本身的静止状态和运动状态,以及流体和固体界壁间有相对运动时的相互作用和流动的规律。1822 年,纳维建立了黏性流体的基本运动方程;1845 年,斯托克斯又以更合理的基础导出了这个方程,并将其所涉及的宏观力学基本概念论证得令人信服。这组方程就是沿用至今的纳维-斯托克斯方程

（N-S方程），它是流体动力学的理论基础。普朗特学派从 1904—1921 年逐步将 N-S 方程做了简化，并建立了边界层理论。随着航空业的发展，流体力学在 20 世纪中叶得到了巨大的发展，许多问题能够在简化的基础上获得与实际情况非常符合的解。目前关于流体层流运动的理论已经相当完善，而紊流运动需要借助一些半经验的工程模型来研究。

从 20 世纪 50 年代起，随着电子计算机技术不断发展，原来用分析方法难以进行研究的课题可以用数值计算方法来进行研究，出现了计算流体力学这一新的分支学科。计算流体力学主要在流动基本方程（质量守恒方程、动量守恒方程、能量守恒方程）控制下对流动的数值模拟，得到流场内各个位置上的基本物理量（如速度、压力、温度等）的分布，以及这些物理量随时间的变化情况。CFD 热分析就是计算得到温度场及其随时间变化情况。根据离散原理的不同，CFD 大体上可以分为有限差分法、有限元法和有限体积法（Finite Volume Method，FEM）三种。FEM 是将计算区域划分为一系列控制体积，将待解微分方程对每一个控制体积积分得出离散方程。FEM 导出的离散方程可以保证具有守恒特性，而且离散方程系数物理意义明确、计算量相对小、计算效率高，在目前 CFD 领域中得到了广泛应用。

传统有限元热分析和有限差分热分析不能准确地模拟复杂的三维流体流动，CFD 可以弥补这方面的不足。2004 年，Chang 等建立了 QFN 封装的有限元实体模型和 CFD 模型，并预测了自然对流和强制对流条件下封装的结到环境热阻。有限元实体模型使用平板表面对流关联来模拟封装和板冷却。CFD 模型使用 CFD 软件模拟表面对流载荷。通过与试验测量结果的比较，表明 CFD 模型比实体模型更能准确地预测封装的热阻。从 CFD 模型获得的对流换热系数也应用于有限元实体模型的表面关联。结果表明，CFD 结果的表面对流关联可以提高有限元实体模型模拟结果的精度。此外，还计算了封装外表面的传热分布。结果表明，大部分热量通过引线框架的底面散发到电路板上[20]。

此外，CFD 也用于与热网络模型结合进行热数值分析。2014 年，Hatakeyama 和 Ishizuka 介绍了一种采用相变材料（PCM）的电子设备瞬态冷却技术，其中应用了热网络方法和 CFD 方法相结合。他们在之前的研究中使用热网络方法来估计 PCM 的冷却性能，而热网络方法无法计算熔化的 PCM 流量。文献[21]采用焓-孔隙度法计算流体力学分析，对 PCM 模块的传热现象进行了更深入的研究。利用该方法，可以通过 CFD 分析计算相变材料的相变现象及分析熔融相变材料的流动和潜热吸收。

19.7.4　流体网络模型

流体网络方法是将复杂的流动区域根据具有几何结构和特征尺寸分解为不同的流动子区域的方法，这些子区域称为流动单元，相互流通的单元之间由节点连接，从而使复杂的流动区域被转换成由一系列单元和节点组成的网络结构。在节点处采用连续性方程，对两节点之间的单元使用压降/流量关系式，然后基于压力修正方法对压力、流量和密度进行修正，不断迭代直到满足收敛精度。流体网络法中使用的标准流动单元的数据可以通过手册查到，非标准元器件的数据只能通过供应商、CFD 分析或测试获得。

1999 年，Kelkar 等概述了用于电子器件系统级热设计的流体网络建模技术。FNM 是一种广义方法，它将冷却系统表示为部件和流路网络，用于预测流量、压力和温度的全系统分布。网络中单个组件的性能由总流量和热特性确定。FNM 分析为系统级热设计提供了一种简单、快速、准确的技术，因为它根据整体部件特性确定系统性能。通过预测中央有板卡阵列的风扇冷却的机柜中的气流分布的例子，证明了 FNM 的简单性和快速性，FNM 允许研究基础设计及其修改，从而使得流过板卡的流体通道中流量均匀分布。FNM 的优点是快速、科学地评估竞争设计，产生设计改进的想法，执行"假设"研究以及与 CFD 的互补使用[22]。

习题

1. 热传递有哪几种模式？

2. 列举几种改善微电子封装及组装被动散热的方法。

3. 由一个 $5mm \times 5mm$ 的集成电路芯片产生的热流密度为 $3W/cm^2$。芯片顶部包封有 EMC，不考虑从顶部散热。芯片的有源层在表面，芯片表面均匀产生热量，芯片厚度 $t_1 = 0.5mm$，芯片材料的综合热导率 $\kappa_1 = 50W/(m \cdot K)$，芯片底部装配到基片上，接触传导系数 $h_c = 10^4 W/(m^2 \cdot K)$。基片尺寸与芯片一致，基片厚度 $t_2 = 2mm$，并且其热导率 $k_2 = 250W/(m \cdot K)$。基片的底部用 20℃ 的冷却液冷却，对流系数 $h_b = 500W/(m^2 \cdot K)$。芯片和基片的侧面不与外界发生热交换。画出这种排布的热电路，并预测稳态的芯片温度。

4. 由一个 $5mm \times 5mm$ 的集成电路芯片产生的热流密度为 $3W/cm^2$。芯片顶部包封有 EMC，不考虑从顶部散热。芯片的有源层在表面，芯片表面均匀产生热量，芯片厚度 $t_1 = 0.5mm$，芯片材料的综合热导率 $\kappa_1 = 50W/(m \cdot K)$，芯片底部装配到基片上，接触传导系数 $h_c = 10^4 W/(m^2 \cdot K)$。基片尺寸为 $15mm \times 15mm$，基片厚度 $t = 5mm$，并且其热导率 $\kappa_2 = 250W/(m \cdot K)$。基片的底部用 20℃ 的冷却液冷却，对流系数 $h_b = 500W/(m^2 \cdot K)$。芯片和基片的侧面不与外界发生热交换。考虑基片的扩散热阻情况下，预测稳态的芯片温度。

5. 一个封装体的面积尺寸为 $16mm \times 16mm$，其结-壳热阻、壳-气热阻、结-板热阻、板-气热阻分别为 3℃/W、27℃/W、5℃/W 和 20℃/W，芯片功率为 15W，试计算芯片的结温。

参考文献

[1] Murshed S M S，de Castro C A N. A Critical Review of Traditional and Emerging Techniques and Fluids for Electronics Cooling[J]. Renewable and Sustainable Energy Reviews，2017，78：821-833.

[2] Pfahl R C，McElroy J. The 2004 International Electronics Manufacturing Initiative (iNEMI) Technology Roadmaps[C]. 2005 Conference on High Density Microsystem Design and Packaging

and Component Failure Analysis，Shanghai，China，2005：1-7. https：//ieeexplore. ieee. org/abstract/document/4017417.

[3]　刘勇，梁利华，曲建民. 微电子器件及封装的建模与仿真[M]. 北京：科学出版社，2010.

[4]　Agostini B，Fabbri M，Park J E，et al. State of the Art of High Heat Flux Cooling Technologies [J]. Heat Transfer Engineering，2007，28(4)：258-281.

[5]　Grujicic M，Zhao C L，Dusel E C. The Effect of Thermal Contact Resistance on Heat Management in the Electronic Packaging[J]. Applied Surface Science，2005，246(1-3)：290-302.

[6]　Yovanovich M M，Antonetti V W. Application of Thermal Contact Resistance Theory to Electronic Packages[M]//Kraus A D，Bar-Cohen A. Advances in Thermal Modeling of Electronic Components and Systems. New York：Hemisphere Publishing，1988.

[7]　Razavi M，Muzychka Y S，Kocabiyik S. Review of Advances in Thermal Spreading Resistance Problems[J]. Journal of Thermophysics and Heat Transfer，2016，30(4)：863-879.

[8]　Lee S，Song S，Au V，et al. Constriction/Spreading Resistance Model for Electronics Packaging [C]. Proceedings of the 4th ASME/JSME thermal engineering joint conference，1995：199-206.

[9]　Ellison G N. Maximum Thermal Spreading Resistance for Rectangular Sources and Plates with Nonunity Aspect Ratios[J]. IEEE Transactions on Components and Packaging Technologies，2003，26(2)：439-454.

[10]　Muzychka Y S，Culham J R，Yovanovich M M. Thermal Spreading Resistance of Eccentric Heat Sources on Rectangular Flux Channels[J]. Journal of Electronic Packaging，2003，125(2)：178-185.

[11]　Muzychka Y S，Yovanovich M M，Culham J R. Thermal Spreading Resistance in Compound and Orthotropic Systems[J]. Journal of Thermophysics and Heat Transfer，2004，18(1)：45-51.

[12]　张栋，付桂翠. 电子封装的简化热模型研究[J]. 电子器件，2006(03)：672-675.

[13]　Two-Resistor Compact Thermal Model Guideline：JESD15-3[S/OL]. JEDEC Solid State Technology Association（JEDEC），2008. https：//www. jedec. org/standards-documents/docs/jesd-15-3.

[14]　Compact Thermal Modeling Overview：JESD15-1[S/OL]. JEDEC，2008. https：//www. jedec. org/standards-documents/docs/jesd-15-1.

[15]　Tuckerman D B，Pease R F W. High-performance Heat Sinking for VLSI[J]. IEEE Electron Device Letters，1981，2(5)：126-129.

[16]　Sekar D，King C，Dang B，et al. A 3D-IC Technology with Integrated Microchannel Cooling[C]. Proceedings of the IEEE International Interconnect Technology Conference，Burlingame，CA，2008：13.

[17]　Bakir M S，King C，Sekar D，et al. 3D Heterogeneous Integrated Systems：Liquid Cooling，Power Delivery，and Implementation[C]. Proceedings of the IEEE Custom Integrated Circuits Conference，San Jose，CA，2008：663-670.

[18]　Lau J H，Wong C P，Prince J L. Electronic Packaging：Design，Materials，Process and Reliability[M]. Washington，D. C：McGraw-Hill，1998.

[19]　Chen K M，Houng K H，Chiang K N. Thermal Resistance Analysis and Validation of Flip Chip PBGA Packages[J]. Microelectron Reliab，2006，46：440-448.

[20]　Chang C L，Hsieh Y Y. Thermal Analysis of QFN Packages Using Finite Element Method[C]. Proceedings of the 5th International Conference on Thermal and Mechanical Simulation and Experiments in Microelectronics and Microsystems，Brussels，BELGIUM，2004：499-503.

［21］ Hatakeyama T，Ishizuka M. Thermal Analysis for Package Cooling Technology Using Phase-Change Material by Using Thermal Network Analysis and CFD Analysis With Enthalpy Porosity Method［J］. Heat Transfer Engineering，2014，35(14-15)：1227-1234.

［22］ Kelkar K M，Radmehr A，Kelly P J，et al. Use of Flow Network Modeling (FNM) for enhancing the design process of Electronic Cooling Systems［C/OL］. Proc. International Systems Packaging Symposium (ISPS)，1999：11-13. https：//inres. com/assets/files/macroflow/MF13-Design-process. pdf.

第 20 章

封装可靠性与失效分析

20.1 封装可靠性的重要性与可靠性工程

随着电子设备的功能越来越多、性能越来越强大和系统越来越庞大,电子设备失效导致的社会影响和损失也越来越大,而且部分电子产品的使用年限较长,维修困难,这要求电子设备具有越来越高的可靠性,组成电子设备的集成电路器件的高可靠性也就变得极其重要。

在集成电路器件的失效中,大约有 1/3 的失效与封装有关,因此封装的可靠性与失效分析十分重要。

为了保证封装产品能够长时间可靠地工作,在设计阶段就要考虑它的可靠性,同时用合适的条件和方法对产品可靠性进行测试与验证,确保其满足使用可靠性要求,并根据失效结果不断分析原因并改进产品的设计和制造,从而提升其可靠性。提高系统(或产品或元器件)在整个寿命周期内可靠性的工程技术就是可靠性工程。可靠性工程包括三个方面。

1. 面向可靠性的设计

传统的工业实践是在封装制造和系统装配以后进行可靠性测试,如果在可靠性测试中发现了封装可靠性有问题,就重新设计、重新制造、重新装配、重新测试。这样的过程成本高、周期长,因此在设计阶段必须事先考虑各种可能导致产品失效的主要机理,有时辅以一定的试验分析,知道这些失效机理,就可以创新地设计和选择材料以及制造工艺,使之能够降低失效的可能性,也就是需要进行面向可靠性的设计。虽然可靠性测试非常重要,但内在的可靠性不是测试出来的,而是在产品制造和测试之前预先设计出来的,通过生产实现的。面向可靠性的设计是实现高可靠性的根本。

面向可靠性的设计包括材料设计、结构设计、工艺设计、性能设计等,还可以通过电子设计自动化、有限元分析等计算机工具辅助提高设计效率和提升设计水平。

2. 可靠性测试与数据分析

可靠性是指产品在规定条件下、规定时间内完成其规定的全部功能的能力。因此,可靠性测试也需要按照一定的规定或标准在一定的条件和一定的时间内进行。由于封装产品的实际使用可能在不同的温度、湿度、工作负荷下工作,因此需要详细规定对应的测试条件以保证测试条件具有代表性。由于封装产品的使用时间或保证时间可能为数万小时,通常不可能测试数万小时,因此需要采用比实际使用更为严苛的条件以实现加速测试。以上都需要明确可靠性测试的内容、方法,乃至取样标准等。

对可靠性测试的结果,特别是加速测试的结果,需要按照一定的模型进行数据分析与处理。

3. 失效分析

失效分析是指对使用或可靠性测试中失效的产品进行分析,找出失效原因、失效模式、失效机理,为提高可靠性指明方向。

以上三个方面彼此互相联系和相互支撑,共同构成了可靠性工程的完整内容。

20.2 可靠性基础知识

20.2.1 可靠性的定义

可靠性是指产品在规定条件下、规定时间内完成规定功能的能力。这里"规定条件"包括环境、负荷、工作方式、使用方法等,其中环境又包括温度、湿度、气氛、加速度等。"规定时间"是指存储时间和使用时间。"完成规定功能"是指产品设计或顾客要求的"全部"功能。

1. 可靠度

可靠性是一个概率,其度量称为可靠度,即完成规定功能的概率。因此,可靠度是一个与时间相关的,但任何时间都大于或等于0、小于或等于1的一个数。产品或产品的一部分不能或将不能完成规定功能的事件或状态称为故障,对电子元器件来说也称失效。

当 N(N 足够大)个产品在规定的条件下使用,从开始工作起到经过时间 t($t \leqslant T$,T 为产品寿命)时,累积失效产品总数为 $n(t)$,则 t 时刻产品的可靠度为

$$R(t) = \frac{N - n(t)}{N} \tag{20-1}$$

2. 失效分布函数

失效分布函数也就是累积失效概率,即产品在时间 t 以前累积失效的概率,其数学表达式为

$$F(t) = \frac{n(t)}{N} \tag{20-2}$$

可靠度与累积失效概率满足关系

$$R(t) + F(t) = 1 \tag{20-3}$$

二者的关系如图 20.1 所示。

3. 失效密度函数

失效密度函数 $f(t)$ 表示经过时间 t 后,紧接 t 时刻后单位时间内发生失效的概率,即

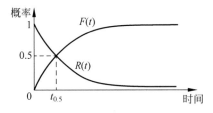

图 20.1 可靠度与失效密度函数的关系

$$f(t) = \frac{\mathrm{d}F(t)}{\mathrm{d}t} = -\frac{\mathrm{d}R(t)}{\mathrm{d}t} \tag{20-4}$$

失效密度函数与失效分布函数、可靠度关系如下:

$$F(t) = 1 - R(t) = \int_0^t f(t)\mathrm{d}t \tag{20-5}$$

4. 失效率

失效率是指经过时间 t 后尚未失效的产品,紧接 t 时刻后单位时间内发生失效的概率,即

$$\lambda(t) = \frac{f(t)}{R(t)} = \frac{f(t)}{1-F(t)} \qquad (20\text{-}6)$$

失效率函数也称为瞬时故障率,它是使用式(20-4)和式(20-6)从失效分布函数 $F(t)$ 计算得出的。

对于电子产品,失效率单位为%/1000h,即每工作 1000h 后产品失效的百分数。对于可靠性较高的产品,通常会采用菲特(fit)作为单位。二者转换关系为

$$1\text{fit} = 1\text{ppm}/1000\text{h} = 10^{-4}\,\%/1000\text{h} \qquad (20\text{-}7)$$

20.2.2 失效的三个阶段

按照失效率随时间的分布曲线,可以分为早期失效期、偶然失效期和磨损失效期。

失效率随时间分布的曲线呈现先快速下降,后平稳,然后快速上升的特点,形象地称为浴盆曲线。

浴盆曲线实际上是由图 20.2 所示的三个独立的失效率的叠加:

(1)早期失效:产品本身存在的缺陷(设计缺陷/工艺缺陷)造成,改进设计/材料/工艺的质量管理,可明显改善早期失效率。

(2)偶然失效:失效率低且稳定,不当应用是失效主要原因。

(3)磨损失效:磨损、老化、疲劳等引起产品性能衰退。如缓慢的化学变化使材料退化,压焊点氧化等。

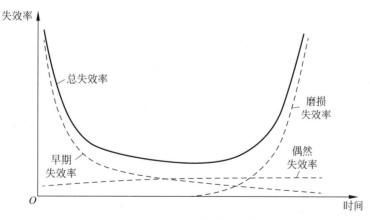

图 20.2　失效率随时间的分布

20.2.3 产品的寿命

对不可修复的产品,产品寿命是指"产品失效前的工作时间或工作次数"或"无故障

工作时间"。

产品寿命往往研究的是某一批或某一类产品的"总体寿命",所以在数学上常用的是平均寿命、中位寿命等。

1. 平均寿命

平均寿命是指某批产品寿命的算术平均值。无须维修或维护的物品(如半导体器件)的平均故障时间(MTTF)表达式为

$$MTTF = \int_0^\infty t f(t) \mathrm{d}t \tag{20-8}$$

2. 中位寿命

中位寿命是指某批产品工作到刚好一半数量失效时的工作时间,用 $t_{0.5}$ 表示满足

$$F(t_{0.5}) = R(t_{0.5}) = 50\% \tag{20-9}$$

20.3   可靠性测试方法与种类

质量测试是测试产品的可用性,即测试产品是否符合使用要求,一般为非破坏性测试。可靠性测试是测试产品的耐用性,即产品寿命和寿命合理性,通常为破坏性或对产品性能有影响的测试。

可靠性试验是评估产品一定时间内可靠性水平,暴露存在的问题。

可靠性测试的主要目的如下:

(1) 研制阶段用以暴露试制产品各方面的缺陷,从而改善设计;

(2) 生产阶段为监控生产过程提供信息,从而优化工艺;

(3) 对定型产品进行可靠性鉴定或验收,以实现量产;

(4) 暴露和分析产品在不同条件下的失效规律及失效模式和机理,从而有针对性地加以改进以提高寿命;

(5) 为改进产品可靠性,制定和改进可靠性试验方案,为用户选用产品提供依据。

对于不同的产品,考虑到不同的使用环境,可以选择不同的可靠性试验方法。

按照可靠性的定义,可靠性测试需规定条件,即环境条件(温度/湿度/振动等),负载大小,工作方式等;规定时间,即测试随时间推移,产品可靠度下降的关系曲线;规定功能,即所有功能和技术指标。

需要指出,可靠性是设计并制作在产品内的而不是试验出来的,可靠性试验只能降低用户的风险。新的可靠性评估方法是改评估产品为评估生产线,合格的生产线能把可靠性做到产品中。

由于电子产品的寿命通常较长,且使用的环境因素较多,变化较大,因此需要针对不同的环境条件进行常规或加速测试,从而在合适的时间内完成可靠性测试,保证产品可靠性同时降低可靠性测试成本。理论上,加速试验的应力水平以不改变失效机理为

前提。

常规的加速载荷包括振动、温度、湿度、电压、电流、杂质等。

可靠性试验包括如下几种：

（1）环境试验：包括温度循环/冲击、高压蒸煮、加速湿热、盐雾、耐焊接热、预处理、高温储存等。

（2）寿命试验：包括早期失效率、动态/静态/间歇高温寿命试验等。

（3）机械试验：包括振动/冲击、加速度、可焊性、键合强度试验。

（4）电学试验：包括静电放电（ESD）和闩锁（Latch-up）测试。

20.3.1　环境试验

1. 压力锅蒸煮试验

压力锅蒸煮试验（PCT）是将待测品置于严苛的温度、饱和湿度（100％RH）及压力环境下测试，测试待测品耐高湿能力。

试验目的主要是测试半导体封装的抗湿气能力。

压力锅蒸煮试验的试验箱由包括一个能产生100％（润湿）环境的水加热器的压力锅构成。

如果半导体封装得不好，湿气会沿着胶体或胶体与导线架之接口渗入封装体中。主要的失效机理有爆米花效应、金属化区域腐蚀造成的断路、封装体引脚间污染造成的短路等封装问题，以及 IC 芯片腐蚀失效。

蒸汽进入 IC 封装的途径主要有：

（1）IC 芯片和引线框架/基板及芯片黏结材料所吸收的水分；

（2）塑封料中吸收的水分；

（3）封装后的器件，蒸汽透过塑封料以及通过塑封料和引线框架之间隙渗透，因为塑料与引线框架之间只有机械性的结合，所以在引线框架与塑料之间难免出现小的空隙。

2. 高温高湿电加速试验

高温高湿电加速试验（THB）旨在掌握半导体器件在高湿度环境中的寿命，并在以下条件下进行：水分传播到半导体芯片的劣化反应主要使用透湿密封材料和玻璃密封材料作为路径，并且半导体也在通电加速老化。通常选择 85℃ 温度和 85％ 相对湿度作为试验条件。根据装置的组成材料，也可能需要考虑较低的温度作为条件。与简单的湿度测试不同，该测试在电源激活的状态下进行，因此，还可以检查水和电场导致的杂质电离（电偶腐蚀、离子迁移等）产生电化学反应引起的容错性。

湿度加速因子利用相对湿度模型和绝对蒸汽压模型导出。

在试验之前，有必要根据器件的自热效应考量决定电源采用持续或间歇供电。此外，在试验过程中，避免从试验箱中取出试样时由于温度突然下降而在密封玻璃上产生露水凝结。应采取措施,例如去除试验箱高湿度空气循环通道中不必要的水分,并在温度和湿度下降足够后取出试样。

3. 高加速应力试验

高加速应力试验(HAST)的目的:模拟非气密器件在高温高湿环境下工作,检验塑封产品抗蒸汽侵入和腐蚀的能力。

条件:130℃ 温度,85%相对湿度,2atm,最大偏压下,100h。

失效机理:相对高压蒸煮,偏置电压在潮湿的芯片表面加速了铝线及键合区的电化学腐蚀。同时,蒸汽带入的杂质及塑封体内的杂质在电应力作用下富集在键合区附近和塑封体内引脚之间而形成漏电通道。

通常认为,24h HAST 约相当于 1000h THB。

如果在 HAST 中出现正常工作中不可能出现的失效机理(如塑封体内部的分离),则认为 HAST 加速条件过于严酷而失去有效性。

4. 温度循环试验

半导体封装是包含多种材料的复杂结构。每种组成材料都有其固有的热膨胀系数,温度变化会导致机械应力。当反复暴露在高温和低温下时,半导体器件将反复膨胀和收缩,也会反复引起机械应力。进行温度循环试验的目的是检查器件对这些应力的耐受性以及器件的寿命。该测试可检测热膨胀系数差异较大的两种不同材料的黏结部分剥落等失效。

关于加速因子,温差引起的应变幅度可作为一个因素(见 20.4.1 节)。

表 20.1 列出了温度循环条件,各级别分别对应不同的使用环境以及加速因子。

表 20.1 温度循环条件

测 试 条 件	低温/℃	高温/℃	参 考 标 准
A	−55(+0,−10)	+85(+10,−0)	JESD22-A014
B	−55(+0,−10)	+125(+10,−0)	
C	−65(+0,−10)	+150(+10,−0)	
G	−40(+0,−10)	+125(+10,−0)	
H	−55(+0,−10)	+150(+10,−0)	
I	−40(+0,−10)	+115(+10,−0)	
J	−0(+0,−10)	+100(+10,−0)	
K	−0(+0,−10)	+125(+10,−0)	
L	−55(+0,−10)	+110(+10,−0)	
M	−40(+0,−10)	+150(+10,−0)	
N	−40(+0,−10)	+85(+10,−0)	
R	−15(+0,−10)	+125(+10,−0)	
T	−40(+0,−10)	+100(+10,−0)	
	−65、−55、−50、−40	+175、+155、+125、+100、+85	GB/T2423.22—2012

5. 功率和温度循环

功率和温度循环(PTC)是通过周期性地改变半导体器件的运行状态和温度环境来检查其最恶劣温度环境耐受性的测试方法。

这是一种被分类为复合测试的评估方法,近年来受到了关注,这是一种评估互联可靠性的试验方法。当在本试验期间监测器件的运行以及连接的可靠性时,可在从低温到高温的整个温度范围内进行试验。

本试验的产品为半导体器件,其电源必须在运行保证的整个温度范围内打开或关闭。特别地,此项测试适合需要在温度变化剧烈的环境(如室外环境)下使用的产品。

以下失效模式和可靠性问题可能会出现:热膨胀系数随组成材料的不同而变化导致的断裂或破损;连接可靠性;在环境温度环境下,通电/断电而导致局部突然发热;冷启动引起的故障。

20.3.2 高温工作寿命试验

高温工作寿命试验(HTOL)用于确定半导体器件在高温加偏压的加速条件下的运行寿命。通常使用125℃和150℃的环境温度(选择结温不超过极限的范围内的试验温度)。本试验的主要目的是确认受电场、电流和温度加速的失效机制下的使用寿命。该测试对除与机械强度、湿度和静电放电相关的失效之外的大多数失效是有效的。与温度有关的加速度根据阿伦尼乌斯定律(参见20.4.1节)确定;一般而言,与电压相关的加速因子不仅依赖于电压还依赖于电场。

20.3.3 机械试验

2003 年,美国电子工程联合会(Joint Electron Device Engineering Councils,JEDEC)针对便携式电子产品跌落测试颁布了 JESD22-B111《手持式电子产品板级跌落测试方法》,对测试用电路板的尺寸、元器件的布局、加载速度、跌落条件及测试步骤做出了详细的规定[1]。自 JEDEC 标准颁布之后,国内外研究人员多根据此标准进行板级跌落试验研究。

20.4 加速模型

加速试验广泛用于在相对较短的试验时间内获取产品的可靠性信息,并评估关键零件的使用寿命。加速产品失效的方法有两种[2]:一是产品在比正常工作条件更恶劣的条件下工作,称为加速应力测试;二是在不改变操作条件的情况下,本产品比正常使用时使用更密集,称为加速失效时间。这种方法适用于不经常使用的产品或部件。

通常,包括半导体器件在内的部件失效是由原子或分子水平的响应产生的,它们可以根据 Eyring 的绝对反应动力学(称为 Eyring 模型)来描述[3]。

考虑可靠性时,温度要使用热力学温度 T。Eyring 模型的寿命由下式表示:

$$L = AS^{-n} e^{E_a/kT} \tag{20-10}$$

式中,E_a 为激活能,S 为除温度以外的导致失效的应力;k 为玻耳兹曼常数,$k = 8.617 \times 10^{-5}\,\mathrm{eV/K}$;$A$、$n$ 为常数。

20.4.1　温度加速模型

由于式(20-10)右侧的 $e^{E_a/kT}$ 部分与阿伦尼乌斯在 19 世纪根据经验推导的表达式相同,因此温度加速模型也称为阿伦尼乌斯模型,即

$$L = A e^{E_a/kT} \tag{20-11}$$

进行化学或物理反应需要活化能,引起失效机制的化学和物理反应的激活能,对寿命的影响与温度相关。

20.4.2　湿度加速模型

对于由湿度推导出的加速度模型,绝对蒸汽压 V_p 或相对湿度 RH 表示湿度应力。典型模型如下:

1. 绝对蒸汽压模型

这是一个经验模型,用下式描述:

$$L = V_p^{-n} \tag{20-12}$$

式中,温度应力和湿度应力已在绝对蒸汽压 V_p 中体现。由于 V_p 受温度的影响,因此不能用 Eyring 模型来描述。

2. 相对湿度模型

由于 V_p 受温度的影响,因此通过分离变量,用绝对温度 T 和相对湿度 RH 来表示 V_p,使其符合 Eyring 模型,转换为下式

$$L = A(\mathrm{RH})^{-n} e^{E_a/kT} \tag{20-13}$$

这与式(20-10)相当,其中 $S = \mathrm{RH}$。

3. Lycoudes 模型

有些模型将温度函数、相对湿度函数和电压函数相乘。N. Lycoudes 报告的模型称为 Lycoudes 模型,典型模型如下式描述:

$$L = AV^{-1} e^{B/\mathrm{RH}} e^{E_a/kT} \tag{20-14}$$

式中,A、B 为常数;V 为电压。

20.4.3 温度变化加速模型

该模型适用于重复施加温度变化(热应力)产生的应力而导致的失效,对应的循环次数 N 为

$$N = A\Delta T^{-a} \tag{20-15}$$

20.5 失效分析的基本概念

失效分析的目的是确定失效模式和失效机理,提出纠正措施,防止这种失效模式和失效机理重复出现。

失效模式是指观察到的失效现象、失效形式,如开路、短路、参数漂移、功能失效等。

失效机理是指失效的物理化学过程,如疲劳、腐蚀和过应力等。

失效原因是指由何引致。

20.5.1 失效机理分类

从应力水平来看,失效机理分为以下两类:

(1)过载失效:瞬时的、突然发生的失效,通常是应力水平大于临界强度引起的。

(2)磨损失效:因磨损、老化、疲劳等长时间的损耗积累,引起产品性能逐渐下降后失效。

从应力类型来看,失效机理可以分为四类:

(1)热效应:金线热疲劳断开,塑封体裂纹引起密封性失效,粘片层空洞引起热阻增大,钝化层开裂,芯片开裂,铝结构变化造成开/短路,键合处出现紫斑开路等。

(2)化学效应:引脚腐蚀,塑封/界面/裂纹吸湿引起铝线腐蚀/键合区电化学腐蚀,蒸汽带入的离子引起漏电,塑封体中的杂质离子引起漏电等。

(3)电效应:强电场导致栅氧击穿/MOS 电容击穿,大电流发热导致多晶电阻烧毁/PN 结区硅烧熔/金属间电弧/铝烧熔/塑封碳化等。

(4)机械应力:振动,加速度,应力等。

图 20.3 是失效机理的主要分类。据统计,集成电路器件的失效机理超过 3400 种,其中与封装或组装密切关联的失效占比接近 1/3。

20.5.2 失效原因分类

失效原因是指引起失效的起因,可以分为三类:

(1)设计环节:又可以分为材料设计原因、结构设计原因、工艺设计原因。

(2)工艺环节:工艺处理或者工艺控制导致失效。

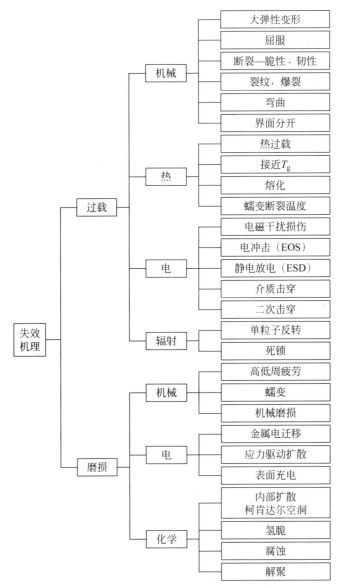

图 20.3　失效机理分类

（3）使用环节：使用环境或载荷水平超出规定导致失效。

20.6　失效分析的一般流程

20.6.1　失效分析的基本内容

失效分析的基本内容包括：
（1）记录失效现象；

（2）鉴别失效模式；

（3）分析和描述失效特征；

（4）假设及验证失效机理，从正、反两面证实失效机理，使失效可实现重复；

（5）针对失效机理提出改进措施，并考虑新措施中是否引入新的失效因素。

20.6.2 失效分析一般操作流程

1. 收集失效现场数据

在何种情况下发生失效对于估计失效原因与确定失效分析方法和程序，进而顺利进行失效分析是极其重要的信息。因此，当获得失效样品时，需要收集关于该样本的尽可能多的失效现场数据。

失效现场数据包括记录失效环境、失效应力、失效发生期以及失效样品在失效前后的电测试结果等。

失效环境包括发生地点、温度、湿度、电源环境、元器件在电路图上的位置和所受电偏置的情况、安装条件等。

失效应力包括电应力、温度应力、机械应力、气候应力和辐射应力。

失效发生期包括失效样品的经历、失效时间处于早期失效、随机失效或磨损失效。

失效现场数据有时还有助于执行故障模拟和检查再现性，然后确定故障是意外发生还是由于设计问题。

2. 外观检查

一般采用金相显微镜或者体视显微镜来进行外观检查。外观检查主要检查封装外表是否有烧伤痕迹、沾污、腐蚀、焊锡残留与桥接，线路板上的外观问题等。

3. 电学测量并确定失效模式

电学测量一般要进行较为完备的功能以及参数测试，进而获得全面的失效模式信息。主要的失效模式包括三种：①连接性失效（开路、短路、电阻变化等），多数是静电放电和电冲击引起的，比例约为50%。②电参数失效（值超出范围和参数不稳定），如电流增益、光电流、暗电流等；③功能失效，给定输入信号，输出异常。

4. 非破坏性内部分析

用于在不打开或拆除封装的情况下检查设备内部状态的技术，包括X射线检查、红外显微镜和扫描声学显微镜。

X射线检查利用了X射线穿透力根据材料类型和厚度而变化的事实（即原子量越小，穿透力越大）。这些差异产生了一个X射线图像。该方法可有效检测塑料封装内的模塑树脂或芯片键合部分中的异物颗粒、焊线的断裂或线弧异常以及空隙或分层。

红外线穿过硅,但被金属和模塑树脂反射。芯片的红外检查显示了金属布线的状态以及焊盘中的任何异常情况。

声学扫描显微镜可分层、点扫描、截面扫描、水平面扫描,能够探测电子元器件内部材料裂纹、空洞、分层、杂质等缺陷。特别是塑封集成电路,通过扫描声学显微镜检查能够有效评价器件的结构缺陷、工艺质量等,以达到元器件筛选或分析改进的目的。

5. 破坏性内部分析

破坏性内部分析包括残留气体分析和气密性分析。

金属或陶瓷封装采用干燥空气或氮气密封,以隔绝外部大气。由于水的存在有助于杂质离子的移动,并可能导致器件特性的退化以及铝导线的腐蚀,因此封装内部气体中的水量保持在几百 ppm 以下,并且使封装的气体泄漏极小。

残留气体分析主要是针对封装腔体内的蒸汽和腐蚀性气体,如果怀疑芯片表面污染是金属或陶瓷封装失效的原因,则应在盖子上开一个孔来分析外壳内的气体。

封装气密性试验方法主要有测量细微泄漏的氦示踪法和测量粗泄漏的氟碳化合物法。

6. 打开封装

大多数塑料封装器件的失效分析需要开封来进一步分析和定位封装内部的缺陷。开封要求去除 IC 封胶(EMC),同时保持芯片功能的完整无损,保持晶粒、焊盘、焊线乃至基板不受损伤。塑料封装开封可采用机械和化学腐蚀的方法。由于机械开封对电连接的破坏性而受限制,因此,塑封器件的开封主要采用化学腐蚀的方法,它又可分为化学干法腐蚀和化学湿法腐蚀两种。

7. 失效定位分析

在芯片失效分析中,使用缺陷隔离技术定位故障点,然后进行物理分析(包括结构分析和成分分析)以确定故障原因。

缺陷隔离使用电子束测试、激光电压探测、发射/热分析、光束感应电流(OBIC)和光束感应电阻变化(OBIRCH)技术。这些技术包括向芯片表面发射电子束和检测从芯片表面发射的光。因此,芯片必须在不从封装中取出的情况下暴露出来。这需要一些预处理,如拆卸封盖和去除芯片涂层。直接测量微小电路电气特性的纳米探针方法和其他方法使得在使用上述技术缩小故障位置后,能够更精确地定位故障。可采用红外热像仪进行温度分布等测试定位芯片中的异常热点。此外,还可以通过扫描超导量子界面仪显微分析,通过磁场的微弱变化对电路中的异常定位。

8. 对失效部位进行物理分析

物理分析包括金相切片分析、扫描电子显微镜(SEM)微区形貌、俄歇电子能谱(AES)成分及成分深度分布、傅里叶变换红外显微镜(FTIR)分析等。

物理分析通过在芯片上执行物理处理来观察和分析故障点,其目的是澄清故障原因,它提供反馈给设计和制造过程的最终信息。缺陷是导致失效的原因,有时存在于表面和下层之间。在这种情况下,必须去除电介质膜和金属接线。物理分析在使用光学显微镜或 SEM 观察定位点的同时执行。有时需要用聚焦离子束(FIB)观察芯片的横截面。若在故障位置发现任何变色或颗粒,则应进行成分分析,澄清原因。

9. 综合分析,确定失效原因,提出纠正措施

进行调查,确定各种失效分析技术发现的异常情况是器件失效的真正原因。必须从各种角度进行调查,以证明根据所识别失效的电气特性对器件失效有一致的解释。很少发现所有检测到的异常都与失效直接相关,错误的判断会导致采取错误的纠正措施而没有任何改善。随着半导体器件的集成密度和电路复杂性的增加,失效的性质也变得更加复杂,这使得发现失效的原因更加困难。阐明故障机制需要失效验证模拟和先前失效分析的数据库,在开发阶段便于测试(分析)的设计也有助于分析和解决失效机制。

20.7 常见的封装失效

依据封装形式的不同,封装失效会发生在不同的位置,有着不同的封装失效现象和失效机理。

以传统塑料封装为例,常见的失效现象有:

(1)芯片失效:如芯片破裂、芯片钝化层损伤、芯片金属化层腐蚀、芯片金属化层变形等。

(2)引线键合失效:如键合线弯曲、键合线受损伤;键合处焊盘凹陷,键合处焊盘腐蚀,键合线断裂或脱落。

(3)模塑包封失效:如包封料破裂,包封料疲劳裂纹。

(4)引线框架失效:如引线框架被腐蚀,引线框架和芯片或模塑料脱离。

(5)与用户或使用环境相关的失效:如电过载,静电放电损伤,焊接点疲劳;爆米花现象等。

图 20.4 为传统塑料封装中常见的失效位置和对应的失效现象。

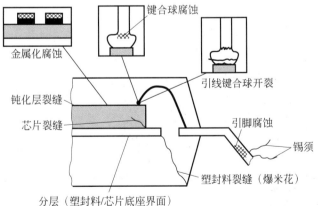

图 20.4 传统塑料封装中常见的失效位置和失效现象

由于实际可靠性试验或者使用中存在多种应力同时施加于封装,各种失效机理可能同时发生并产生交互作用。例如,机械应力辅助腐蚀、机械应力腐蚀裂纹、电场致金属迁移、湿热导致封装体开裂及导致加速腐蚀化学反应等。表20.2所列出了传统塑料封装常见的失效现象、失效机理以及相应应力因素。

表20.2 传统塑料封装常见的失效现象、失效机理以及相应应力因素

失效位置	失效现象	失效机理	应力因素
加工、切割或搬运时导致的芯片边缘、角落或者表面划痕	裂缝,电气开路	裂缝产生与扩展	温度梯度和温度变化
金属引脚、边缘	引脚腐蚀,阻值增加,电气短路或开路,电参数漂移,间歇性断开,金属间化合物	电迁移,氧化,电化学反应,互扩散	电流密度、湿度、偏压
芯片钝化层	金属化层腐蚀,电气开路,参数漂移	过应力,断裂,氧化,电化学反应	周期性的温度,玻璃化转换温度以下的温度,湿度
芯片黏结层	芯片分层,应力芯片到芯片底座的不均匀传递,电气功能丧失	裂缝萌生和扩展	周期性温度
键合线	断裂	轴向疲劳	周期性温度
键合球	电气开路,接触电阻增加,电气参数漂移,键合处剥离,缩孔,间歇性断开	剪切疲劳,轴向过应力,柯肯达尔空洞,腐蚀,扩散和相互扩散,键合底部金属化合物,线径过细	热力学温度,湿度,污染
键合焊盘	衬底开裂,键合盘剥离,电气功能丧失,电参数漂移,腐蚀	过应力,腐蚀	湿度,偏压
芯片、钝化层和塑封料界面	电气开路,金属化层腐蚀,电参数漂移	黏附不良或分层	温度、污染和塑封料玻璃化转换温度附近的温度循环
键合线和塑封料界面	芯片底座腐蚀,接触电阻增加,电气开路	黏结不良,剪切疲劳	温度、污染,塑封料玻璃化转换温度附近的温度循环
塑封料	电气功能丧失,机械完整性损失	热疲劳开裂,降解	塑封料玻璃化转换温度附近的温度循环
引脚	可焊性下降,电阻增加	反润湿	污染,焊料温度
镀锡引脚	电气短路	锡须生长	湿度,腐蚀,施加外部应力
芯片和塑封料界面,芯片角落处以及引脚、底座或器件顶部的塑封料开裂	爆米花,电气功能丧失,电气开路	残留湿气汽化,塑封料开裂	温度、温度变化

先进封装与传统封装类似,受到温度、湿度、偏压等应力的影响,在不同的封装位置都存在着与不同封装工艺环节关联的潜在的失效现象与机理。

例如,对于 3D 封装,可靠性问题可能额外存在于以下环节:①微凸点,热压焊可能导致焊料压扁,温度循环可能导致连接的断裂;②TSV 相关的可靠性问题,铜与硅的 CTE 失配较大,导致热过程中产生巨大的局部应力;③薄硅片的问题,无支撑的薄硅会明显翘曲,从而导致较大的内应力,以及芯片-基板互连(微凸点)的较大残余应力,薄硅片在处理过程中容易开裂;④焊料键合点,脆化、空洞导致的疲劳失效,内应力、电迁移导致的失效;⑤底部填充,助焊剂残留于底部填充区域,底部填充黏结强度随时间的下降,湿气进入底部填充都可能导致可靠性问题;⑥钝化层与湿气入侵,部分缓解需要采用有机钝化层,并不是完全气密的,会导致湿气入侵问题;⑦电迁移问题。

又如,对于 FOWLP,可靠性问题可能额外存在于以下环节:①模塑料 CTE 失配与固化产生的应力;②芯片偏移问题;③湿气入侵问题。

习题

1. 用图表示失效密度函数、失效分布函数和可靠度函数之间的关系。

2. 试用失效率分别表示 $R(t)$、$F(t)$ 和 $f(t)$。

3. 简述可靠性测试的目的。

4. IC 封装产品可靠性试验包含环境试验、寿命试验、机械试验、电学试验四个方面。列举四种环境实验、一种机械试验、一种电学实验项目。

5. 对 1000 颗样品做了 2000 次冷热冲击,每 100 次做一次测试,前 1100 次数据如下表:

累计试验次数	0	100	200	300	400	500	600	700	800	900	1000	1100
合格样品数	1000	970	965	959	954	947	938	925	895	855	820	782
累计失效数	0	30	35	41	46	53	62	75	105	145	180	218

试求:$n_1 = 100$ 和 $n_2 = 1000$ 时,可靠度 $R(n)$、累积失效概率 $F(n)$、失效率 $\lambda(n)$,n 为冷热冲击次数。

6. 可靠性工程包括哪三个方面?

7. 列举诱发失效的应力类型。

8. 试验发现某封装产品的寿命 L 主要受环境温度 T 和工作电流 I 影响。温度每升高 12.5K,其寿命降为原来的 50%;电流每增加 2 倍时,寿命降为原来的 0.707。写出其寿命 L 的 Eyring 模型表达式。该封装产品的使用温度为 300K,使用电流为 0.1A。在 350K 温度下,老化电流为 0.4A 时,试验测得该产品的寿命为 1000h。求该老化条件相对于其使用条件的加速因子,以及使用条件下的寿命。

9. 简述失效分析的基本内容。

10. 分析 IC 封装的黏结界面以及内部结构完整性。

参考文献

［1］ Board Level Drop Test Method of Components for Handheld Electronic Products：JESD 22-B111A ［S］. JEDEC Solid State Technology Association，2003. https://www. jedec. org/standards-documents/docs/jesd-22-b111.

［2］ Elsayed. E A. Reliability Engineering［M］. New York：Addison Wesley Longman，1996.

［3］ Kececioglu D，Jacks J A. The Arrhenius，Eyring，Inverse Power Law and Combination Models in Accelerated Life Testing［J］. Reliability Engineering，1984，8(1)：1-9.

附录 A

缩略语表

A

ACA	Anisotropic Conductive Adhesive	各向异性导电胶
AiP	Antenna in Package	封装天线
ALIVH	Any Layer Inner Via Hole	任意层内导通孔

B

BCC	Bump Chip Carrier	凸点式芯片载体
BEOL	Back End Of Line	芯片后段制程
BGA	Ball Grid Array	球栅阵列
BON	Bump On SiN	氮化物上凸点
BOP	Bump On Pad	焊区上凸点
BOR	Bump on Repassivation	再钝化上凸点
B^{2}it	Buried Bump Inter-connection Technology	嵌入凸块互连技术
BUM	Build-up Multilayer board	积层多层板

C

C2	Copper Pillar with Solder Cap	铜柱锡帽
C4	Controlled Collapse Chip Connection	可控塌焊芯片连接
CBGA	Ceramic Ball Grid Array	陶瓷球栅阵列
CCGA	Ceramic Column Grid Array	陶瓷焊柱阵列
CCL	Copper Clad Laminate	覆铜箔层压板
CDIP	Ceramic Dual In-line Package	陶瓷双列直插式封装
CFD	Computational Fluid Dynamics	计算流体力学
CIS	CMOS Image Sensor	CMOS 图像传感器
CNT	Carbon Nano Tube	碳纳米管
COB	Chip On Board	板上芯片
COG	Chip On Glass	玻璃上芯片
CoWoS	Chip On Wafer on Substrate	芯片转接板键合基板
CPGA	Ceramic Pin Grid Array	陶瓷针栅阵列
CQFP	Ceramic Quad Flat Package	陶瓷四边扁平封装
CSTP	Ceramic Substrate Thin Package	陶瓷基板薄型封装
CSP	Chip Scale Package	芯片尺寸封装
CUF	Capillary Underfill	毛细作用底部填充

D

DAF	Die Attach Film	芯片黏结薄膜
DBG	Dicing Before Grinding	先切割后减薄
DCA	Direct Chip Atlach	芯片直接贴装
DIP	Dual In-line Package	双列直插式封装

E

EMC	Epoxy Molding Compound	环氧树脂模塑料
EMIB	Embedded Multi-Die Interconnect Bridge	多芯片桥连
EMWLP	Embedded Micro Wafer Level Package	埋入式微晶圆级封装
ENEPIG	Electroless Nickel Electroless Palladium Immersion Gold	化镀镍化镀钯浸金
eWLB	Embedded Wafer Level Ball Grid Array	嵌入式晶圆级焊球阵列封装

F

FCB	Flip-Chip Bonding	倒装焊
FCBGA	Flip-Chip Ball Grid Array	倒装球栅阵列
FCOB	Flip-Chip On Board	板上倒装芯片
FIWLP	Fan-In Wafer-Level Package	扇入型晶圆级封装
FOCoS	Fan-Out Chip on Substrate	扇出芯片键合基板
FOPLP	Fan-Out Panel-Level Package	扇出型面板级封装
FOWLP	Fan-Out Wafer-Level Package	扇出型晶圆级封装
FPC	Flexible Printed Circuit	挠性印制电路

G

| GGI | Gold to Gold Interconnection | 金-金互连 |

H

| HBM | High Bandwidth Memory | 高宽带存储器 |
| HDI | High Density Interconnect | 高密度互连 |

I

IPD	Integrated Passive Device	集成无源器件
IMC	Intermetalic Compounds	金属间化合物
ICA	Isotropic Conductive Adhesive	各向同性导电胶
InFO	Integrated Fan-Out	集成扇出

K

| KGD | Known Good Die | 已知合格芯片 |

L

LCC	Leadless Chip Carrier	陶瓷无引线片式载体
LGA	Land Grid Array	触点阵列
LOC	Lead On Chip	芯片上引线
LQFP	Low-profile Quad Flat Package	薄型四边扁平封装

M

MBGA	Metal Ball Grid Array	金属 BGA
MCM	Multi-Chip Module	多芯片模组
MUF	Molded Underfill	模塑底部填充

N

| NCP | Non-Conductive Paste | 非导电胶 |
| NCF | Non-Conductive Film | 非导电膜 |

O

| OMPAC | Overmolded Plastic Pad Array Carriers | 整体模塑阵列载体 |

P

PBGA	Plastic Ball Grid Array	塑料球栅阵列
PiP	Package in Package	封装内封装
PP	Prepreg	半固化片
PWB	Printed Wiring Board	印制线路板
PCB	Printed Circuit Board	印制电路板
PGA	Pin Grid Array	针栅阵列
PLCC	Plastic Leaded Chip Carrier	塑料有引线芯片载体
PPGA	Plastic Pin Grid Array	塑料针栅阵列
PQFP	Plastic Quad Flat Package	塑料四边扁平封装
PDIP	Plastic Dual In-line Package	塑料双列排直插式封装

Q

QFJ	Quad Flat J-leaded package	四边扁平 J 形引脚封装
QFN	Quad Flat No-lead package	四边扁平无引脚封装
QFP	Quad Flat Package	四边扁平封装

R

| RCC | Resin Coated Copper | 涂树脂铜箔 |
| RDL | Redistribution Layers | 电极再分布 |

S

SBB	Stud Bond Bump	钉头凸点
SD	Stealth Dicing	隐形切割
SDBG	Stealth Dicing Before Grinding	隐形切割后背面磨削
SDIP	Shrink Dual In-line Package	紧缩型双列直插式封装
SIP	System In Package	系统级封装

SOB	System On Board	板上系统/系统级电路板
SOC	System On Chip	片上系统/系统级芯片
SOJ	Small Outline J-leaded package	J 形引脚小外形封装
SON	Small Outline No-lead package	小外形无引脚封装
SOP	Small Outline Package	小外形封装
SOT	Small Outine Transistor	小外形晶体管
SSOP	Shrink Small Outline Package	缩小外形封装
SMC	Suface Mounted Component	表面贴装元件
SMD	Suface Mounted Device	表面贴装器件
SMT	Surface-Mount Technology	表面贴装技术

T

TAB	Tape Automated Bonding	载带自动焊
TBGA	Tape Ball Grid Array	载带球栅阵列
TCP	Tape Carrier Package	带载封装
TGV	Through Glass Via	玻璃通孔
THC	Through-Hole Component	通孔插装元件
THD	Through-Hole Device	通孔插装器件
THT	Through-Hole Technology	通孔插装技术
TIV	Through-InFO-Via	过扇出区域的通孔
TO	Transistor Outline	晶体管外形
TQFP	Thin Quad Flat Package	薄四边扁平封装
TSOP	Thin Small Outline Package	薄小外形封装
TSV	Through Silicon Via	硅通孔

U

UTQFP	Ultra-Thin Quad Flat Package	超薄四边扁平封装
UTSOP	Ultra-Thin Small Outline Package	超薄小外形封装
UBM	Under Bump Metallization	凸点下金属化层

W

WB	Wire Bonding	引线键合
WLCSP	Wafer-Level Chip-Scale Package	晶圆级芯片尺寸封装
WLP	Wafer Level Package	晶圆级封装

Z

| ZIP | Zig-zag In-line Package | 链齿状直插式封装 |

图书资源支持

感谢您一直以来对清华大学出版社图书的支持和爱护。为了配合本书的使用，本书提供配套的资源，有需求的读者请扫描下方的"书圈"微信公众号二维码，在图书专区下载，也可以拨打电话或发送电子邮件咨询。

如果您在使用本书的过程中遇到了什么问题，或者有相关图书出版计划，也请您发邮件告诉我们，以便我们更好地为您服务。

我们的联系方式：

地　　址：北京市海淀区双清路学研大厦 A 座 714

邮　　编：100084

电　　话：010-83470236　010-83470237

资源下载：http://www.tup.com.cn

客服邮箱：tupjsj@vip.163.com

QQ：2301891038（请写明您的单位和姓名）

用微信扫一扫右边的二维码，即可关注清华大学出版社公众号。

教学资源·教学样书·新书信息

人工智能科学与技术
人工智能|电子通信|自动控制

资料下载·样书申请

书圈